El hombre que calumnió a los monos

Miguel Ángel Sabadell

El hombre que calumnió a los monos

y otras curiosidades de la ciencia

Diseño de cubierta: Pablo Núñez

© Miguel Á. Sabadell, 2003
© Acento Editorial, 2003
   Joaquín Turina, 39 - 28044 Madrid

Comercializa: CESMA, SA - Aguacate, 43 - 28044 Madrid

ISBN: 84-483-0742-9
Depósito legal: M-14995-2003
Preimpresión: Grafilia, SL
Impreso en España / *Printed in Spain*
Imprenta SM - Joaquín Turina, 39 - 28044 Madrid

> No está permitida la reproducción total o parcial de este libro, ni su tratamiento informático, ni la transmisión de ninguna forma o por cualquier medio, ya sea electrónico, mecánico, por fotocopia, por registro u otros métodos, sin el permiso previo y por escrito de los titulares del *copyright*.

Índice

Prólogo. Quién dice qué
Por Gabriel Sánchez, *director de Radio 5 Todo Noticias* 15

Introducción. Ese país desconocido 21

I. EL UNIVERSO

1. Bahamut

Uraniburg 31
Un profesor de matemáticas 32
Tycho y Johannes 33
¡Danzad, danzad, malditos! 35
El fin de una vida 36
El discutidor profesional 37
¡Ah!, por un poco de gloria 38
La zarpa del león 39
Gravedad 40

2. Un paseo por las nubes

Brilla, brilla, estrellita 43
Vida y milagros del Sol 44
El fin del mundo 45
Luminaria de amantes 46
$D = (N + 4)/10$ 47
Venus 48
Neptuno, el planeta perdido 50

Plutón	53
La piedra que llegó del cielo	54
¡Impacto!	57
Una bomba de nieve y roca	58
Nombrando meteoritos	59
El níquel que llegó del cielo	60

3. Ciudadanos del cosmos

Cuestión de tamaño	63
Estrellas, muebles y nazis	64
El origen de los elementos	66
Explosión en 1987	67
El final de una estrella	69
Polvo de estrellas	70
Estrellas de neutrones	71
El nacimiento de los agujeros negros	73
El impronunciable nombre de Schwarzschild	75
Viaje al interior de un agujero negro	77
Agujeros negros en rotación	78
Los agujeros de gusano	79
Singularidades	80
Agujeros negros en evaporación	80
El hogar donde vivimos	81
El Gran Debate	83
Tapicería cósmica	84
Lo grande es bello	85

4. Génesis 1, 1

Big Bang	88
Un universo en expansión	89
Radiación de fondo	90
Fluctuación del vacío	91
Dos grandes números	92
Creadores de universos	95

II. TIERRA Y VIDA

5. Un planeta azul pálido

La Atlántida	100
La venganza del Pelée	102

Ha nacido un relámpago 103
Tsunamis 104
El lago asesino 105
Gallocanta y El Niño 107
Gotas de lluvia que al caer... 108
La sustancia más extraordinaria del mundo 108
El desierto Mediterráneo 110
Cielo azul 111
El asesino que llegó del suelo 112
La edad de la Tierra 113
Troodos 114
Casar continentes 116
El techo del mundo 117

6. Ese pequeño milagro

Oparin 121
Un experimento para la historia 123
Las moléculas de la vida 124
Oxígeno 125
Estromatolitos 126
Un hermoso cuento 127
Hipertermófilos 128
Una nueva forma de vida 129
Mars attacks! 130
Más planetas 131
¿Estamos solos? 132
El experimento Contact 134
Mensaje en una botella 135
Mensaje en una botella 2 136

7. El hombre que calumnió a los monos

Un viaje para la historia 139
Desde Borneo 141
La reunión de Oxford 143
Huidos del paraíso 144
De monos y hombres 146
Fruslerías 146
El monje y los guisantes 147
Una enfermedad beneficiosa 149
Sexo 150
Contando cromosomas 151

El gen egoísta 152
Cooperación 154
Nosotros, los humanos 156
Los tres chimpancés 157

III. SER HUMANO

8. El mundo que hemos creado

Fecundidad medieval 162
Aumento de población 163
Aprendiendo a hablar 164
Reloj de agua 166
El año que perdimos diez días 167
Haberlas, haylas 168
Brujos 168
Salem 170
Caza de brujas 171
Librepensamiento 172
Castración 173
Sonría, por favor 174
Códigos españoles 175
Operación Mincemeat 176
El mago que detuvo una revolución 177
El día que desapareció el canal de Suez 178
La bala atrapada 180
Resistente al fuego 180
Un tesoro peculiar 181
Voynich 183
Mala suerte 184
La solución final 185
El síndrome de Estocolmo 186
La pifia de los americanos 187

9. Es difícil ser humano

Bancos de esperma 190
Métodos anticonceptivos 191
Introspección 192
Henry Mnemonic 193
Recuerdos 194
¿Confiamos en nuestros sentidos? 196
Cuanto más complicado... 197

Mitridatización	198
Una nueva plaga	198
Sida y conspiraciones	199
Elegir pareja	200
Ligar	201
Orgasmo	204
Priapismo	205
Bostezos	206

IV. INGENIO

10. Poetas de la naturaleza

Mártires de la radiactividad	210
Un oscuro oficinista	211
El sueño americano	212
El hombre que supo por qué brillan las estrellas	213
Von Neumann, simplemente genio	216
Zeldovich, genio y juerga	218
Cavendish, el solitario obsesivo	219
Darwin y el matrimonio	220
Louis Pasteur, el hombre	221
El desdichado Alfred Nobel	222
Messier, el hurón de los cometas	223
El baile del telescopio	224
Mausoleo astronómico	225
El astrónomo filósofo	226
El arriesgado oficio de astrónomo	228
Portero de un mundo microscópico	229
Hunter, el robacadáveres	230
Viruela	231
Tuberculosis	232
Frotis	233
La gran familia	234
Johann Bernoulli	235
Évariste Galois	236

11. 99 % de transpiración

Chispas a distancia	240
S	241
Popov, el olvidado	243
Un regalo de Navidad	243

La imprenta 244
La lámpara de seguridad 245
Celuloide 246
El caucho 247
Los colorantes 248
Una idea con 50 millones de años 249
El jabón 250
Aprendiendo a coser 251
Bramah water close 253
El gas de la risa 254
Gas mostaza 255

12. La naturaleza es sutil...

Lo más pequeño 259
Cómo ganar el Nobel 260
Conservación de la energía 260
Energía 261
La segunda ley 263
Muerte térmica 264
Movimiento browniano 265
La física de la Bolsa 266
El cuento de la rana y la pila 267
¿Para qué sirve un bebé? 268
¡Eureka! 270
El sabio anciano 271
Supercrítico 272
Jerk 274

V. FALACIAS

13. No es ciencia todo lo que reluce

Mantras cuánticos 280
Demagogia climática 282
Hierbecitas 284
Percepción subliminal 285
El Don Juan de Castaneda 286
Rayos N 288
Fraudes en el laboratorio 289
PES en Gran Bretaña 290
Stargate 291
ECM 292

El enigma zombi 293
Testículos para la eternidad 294
El detector de mentiras 295
Psicoanálisis 297
Mk-Ultra 298
Higiene racial 299
Frenología 301

14. La muerte de la razón

¿Mente abierta? 304
Paranormalia 305
Hágase usted mismo un producto milagro 309
Predicciones 311
Minifaldas y paté 312
La sangre de san Genaro 313
Reliquias 314
Hablando con fantasmas 315
Sherlock, ¿dónde estás? 317
La doctrina secreta 319
El tercer ojo 320
Biorritmos 321
Sueños proféticos 322
Hay un murciélago en la Luna 323
Cuando ruge la marabunta 324
El transistor de ET 326
La Verdad 327
Los códigos de la Biblia 329
Luna llena 330
¿Está escrito en las estrellas? 331

Epílogo. A buen fin no hay mal principio 333

Bibliografía 338

Citas 345

Apenas ahora empiezo a descubrir las dificultades de expresar las ideas en el papel. En tanto consiste únicamente de descripciones es sencillo; pero cuando entran en juego los razonamientos, hacer conexiones apropiadas, claridad y una fluidez moderada, para mí es, como dije, una dificultad de la que no tenía ni idea.

CHARLES DARWIN

Habla en voz baja, habla despacio y no digas demasiado.

JOHN WAYNE

Pensar es como vivir dos veces.

MARCO TULIO CICERÓN

Lo menos que podemos hacer en servicio de algo es comprenderlo.

JOSÉ ORTEGA Y GASSET

Quien piensa a lo grande tiene que equivocarse a lo grande.

MARTIN HEIDEGGER

Pensar es el trabajo más difícil que existe. Quizá sea esta la razón por la que haya tan pocas personas que lo practiquen.

HENRY FORD

A mis padres, por más de lo que ellos creen.

Prólogo de Gabriel Sánchez

Director de Radio 5 Todo Noticias
Radio Nacional de España (1999-2002)

Quién dice qué

Los españoles que formamos parte de la generación de los setenta nacimos, crecimos, estudiamos el bachillerato y nos desarrollamos divididos en dos grupos bien diferenciados. Al finalizar el primer ciclo educativo (la enseñanza primaria de hoy) nos señalaban dos caminos y nos daban a elegir uno: "ciencias" o "letras". Después de la elección, la vuelta atrás era casi imposible, y la decisión marcaría el resto de nuestras vidas. Si elegías la primera opción, deberías olvidarte para siempre de la segunda, y al revés. Solo los más aventajados, los que más dinero tenían, o los vocacionales por el estudio rompían la norma. Los de ciencias lo tenían claro, pero en el otro camino había casos para todos los gustos: aquellos que tenían muy despejado su futuro y veían en las letras el sentido de sus vidas, y los que llevaban años librando duras batallas con eternos adversarios que llevaban por míticos nombres Matemáticas, Física o Biología. Unos y otros formaban un grueso pelotón, el pelotón de los torpes ante los ojos de muchos, y deambulaban por los pasillos del colegio o el instituto mientras sus compañeros se empapaban de logaritmos, tablas de elementos periódicos, fórmulas indescifrables en la pizarra o extrañas leyes de herencia genética, que un fraile remoto parece ser que experimentó con guisantes. Después era el turno de los de letras: latín y griego como únicos elementos diferenciadores. Lo muerto frente a lo vivo, lo clásico frente a la innovación, lo antiguo frente a lo nuevo.

Así se desarrolló mi generación, sin posibilidad de vuelta de hoja. Y esa diferencia marcaba. Si tu madre te pedía que le hicieras la cuenta de la compra, saltabas: «¡Yo soy de letras!». Si el profesor de Historia pretendía hablar a la clase de Galileo y sus descubrimientos, un coro de patanes salía con la gracieta «Somos de letras», dando así a entender el permanente enfrentamiento con la ciencia y todo su entorno. El profesor quedaba mudo porque no entendía la interrupción. Y así fue creciendo mi generación, distanciándose cada vez más unos de otros: los de ciencias, a las ingenierías, a la medicina, a la economía... Los de letras, al derecho, a la historia, a la geografía... Muchos de ellos, a nada.

Hoy la barrera se ha superado, y los jóvenes estudiantes aprenden todas las disciplinas agrupadas en distintas materias de extraños nombres (natu, soci, cono...), para una formación más completa, que la específica llegará con el tiempo, cuando los cimientos estén bien secos y se pueda construir sobre ellos el hombre del futuro. Con independencia de las críticas que los distintos planes y leyes educativas puedan suscitar en la sociedad (que son muchas), el mero hecho de no arrinconar materias esenciales en los programas educativos es todo un logro. Ya no hay estudiantes de ciencias y de letras. Ahora hay buenos estudiantes o malos estudiantes. Así de simple.

Yo soy de letras. De letras vocacional, pero no oculto mi permanente atragantamiento en las materias de la otra rama. Con el paso de los años me he preguntado muchas veces por qué mi animadversión a las ciencias. Y la única respuesta que encuentro es porque no me las supieron explicar. Porque nadie me demostró la aplicación práctica que podía tener una fórmula física o matemática en nuestra vida cotidiana, cuando conducimos un coche o queremos llenar la piscina de plástico de los niños, o simplemente cuando miramos al cielo y vemos, allí arriba, el reflejo lejano y remoto de la Estación Espacial Internacional.

Unos cuantos rechazando las ciencias y otros buscando aplicaciones prácticas y cotidianas a los inventos y descubrimientos que se realizan en laboratorios. Porque la ciencia no tiene más que un fin: elevar la calidad de vida de los seres humanos. De todos, incluso de aquellos que saben de antemano que nunca podrán acceder a las más elementales cotas de dignidad. Pero ahí está la ciencia, por si acaso. Por ella que no quede.

Desde mi ignorancia ya descrita he admirado siempre a los científicos y los he valorado mucho más que a mis colegas de estudio. El científico se hace humano, sabe comunicarse, escribe, diserta... El humanista, en cambio, no es capaz de entrar en un laboratorio. Santiago Ramón y Cajal, que vivió entre 1852 y 1934, o Gregorio Marañón, que nació en 1888 y murió en 1960, hicieron serias incursiones en el mundo de las letras, obtuvieron galardones literarios, están reconocidos como eminentes científicos y grandes escritores. No me imagino yo a Azorín, Baroja, Ortega o Menéndez Pidal con bata blanca mirando por el ojo de un microscopio o mezclando ácidos en una pipeta. ¿Entonces? La ciencia humaniza y la letra absorbe.

Miguel Ángel Sabadell ha sabido conjugar las dos facetas: la humanística y la científica. Para escribir un tratado sobre ciencia, que sea ameno, que pretenda llegar al gran público y que dé a conocer las aplicaciones prácticas de lo que otros elaboran teóricamente en sus laboratorios, hace falta esa doble condición, porque una debe ir unida indefectiblemente a la otra. Y en esta conjunción, el lenguaje es factor esencial y la clave del éxito.

El autor de este libro sabe de éxitos: los ha experimentado a lo largo de su colaboración diaria en Radio 5 Todo Noticias de Radio Nacional de España, elaborando un espacio, **Curiosidades de la Ciencia**, *padre de este libro. El reto era atrevido: transmitir conocimientos científicos a través de la radio. Ese medio tan próximo, tan práctico, siempre fiel, es también frío. La voz nos llega y se nos va con demasiada facilidad. Cuando queremos prestar atención porque algo nos sorprende... ya se ha pasado. Y, lejos de releer como hacemos con el periódico, la radio no es más que un puñado de palabras que, de forma tópica pero verdadera, se lleva el viento. En el caso de* **Curiosidades de la Ciencia** *hacía falta enganchar desde el primer momento al oyente para que pegara la oreja al receptor y siguiera así todo el hilo conductor del relato. Miguel Ángel Sabadell supo hacerlo desde el primer día.*

Los medios de comunicación han demostrado siempre un extraordinario interés por la ciencia. A finales del siglo XIX y principios del XX, los periódicos dedicaban gran extensión a las noticias relacionadas con los descubrimientos científicos y el desarrollo y aplicación de los últimos inventos. Existían revistas especializadas en agricultura o ganadería que trataban sobre aspectos prácticos de lo más nuevo. Pero su circulación era muy restringida y llegaban solo a unos pocos. Como las informaciones científicas gozaban de gran éxito entre los lectores, los periódicos de información general comenzaron a interesarse por ellas y a publicarlas en sus páginas más nobles. El lector seguía demandando esa información, que se movía a caballo entre la curiosidad y la utilidad. Existía cierta complicidad entre el científico y el periodista. Un descubrimiento, el desarrollo de un invento, la aplicación práctica de lo más nuevo en la vida cotidiana, de nada servía si no se comunicaba. El científico necesitaba el poder del periódico para darlo a conocer, y a cuantos más, mejor. Por otro lado, la función social de la prensa hacía que la demanda de ese tipo de noticias fuera muy apreciada. Estaban contando a sus lectores lo último, lo más nuevo, lo que sorprende; a fin de cuentas, como se puede comprobar, la verdadera esencia de la noticia. Y en esa honesta simbiosis ciencia-prensa, cada una de las partes jugaba un importante papel: los primeros facilitando la noticia, y los otros transmitiéndola a la opinión pública con lenguaje y características propios para que todos los estamentos sociales la conocieran y no dejar esa posibilidad solo en poder de unos pocos privilegiados.

Louis Pasteur (1822-1895), el padre de la microbiología, ha pasado a la historia por muchas cosas buenas. Entre otras, porque se le considera el primer científico que convocaba a los periodistas en su laboratorio para darles cuenta de los últimos descubrimientos en los que andaba trabajando. Les explicaba las aplicaciones prácticas, les hacía demostraciones, les contaba los pasos dados hasta el momento y los que tenía que seguir recorriendo hasta llegar al final de sus planteamientos. Al día siguiente, los periódicos franceses se llenaban de buenas noticias que hablaban de la erradicación de la rabia, o de cómo atajar las infecciones, o de la vacuna contra el cólera... «No hay ciencias aplicadas, sino aplicaciones de la ciencia», decía el científico francés intentando aproximar el trabajo de laboratorio a la opinión pública. Su interés por ayudar al hombre, por facilitarle una vida mejor, le llevó a decir que «la ciencia no tiene patria», intentando así globalizar sus descubrimientos para uso general.

Para que la información sobre ciencia sea amena, tiene que ser próxima, útil, incluso si me apuran, divertida. Y estos son algunos de los adjetivos que Miguel Ángel Sabadell utiliza para explicarnos, por ejemplo, cómo Edison inventó la bombilla después de quemar no sé cuántos filamentos de platino, hasta que encontró el hilo de carbono. O cuando nos describe la anécdota de ese empecinado capitán de la marina de guerra estadounidense que se negaba a modificar su rumbo porque creía ver enfrente la luz de un navío canadiense.

Hay mil preguntas que tienen respuesta sólida en las páginas de este libro: cuándo se empezó a contar el tiempo, cuánto costó montar la primera imprenta, por qué bostezamos... Luis Buñuel ponía los pies en la tierra cuando se separaba del visor de la cámara de cine. Mientras filmaba, era otra cosa. Decía a propósito de la ciencia: «La encuentro analítica, pretenciosa, superficial; en gran medida, porque no tiene en cuenta los sueños, el azar, la risa, los sentimientos y las paradojas, aquello que yo más amo». El *lector encontrará aquí alusiones científicas a todos y cada uno de los elementos que añoraba Buñuel. Lástima que no lo pueda leer.*

Al carro de la cultura española le falta la rueda de la ciencia. La frase no es mía, sino de don Santiago Ramón y Cajal. Creo que, con este libro, Miguel Ángel Sabadell ha elaborado, si no la rueda completa, sí al menos uno de sus radios más sólidos y completos.

GABRIEL SÁNCHEZ

Introducción

Ese país desconocido

La naturaleza muestra la misma magnificencia sin límites tanto en un átomo como en una nebulosa. Cada nuevo campo de estudio revela una naturaleza más grande e incluso más diversa, fecunda, impredecible, hermosa y rica, e insondablemente inmensa.

Jean Perrin (1870-1942)
Premio Nobel de Física, 1926

El hombre sólo ha producido dos cosas que merezcan la pena: el arte y la ciencia.

Santiago Ramón y Cajal (1852-1934)
Premio Nobel de Medicina, 1906

Es hora de que la gente común reconozca la creencia equivocada de que la investigación científica es una empresa fría y desapasionada, carente de cualidades imaginativas, y que un científico es el que gira la manivela de los descubrimientos: porque cada nivel de la tarea de la investigación científica está ocupado por la pasión, y la promoción del conocimiento natural depende, sobre todo, de una salida hacia lo que puede imaginarse, pero que todavía no se conoce.

Peter Medawar (1915-1987)
Premio Nobel de Medicina, 1960

Este libro que el lector tiene entre sus manos recoge una serie de historias sobre la ciencia, los científicos y el universo. Es, por tanto, un libro sobre nosotros mismos.

Querer comprender el universo es una aventura maravillosa, quizá la más maravillosa que pueda emprender el ser humano. No solo porque es la única actividad que nos permite llegar a descifrar nuestro origen y el de todo lo que nos rodea, sino también porque al hacerlo aprendemos mucho acerca de lo que somos, de nuestro carácter y nuestro destino.

Como en toda aventura, también hay momentos duros. Nada en esta vida es fácil y todo tiene sus dificultades. En ocasiones resulta muy complicado imaginarnos ideas y conceptos porque conllevan cuidadosos y exquisitos razonamientos. «La naturaleza es sutil, no maliciosa», sentenció Einstein. Hoy esta situación se ve agravada, pues nos ha tocado vivir en la época de la imagen. Eso implica rapidez, velocidad. La información nos la dan mascada y solo debemos digerirla. La televisión ha abolido el tiempo necesario para pensar, para rumiar nuestros propios pensamientos, para llegar a conclusiones. Nos ha regalado tiempo de asueto, de relajarse y no pensar en nada. Pero este dejarse llevar tiene un lado oscuro: si nos ofrecen información ya pensada, ¿quién la ha pensado? La imagen también ejerce su tiranía.

La ciencia, mejor, los procesos que nos llevan a comprender el mundo, nos enseñan a ser críticos, a dudar. La duda metódica es el cimiento de toda mente lúcida. No hay gurús, no hay líderes, solo ideas segregadas por el cerebro. Únicamente existe un legislador último y definitivo: la realidad. Si nuestras ideas no se ajustan a la experiencia, por muy bonitas que sean, deberemos arrojarlas al cesto de la basura. Sé que es difícil vivir así, que todo sería más fácil si hubiera alguien que nos dijera lo que hacer en cada momento. Pero estoy seguro de que cuando alguien bebe los posos de la racionalidad, no la abandona jamás. «Las ciencias –decía Aristóteles– tienen las raíces amargas, pero muy dulces frutos». Al final, recompensa.

Muchos piensan que una noche estrellada o una puesta de sol pierden su poesía si llega el científico de turno y explica lo que allí ocurre. Lo cierto es que saber por qué brilla el Sol o conocer la situación de nuestro planeta en el cosmos no resulta un impedimento para extasiarse ante el vértigo de la noche o el colorido del atardecer. En realidad, ayuda. Y mucho. Porque al mismo tiempo que vemos algo que produce una sensación, podemos permitirnos el lujo de pensar en las reacciones nucleares que se producen en el interior del Sol, en que hay una tenue atmósfera que nos protege y permite vivir; en que al atardecer la luz solar debe atravesar mayor cantidad de aire que al mediodía; en que el Sol va desapareciendo porque la Tierra gira... Un cúmulo de detalles que van mucho más allá del simple hecho de ver una hermosa puesta de sol. ¿Por qué privarnos de ello?

«Somos reconocidamente ignorantes, pero tampoco sabemos cuán ignorantes somos». Esta frase aparece en el prólogo de uno de los libros que más han influido en nuestra cultura: *El origen de las especies*, de Charles Darwin. Los seres humanos somos básicamente ignorantes, pero lo verdaderamente grave no es reconocerse ignorante, sino no darse cuenta de que se es. No sabemos que no sabemos. La ignorancia es muy atrevida, y uno de los problemas más importantes con los que se enfrenta la sociedad actual es su decidida incultura en temas científicos. Esto hace que en multitud de ocasiones seamos unos arrogantes iletrados, e incluso que algunos reconozcan su ignorancia científica y se vanaglorien de ello. Es curioso. Tenemos una civilización tecnológica, pero vivimos en una sociedad mágica. Usamos la electricidad, pero no sabemos en qué consiste, y el simple acto de encender la luz se convierte en una especie de pase mágico similar al que el hechicero de la tribu hacía para ahuyentar los malos espíritus en la oscuridad de la noche.

La ciencia exige un método de pensamiento que es bastante extraño y poco natural. Se asienta sobre tres patas: hipótesis, observación y fe. Si queremos comprender el funcionamiento del mundo, lo primero que debemos hacer es emitir una idea sobre el mundo en que vivimos. Esto lo hemos hecho siempre, desde que bajamos de los árboles y nos pusimos en pie. Sin embargo, si nos quedásemos aquí, haríamos religión o filosofía. El elemento característico y diferenciador de la ciencia es que esa idea nuestra, esa hipótesis, vive o muere por veredicto de la observación: debemos contrastar nuestro pensamiento con el mundo, ver si coincide. Si no lo hacemos, nuestra idea, nuestro modelo del mundo, es erróneo y tendremos que modificarlo.

Por supuesto, esta construcción tan bien hilvanada parte de una premisa básica, de una afirmación que aceptamos por fe y sin discusión: el universo es racionalmente inteligible. Somos capaces de comprender el universo y de encontrar modelos que nos lo expliquen. Sin este "dogma de fe", la ciencia no tendría sentido.

Todos los descubrimientos científicos han sido realizados en la Tierra, un lugar muy particular del universo. Uno podría pensar que solo son aplicables al entorno en el que los hemos hecho. ¿Por qué extendemos las leyes enunciadas a partir de nuestros experimentos de laboratorio a todo lo que existe? ¿Es que nuestros descubrimientos explican lo que ocurre en cualquier punto del universo? Sí, y este es, en mi opinión, el mayor y más grande descubrimiento de la ciencia: las mismas leyes que rigen, por ejemplo, la caída de una manzana, son las que permiten a nuestras sondas espaciales viajar por el sistema solar, y explican tanto el movimiento de los planetas alrededor del Sol como el de la galaxia más remota. Es más, la materia está constituida por los mismos átomos en todas partes: el amoniaco que guardamos en el armario de la cocina es el mismo que el encontrado en la atmósfera de Júpiter, y el carbono detectado en el rincón más recóndito del universo es el mismo que el de nuestro ADN.

En ocasiones, cuando en las noches claras levanto la mirada al cielo estrellado y me doy cuenta de lo que esto significa, no puedo dejar de sentir en mi nuca un agradable hormigueo, mezcla de humildad, fascinación y orgullo.

Este libro tiene su origen en las colaboraciones diarias que durante seis años hice para Radio 5 Todo Noticias. A través de ellas intenté recoger todas aquellas historias, grandes y pequeñas, que han hecho de la ciencia algo que merece la pena ser conocido. Sin embargo, este libro es algo más que una mera colección de curiosidades. He tratado de construir una historia de la exploración científica del mundo en que vivimos a diferentes escalas, desde los supercúmulos de galaxias hasta el electrón, del acelerador de partículas a la máquina de coser. Porque en todas y cada una de ellas descubrimos la sutileza y belleza de las leyes naturales.

He organizado el libro en cinco grandes secciones. En la primera, *Universo*, viajaremos a través de la historia y del cosmos, un viaje en el espacio y el tiempo, para descubrir nuestra posición en el universo. La segunda, titulada *Tierra y vida*, nos sitúa en nuestro planeta y en aquello que lo convierte en algo único: la presencia de vida. En la tercera, *Ser humano*, descubriremos que, si bien la buena literatura describe con genial perspicacia la sutil idiosincrasia del hombre, los ojos de la ciencia nos permiten explorar matices de ese primate medianamente inteligente que, por obvios o por ocultos, se nos habían pasado desapercibidos. Y en *Ingenio* nos acercaremos a la figura del científico, al fin y al cabo un ser humano, con todas las miserias y grandezas que ello encierra. La última parte, *Falacias*, es producto de mi propia historia. Durante años he defendido el uso del espíritu crítico y la razón como armas para protegernos de videntes, curanderos, médiums... En el fondo, lo que nos venden no son más que creencias de una pobreza intelectual manifiesta. Con todo, si fueran presentadas como tales, no habría nada que decir; pero las quieren hacer pasar por ciencia. Algo que en ocasiones también intentan hacer los propios científicos.

En definitiva, con este libro mi pretensión ha sido doble: por un lado, hacer pasar un rato agradable y sorprendente; por otro, desterrar la idea de que la ciencia es aburrida, difícil, aséptica, objetiva y limpia. Como toda empresa humana, tiene sus alegrías y tristezas, sus triunfos y sus decepciones.

Un conocido escritor norteamericano dijo en cierta ocasión que han sido tres las fuerzas directoras de la civilización occidental: la religión, la ciencia y el chismorreo. Pero aunque las tres han dirigido el pensamiento humano, solamente una ha sido capaz de modificar el ambiente y las condiciones de vida de la humanidad, ofreciéndonos una visión asombrosa de lo que somos y de dónde estamos.

Espero que este libro sirva de ayuda para descubrir cuál ha sido.

I
*E*L UNIVERSO

«SOMOS SUSTANCIA DE ESTRELLAS *que reflexiona sobre su origen*». En esta frase se encuentra resumido todo lo que hemos averiguado acerca del cosmos. Una aventura que comenzó cuando Nicolás Copérnico decidió comprobar si haciendo girar los planetas alrededor del Sol podía explicar mejor las observaciones que, desde tiempo de los babilonios, se habían hecho de esos "cuerpos errantes". Tras él, personajes como Kepler, Galileo y Newton pusieron las bases de lo que sería la ciencia moderna. El universo dejó de ser un lugar gobernado por los designios de un dios o dioses inescrutables, y se convirtió en un reloj perfectamente ajustado.

Poco a poco fuimos profundizando en los vericuetos de nuestro barrio galáctico, mirando más allá del patio de manzana en el que nos ha tocado vivir... Descubrimos que, además de los planetas, por el sistema solar pululan otros cuerpos más pequeños, cometas y asteroides, que aportan un punto de aventura y riesgo a nuestra existencia. Pero mirando más allá nos encontramos con un mundo totalmente alejado de nuestra experiencia cotidiana, en el que las escalas de espacio y tiempo se nos escapan: soles que explotan, estrellas que caben dentro de una ciudad mediana... Incluso el mismo origen del universo resulta tan sublime como inconcebible.

¡Cómo ha cambiado nuestra percepción del mundo, desde el pez Bahamut hasta la Gran Explosión!

1
BAHAMUT

Dios creó la tierra, pero la tierra no tenía sostén, y así bajo la tierra creó un ángel. Pero el ángel no tenía sostén, y así bajo los pies del ángel creó un peñasco hecho de rubí. Pero el peñasco no tenía sostén, y bajo el peñasco creó un toro con cuatro mil ojos, orejas, narices, bocas, lenguas y pies. Pero el toro no tenía sostén, y así bajo el toro creó un pez llamado Bahamut, y bajo el pez puso agua, y bajo el agua puso oscuridad, y la ciencia humana no ve más allá de ese punto.

(LEYENDA ÁRABE)

Yo sé, y todo el mundo sabe, que las revoluciones nunca dan marcha atrás.

WILLIAM SEWARD (1801-1872)
Secretario de Estado de Abraham Lincoln

DESDE LA ANTIGÜEDAD, los seres humanos hemos creído que ocupamos un lugar muy especial en el universo. Salvo contadas excepciones, durante 2.000 años hemos aceptado que nos encontrábamos en el centro del universo.

Esta imagen fue radicalmente modificada por un sacerdote, hijo de un comerciante de cobre, llamado Nicolás Copérnico. Su idea de que el Sol y no la Tierra era el centro del universo la expresó por primera vez en un pequeño tratado escrito desde su cuarto, en una torre almenada junto a un lago en el castillo de Frauenburg. Aunque este texto circuló de manera privada, sus nuevas ideas se extendieron como la pólvora, y allí donde se reunían varios astrónomos su nuevo sistema era comentado y discutido. Mientras, Copérnico pulía su teoría, e iba almacenando sus cálculos en un cajón sin la menor intención de publicarlos.

Hacia el final de su vida apareció un joven profesor de matemáticas y astronomía que había acudido a estudiar bajo su tutela. Se llamaba Georg Joachim Iserin, aunque era más conocido como Rheticus. Un cambio de nombre, muy a la moda de entonces, que le ayudó a que no le identificaran con su padre, un médico decapitado por brujería. Su buen hacer logró que el obstinado Copérnico accediera a publicar su teoría. Rheticus copió meticulosamente el manuscrito de su maestro, corrigiendo algunos errores de poca importancia. La responsabilidad de imprimirlo recayó sobre el editor y sacerdote luterano Andreas Osiander. Este, queriendo proteger a Copérnico y a sí mismo de las críticas, añadió un prefacio que se ha hecho famoso en la historia de la astronomía:

> *Estas hipótesis no necesitan ser ciertas, ni siquiera probables; si aportan un cálculo coherente con las observaciones, con eso basta. Por lo que se refiere a las hipótesis, que nadie espere nada cierto de la astronomía que no puede proporcionarlo, a no ser que se acepten como verdades ideas concebidas con otros propósitos y se aleje uno de estos estudios estando más loco que cuando los inició. Adiós.*

Este prefacio, que apareció sin firmar, se atribuyó a Copérnico. En él, Osiander le hizo un flaco favor, pues daba a entender que las ideas expresadas en el libro no se las creía ni el propio autor.

El libro tardó en imprimirse un año. Durante ese tiempo, Copérnico sufrió una apoplejía que le dejó parcialmente paralizado. El 24 de mayo de 1543 llegaba al castillo de Frauenburg el primer ejemplar de su obra. Horas más tarde fallecía Copérnico.

Los temores de Osiander y de Copérnico eran fundados. El papa puso este libro, titulado *Sobre las revoluciones de las órbitas celestes*, en el Índice de los libros prohibidos por la Iglesia [1]:

> *También ha llegado a conocimiento de la antedicha Congregación que la doctrina pitagórica –que es falsa y por completo opuesta a la Sagrada Escritura–*

del movimiento de la Tierra y la inmovilidad del Sol, que también es enseñada por Nicolás Copérnico en De Revolutionibus Orbium Coelestium, *y por Diego de Zúñiga en* Sobre Job, *está difundiéndose ahora en el extranjero y siendo aceptada por muchos... Por lo tanto, para que esta opinión no pueda insinuarse en mayor profundidad en perjuicio de la verdad católica, la Sagrada Congregación ha decretado que las obras del susodicho Nicolás Copérnico,* De Revolutionibus Orbium, *y de Diego de Zúñiga,* Sobre Job, *sean suspendidas hasta que sean corregidas.*

Allí permaneció hasta 1835. Por ironías del destino, ese fue el año en que un joven naturalista llamado Charles Darwin embarcaba en el *Beagle* con rumbo a las Galápagos. De este viaje surgiría otro de los grandes –y polémicos– libros de la historia de la ciencia: *El origen de las especies.*

Uraniburg

El 21 de agosto de 1560, un eclipse parcial de sol pudo verse desde Dinamarca. Allí, un joven de trece años observaba el fabuloso espectáculo, asombrado porque los astrónomos habían sido capaces de predecir el día en que ocurriría gracias a unas tablas calculadas por el griego Claudio Ptolomeo 16 siglos atrás.

Fascinado por la precisión de estos cálculos, el joven danés decidió convertirse en astrónomo. Su nombre era Tycho Brahe, y se convertiría en el más importante y más grande observador astronómico de la época anterior a la invención del telescopio.

Brahe estaba obsesionado con la exactitud. Hizo meta de su vida obtener las mediciones más precisas que pudiera de las posiciones de las estrellas y de los planetas en el cielo. Eso exigía gastarse fuertes sumas de dinero en instrumentos, pero Brahe tenía ese dinero. Su padre adoptivo había muerto de una pulmonía tras salvar de morir ahogado a Federico II, y el rey, agradecido, concedió a su hijo una sabrosa beca que Brahe invirtió en construir su particular ciudad de las estrellas, Uraniburg, en Sund, una isla a medio camino entre Elsinor (el castillo frecuentado por Hamlet) y Copenhague.

Este imponente observatorio alojaba los mejores instrumentos astronómicos que Brahe había encontrado en Europa y otros construidos por él mismo, además de un laboratorio químico, una imprenta con su propia fábrica de papel, un sistema de comunicaciones internas, habitaciones para investigadores visitantes, y una cárcel privada.

Para que no faltara de nada, tenía sus cotos privados de caza, sesenta estanques con peces, amplios jardines y un bosque con trescientas especies diferentes de árboles. Pero la estrella rutilante de este palacio de la astronomía era un globo celeste de bronce de metro y medio de diámetro, donde Tycho y sus colaboradores iban colocando una a una las estrellas del cielo, una vez determinada su posición con una exactitud milimétrica.

En su incesante búsqueda de la precisión, Tycho Brahe y sus ayudantes registraron noche tras noche, durante veinte años, las posiciones de las estrellas y el curso de los planetas por el cielo. De hecho, sus mediciones fueron las más perfectas jamás realizadas a ojo desnudo, incluso mejores que las hechas años después de la invención del telescopio.

Un profesor de matemáticas

El 9 de julio de 1595, un oscuro profesor estaba dando su clase. Mientras dibujaba en la pizarra tuvo lo que más tarde recordaría como la mayor intuición de su vida. Enamorado como estaba de las ideas platónicas, sopesaba el hecho de que solo había cinco sólidos regulares (aquellos sólidos que, como el cubo, tienen todas sus caras iguales), mientras que había seis planetas. Para él era evidente que los cielos debían ajustarse a la geometría platónica, que tenía que haber tantos sólidos como planetas. Y entonces sucedió. Se hizo la luz. Lo que realmente pasaba era que los planetas orbitaban entre los intersticios de los sólidos platónicos, encajados unos dentro de otros como una colección de muñecas rusas. La emoción de este profesor de matemáticas fue tal que escribió: «Y tan intenso fue el placer causado por este descubrimiento, que nunca podrá expresarse en palabras».

Lo cierto es que este esquema no vale nada, y al final el propio matemático lo supo, aunque jamás lo repudió: era como deshacerse de ese misticismo que Platón había otorgado a la geometría.

En 1597 se casó con una viuda, a la que describió como «simple de entendederas y gorda de cuerpo», y tuvo que negociar duramente con el duque de Württemberg sobre la construcción de una especie de bar celestial de mecanismo increíblemente complicado que, mediante cañerías ocultas procedentes de las diferentes esferas planetarias, serviría siete bebidas: la del Sol, agua de la vida; la de la Luna, agua; la de Mercurio, aguardiente; la de Venus, aguamiel; la de Marte, vermut. El vino blanco vendría de Júpiter, y el vino tinto añejo o la cerveza, de Saturno. Jamás lo terminó, como tampoco lo hizo con la edición de un periódico dedicado a la meteorología, una cronología de la Biblia, y un vano intento de explicar el universo aplicando estrictamente la música de las esferas de Platón, según la cual a la Tierra le correspondían las notas mi y fa por dos motivos bien poco matemáticos, miseria y hambre (en latín, *fames*).

En aquellos últimos años del siglo XVI escribió el libro *Mysterium Cosmographicum*, una obra cuya publicación el claustro de la Universidad de Tubinga intentó impedir. Un ejemplar fue enviado a Galileo, que seguramente ni lo leyó. Otro llegó a las manos del mejor observador astronómico de entonces, matemático imperial del emperador Rodolfo II en Praga, Tycho Brahe. El texto llamó poderosamente su atención y pocos años después lo contrató como ayudante, un hecho irrelevante en apariencia, pero que cambiaría dramáticamente nuestra percepción del cosmos. Porque aquel oscuro matemático soñador era nada más y nada menos que Johannes Kepler.

Tycho y Johannes

Habitualmente se suele decir que la teoría heliocéntrica de Copérnico triunfó porque explicaba de modo más sencillo que la vieja teoría geocéntrica el movimiento de los planetas por el cielo. Es falso. Si uno quería predecir la posición futura de un planeta en el cielo usando la teoría de Copérnico, lo tenía mucho más difícil. Para hacerlo había que inventarse un montón de cosas que la hacían casi tan complicada, si no más, que la teoría geocéntrica. De hecho, y mientras en las universidades de Europa se discutían con ardor sus ideas, nuevas mediciones llegadas desde Dinamarca, exquisitamente precisas, ponían en serios aprietos al modelo de Copérnico. Pero todo este estado de cosas iba a cambiar cuando, en febrero de 1600, Brahe tomó como ayudante a Johannes Kepler.

Kepler había nacido en 1571 en Weil der Stadt, Württemburg, Alemania, y sufrió una juventud miserable. A su padre, Heinrich, él mismo lo describe como un hombre vicioso, inflexible, pendenciero y destinado a acabar mal. Soldado de fortuna, mercader y tabernero, por razones que desconocemos estuvo a punto de ser ahorcado en 1577. A su madre, Katherine, la dura pluma de Kepler le tiene destinados unos epítetos parecidos: herbolaria, murmuradora, pendenciera y de mal carácter.

Enfermizo hasta la náusea, durante sus años de niñez y juventud Kepler lo padeció prácticamente todo: malas digestiones, forúnculos, miopía, doble visión, manos deformadas a consecuencia de una viruela que casi le lleva a la tumba, un extravagante y largo surtido de enfermedades de la piel como la sarna y, según describe el propio astrónomo, "heridas podridas crónicas en los pies". Por si esto no fuera bastante, sus primeras relaciones sexuales, la Nochevieja de 1592, fueron cualquier cosa menos placenteras. Las tuvo «con la mayor dificultad concebible, experimentando un agudísimo dolor en la vejiga».

No creo que pille al lector muy de sorpresa saber que sus compañeros de clase no lo tenían en muy alta estima. Algo, por lo demás, que ni él tenía de sí mismo: se describe como una persona «con una naturaleza en todos los sentidos muy perruna».

Como hemos dicho, en 1600 dos grandes mentes unían sus fuerzas: Brahe, el experimental, y Kepler, el teórico. Ninguna otra persona sobre la Tierra hubiera podido hacer lo que el ingenio de ambos consiguieron: Brahe, unas mediciones astronómicas de los planetas perfectas; Kepler, sacarle todo el jugo a ese trabajo.

Ambos astrónomos eran diametralmente opuestos en su aspecto y en su carácter. Brahe era un vividor. Lucía una barriga de inmensas proporciones producto del buen comer y mejor beber, y una nariz metálica, pues había perdido el hueso nasal en un duelo de juventud. Kepler, por el contrario, era huraño, neurótico y lleno de odio hacia sí mismo. Pero en algo coincidían: ambos eran arrogantes y vociferaban por cualquier cosa. Siempre estaban riñendo, sobre todo cuando Kepler le pedía más datos observacionales y Brahe se los negaba. No sin motivo: Brahe era consciente de la inteligencia de Kepler y temía que su genialidad lo eclipsara a él. Pero también sabía que si mantenía este estado de cosas, Kepler acabaría marchándose a otro sitio, de modo que urdió un plan maquiavélico: le dejaría elegir todas las observaciones que necesitase, pero de un único planeta, Marte.

¿Por qué así? Tycho sabía que Marte presentaba una dificultad casi insuperable. Al estar cerca de la Tierra, su posición en el cielo había sido determinada con gran exactitud y, debido a ello, tanto la teoría geocéntrica como la heliocéntrica eran incapaces de dar cuenta de su órbita. Kepler, por supuesto, no sabía nada de esto, sin embargo, durante la cena de aquel mismo día, Kepler, henchido de orgullo, profetizó que lo resolvería en ocho días.

Ocho años más tarde, todavía trabajaba en el problema.

Tycho Brahe murió el 24 de octubre de 1601 tras un atracón de carne y cerveza durante un banquete*. No llegó a conocer el gran triunfo de Kepler cuando este descubrió que la órbita de Marte era una elipse centrada en el Sol.

¡Danzad, danzad, malditos!

Johannes Kepler será seguramente el único científico anterior a la invención del telescopio que la humanidad recordará cuando un día viajemos por las estrellas como hoy lo hacemos sobre la Tierra. Y todo gracias a sus tres famosas leyes.

Se trata de tres leyes que sirven para todo: para estudiar las órbitas planetarias, los sistemas de estrellas dobles y el movimiento de las galaxias. Las fotografías tomadas por la NASA de los anillos de Saturno muestran no solo su intrincada belleza, sino también la elegante apostura de las leyes keplerianas que gobiernan su existencia, las mismas que llevaron hasta allí la cámara que los fotografió desde las sondas Voyager. Estas sondas llevan un mensaje grabado para los improbables seres extraterrestres que las encuentren cuando estén viajando por el oscuro espacio vacío. Dentro de este mensaje hay registrado un conjunto de notas generadas por ordenador que representan las velocidades relativas de los planetas de nuestro sistema solar: es la música de las esferas de Platón.

Las tres leyes de Kepler establecen no solo la hipótesis de Copérnico de que el Sol se encuentra en el centro del sistema solar, sino también que los planetas se mueven en torno a él describiendo elipses y no circunferencias. Este hecho significó para muchos, y sobre todo para Kepler, el final del sueño de la perfección de los cielos.

---

* Se dice que Brahe murió porque no se levantó durante todo el banquete para aliviar su vejiga (algo de mala educación) y al final reventó. Las fuentes de la época señalan que sufría de una hipertrofia prostática (un aumento de la próstata) o de algún otro desorden del sistema urinario seguido por una uremia (urea en la sangre). Análisis forenses realizados en 1991 y 1996 en muestras de los pelos de su barba encontraron concentraciones anormalmente altas de mercurio. De hecho, y teniendo en cuenta el ritmo de crecimiento del pelo, Brahe tuvo que ingerir importantes cantidades de mercurio el día anterior a su muerte. ¿Fue asesinado? No. Lo más probable es que el envenenamiento fuera debido a la ingestión de sus propias medicinas para aliviar la uremia (Tycho tenía un nada despreciable interés en la química y la medicina), de un alto contenido en mercurio.

Hasta entonces, todos los filósofos y pensadores, desde Ptolomeo hasta Copérnico, creían que las órbitas planetarias eran circunferencias, las curvas más perfectas de todas.

Sin embargo, al estudiar el movimiento aparente de Marte por el cielo, Kepler descubrió que ninguna órbita circular se ajustaba a las observaciones. Desesperado, se le ocurrió probar con elipses. Para un matemático platónico como él, las curvas cónicas (la elipse, la parábola y la hipérbola) eran lo menos hermoso de la geometría. Al recordar sus investigaciones, el mismo Kepler diría que solo le quedaba intentarlo con la elipse, "una carreta de estiércol". Sin embargo, es aquí donde el astrónomo demostró su grandeza: alejó de su mente sus propias convicciones, sus mayores deseos, y se rindió a la evidencia, a los hechos. Aceptó al universo como era, sin obligarlo a ajustarse a sus creencias.

El universo es como es, y no como a nosotros nos gustaría que fuera. Esta es la mayor lección que Kepler nos enseñó, y constituye el principio básico de esa cosa que llamamos ciencia.

El fin de una vida

La vida de Kepler no fue lo que pudiéramos llamar regalada, y, por supuesto, el final de sus días tampoco iba a serlo. Mientras estaba ofreciendo al mundo sus tres famosas leyes, la viruela transmitida por los soldados que combatían en la Guerra de los Treinta Años acabó con la vida de su hijo más querido, Friedrich, de seis años de edad. Debido a tan trágica pérdida, su esposa cayó en la más profunda melancolía y murió poco después, de tifus. La madre de Kepler, que fue amenazada con la tortura por practicar la brujería y que por poco resulta quemada gracias a la acertada intervención de su hijo como abogado de la defensa, murió seis meses después.

Kepler se trasladó entonces, con su menguada familia, a la ciudad de Sagan, en una región apartada de Centroeuropa. Más tarde, cuando lo despidieron de su cargo como astrólogo del duque Albrecht von Wallenstein, Kepler abandonó Sagan y, solo y a caballo, marchó en busca de dinero para alimentar a sus hijos. Se dirigió a Ratisbona (Regensburg) para cobrar los 12.000 florines que le debía el emperador. Allí cayó enfermo y murió el 15 de noviembre de 1630, a la edad de cincuenta y nueve años. Quienes estuvieron junto a él en el lecho de muerte dijeron que no habló, sino que señaló con el dedo índice a su cabeza y luego al cielo.

Vistas las desgracias que le habían acosado, no resultó extraño descubrir que había escrito anticipadamente su propio epitafio:

> *Medí los cielos y ahora mido las sombras.*
> *El espíritu estaba en el cielo, el cuerpo reposa en la Tierra.*

Como colofón a una vida tan desgraciada, también su tumba desapareció, destruida en la Guerra de los Treinta Años.

El discutidor profesional

Todos conocemos a Galileo por la famosa frase que pronunció, parece ser que solo *por lo bajini,* cuando la Iglesia le condenó por defender que la Tierra no estaba en el centro del universo: «Eppur si muove» («y sin embargo se mueve»). También todos sabemos que esta famosa frase nunca salió de sus labios.

Galileo ha sido muy bien tratado por la historia. Aunque fuera Copérnico el primero en formular la teoría heliocéntrica, y aunque años más tarde fuera Johannes Kepler quien descubriera realmente cómo se mueven los planetas alrededor del Sol, el nombre que emerge del fondo de nuestra memoria al hablar de esta gran revolución es el de Galileo Galilei. Y el caso es que su fama le vino no porque enunciara o demostrara la idea heliocéntrica, sino porque se vio obligado a abjurar de sus ideas al enfrentarse contra la máquina de poder material e ideológico que era el Vaticano.

Y es que Galileo era un discutidor profesional. Ya en sus tiempos de estudiante en Pisa era llamado *el pendenciero,* una "cualidad" que no le abandonó en toda su vida. En 1589, al ser nombrado profesor de la Universidad de Pisa, se le comunicó que los miembros de la Facultad debían vestir la toga académica. Galileo, profundamente ofendido por imponérsele tal normativa, hizo una vigorosa campaña contra esta exigencia mediante una sátira poética donde se pronunciaba contra la toga y a favor de la desnudez.

Al terminar su contrato de tres años en Pisa, la Universidad de Padua se hizo con él "a golpe de talonario". En sus clases enseñaba la astronomía geocéntrica del griego Ptolomeo, algo de lo que él sin embargo no estaba muy convencido. En 1597 escribió una carta a Kepler en la que decía[2]:

> *No me he atrevido a publicar mis ideas por temor a encontrar el mismo destino que nuestro maestro Copérnico, quien, habiendo ganado fama inmor-*

tal entre unos pocos, entre la gran mayoría solo parece merecer abucheos y escarnio. Me atrevería a dar a conocer mis especulaciones si hubiera muchas personas como vos; pero, puesto que no las hay, siento horror a hacer algo de ese estilo.

Kepler, tras leer esas líneas, le escribió una carta reprendiéndole[3]:

Con vuestras maneras inteligentes y secretas subrayáis, con vuestro ejemplo, la advertencia de que se debe retroceder ante la ignorancia del mundo... Tened fe, Galileo, ¡y adelante!

Lo más triste de todo, que revela la naturaleza tremendamente humana de los sabios, es que durante los doce años siguientes a esta exhortación, Galileo ignoró por completo a Kepler. Refiriéndose a ello, Albert Einstein llegaría a decir: «Siempre me ha dolido pensar que Galileo no reconoció la obra de Kepler». Todo motivado, muy probablemente, por los sueños de gloria del pisano.

¡Ah!, por un poco de gloria

Galileo ansiaba ser reconocido como uno de los científicos más extraordinarios. Cuando era profesor en Padua, allá por 1609, contaba ya con una excelente reputación como científico; pero su deseo de prestigio se vio colmado con la ayuda de un nuevo instrumento ideado en Holanda, el telescopio, del cual oyó hablar en Venecia.

Galileo se construyó uno y lo apuntó al cielo, descubriendo los cuatro satélites mayores de Júpiter, la naturaleza rocosa de la Luna y una multitud de estrellas nunca vistas antes en el cielo. El libro donde describió sus observaciones, *El mensajero sideral*, fue un *best seller* que llegó incluso hasta la lejana China.

Pero en su lucha por la fama tenía un enemigo: Kepler. Este era considerado el mejor astrónomo del mundo, y eso Galileo no lo podía soportar. Kepler aderezaba sus escritos con cierto tufillo místico que sirvió de excusa para que Galileo lo criticara con socarronería. Kepler le rogó que no utilizara su habitual tono mordaz con él, pero Galileo no se dignó en contestar.

Ahora bien, el suceso más lamentable ocurrió con un telescopio. La crítica entusiasmada que hizo Kepler de *El mensajero sideral* de Galileo contribuyó a que los científicos de entonces aceptaran el telescopio como lo que en realidad era, y no como un instrumento que producía ilusiones ópticas. Kepler, que comprendía mucho mejor que Galileo los principios ópticos del telescopio, le pidió por favor que le enviara uno, o al menos una lente de calidad, pues en Praga le era imposible conseguirla. También ahora Galileo ignoró su petición. Quizá temía lo que pudiera hacer con un telescopio entre las manos un astrónomo del calibre de Kepler. Además, tenía otros planes que le reclamaban toda su atención: entrar a formar parte de la corte de los Médici en Toscana.

Gloria, dinero y vanidad. Tentaciones de las que es difícil escapar.

La zarpa del león

«Platón es mi amigo, Aristóteles es mi amigo, pero mi mejor amigo es la verdad». Esta era la opinión de un universitario inglés que llenaba con libros su solitaria vida. Este personaje huraño e introvertido era el gran Isaac Newton.

En su soledad, Newton se arrojaba en pos de investigaciones de lo más variadas, desde las lenguas universales al móvil perpetuo, y siempre lo hacía con una intensidad extraordinaria. Ni la propia comodidad personal le apartaba de los estudios que emprendía.

Durante sus tiempos de estudiante se dedicó a leer las obras del filósofo y científico francés René Descartes. Newton disfrutaba con la polémica, y que Descartes achacara los movimientos de los planetas del sistema solar a torbellinos de una materia sutil que llenaba el espacio le dio motivos para llevarle la contraria. Para ello tuvo que inventarse una nueva rama de la matemática, que hoy conocemos como cálculo infinitesimal: las curvas que se trazan en un papel se pueden analizar como el resultado de un punto en movimiento, la punta del bolígrafo que las traza.

Newton terminó esta labor justo cuando recibía el título de licenciado, en abril de 1665. Si entonces hubiera publicado sus resultados, se le habría conocido como el matemático más brillante de Europa, pero no publicó nada. Temía que la fama acabara con su vida privada. En una carta escrita en 1670 decía: «No veo qué hay de deseable en la estima pública. Quizá aumentaría mis relaciones, que es lo que principalmente deseo reducir».

Demacrado, despeinado, desastrado y sin ninguna pasión aparte de sus investigaciones, Newton se había convertido en profesor de matemáticas del Trinity College de Cambridge porque habían llegado hasta sus colegas retazos, brillantes sin duda, de sus innumerables investigaciones. Newton ocupó la plaza que había dejado vacante su profesor favorito, el agudo y tormentoso matemático Isaac Barrow, que se había marchado para estudiar teología, y que siete años después moriría de una sobredosis de opio. De este modo, el peculiar Newton pasó a formar parte de la fauna y flora que vivía en la muy antigua y muy ilustre comunidad universitaria de Cambridge.

Newton estaba tan absorto en sus estudios que a menudo se olvidaba de comer e incluso de dormir. Solía trabajar hasta altas horas de la madrugada, y cuando en alguna de las raras ocasiones en que se acordaba aparecía por el comedor de la universidad, sus compañeros criticaban su ropa sucia, sus zapatos sin limpiar, sus medias arrugadas, su peluca torcida y desaliñada. Pero su mayor defecto era que no sabía encajar las críticas, lo que le valió la antipatía de muchos.

Fue en su pequeña y austera habitación llena de libros y hojas manuscritas donde Newton puso los fundamentos de la mecánica, la óptica, el cálculo, la geometría, y donde llevó a cabo cientos de experimentos alquímicos que, a la larga, le llevaron a la tumba. Fue allí donde se convirtió en el mayor científico que haya conocido la historia.

Gravedad

Una fría tarde de enero de 1684, después de almorzar en una taberna de Londres, los astrónomos Edmund Halley y Robert Hooke charlaban sobre una idea que rondaba por las cabezas de muchos astrónomos de la época: que la fuerza de la gravedad debía disminuir con el cuadrado de la distancia a la que se encuentran los dos cuerpos que se atraen. Ambos estaban seguros de que esta ley del inverso del cuadrado de la distancia explicaba perfectamente el movimiento de los planetas, que tiempo atrás Kepler había descrito en sus tres famosas leyes. Sin embargo, ninguno podía demostrar matemáticamente que eso era así. El pendenciero y algo insoportable Hooke le dijo a Halley que él había hallado la prueba, pero que se la guardaba hasta que otros lo intentaran y se dieran cuenta de lo difícil que había sido deducirla.

Un amigo de ambos, también físico, llamado Christopher Wren, que probablemente no creía en la destreza matemática de Hooke, les ofreció a ambos un premio: un libro si uno de ellos lograba probar esa conjetura. La verdad es que Hooke lo intentó y fracasó, al igual que Halley. El asunto fue olvidado, pero Halley aún le seguía dando vueltas.

Un día de agosto marchó a Cambridge de visita y decidió pasar a ver a Newton, al que conocía de tiempo atrás. Halley le preguntó qué tipo de curva describiría un planeta si la fuerza de la gravedad dependiese del inverso del cuadrado de la distancia. Newton le contestó de inmediato que una elipse. Halley, sorprendido, dijo:

–¿Cómo lo sabe?

–Porque lo he calculado.

Halley le preguntó entonces si podía ver sus cálculos, y Newton fue hacia su mesa de trabajo. Rebuscó entre los miles de papeles que tenía allí, pero los había perdido. Newton le prometió entonces que reescribiría la prueba y se la enviaría *.

Curiosamente, este cálculo lo había hecho seis años antes. Robert Hooke le había escrito entonces preguntándole si quería mantener correspondencia con él y si, además, sabía cómo sería el movimiento de un cuerpo bajo la acción de la gravedad. Newton le contestó rechazando su invitación, pero se molestó en contestar a sus preguntas. Y al hacerlo cometió un error, que el jactancioso Hooke se apresuró a señalarle. Enfurecido, Newton se concentró en el problema durante un tiempo y demostró la ley del inverso del cuadrado de la distancia. Sin embargo, y como descubrió tras la visita de Hooke, aquí también había cometido un error. Esta vez volvió a empezar desde el principio y lo demostró de forma impecable.

Cuando Halley, tres meses más tarde de su visita, recibió el nuevo escrito de Newton, comprendió de inmediato su importancia, y le urgió a que escribiera un libro sobre la gravedad y el sistema solar. De este modo nació el libro más importante de la historia de la física: *Principios matemáticos de la filosofía natural*.

---

* Esta historia se la debemos al propio Newton, a pesar de que sabemos que es falsa. Como dice Richard Westfall en su autorizada obra *Isaac Newton: una vida*, «debemos olvidarnos de la charada del documento perdido, tanto más cuando este sobrevive entre sus papeles».

2
Un paseo por las nubes

> *Heaven, I'm in heaven*
> *And my heart beats so that I can hardly speak*
> *And I seem to find the happiness I seek*
> *When we're out together*
> *dancing cheek to cheek.*
>
> Irving Berlin (1888-1989)
> Compositor de la canción "Cheek to cheek"

> *Los cielos proclaman la gloria de Kepler y Newton.*
>
> Auguste Comte (1798-1857)

El registro continuo de fenómenos celestes más notable que haya existido antes del desarrollo de la astronomía moderna se realizó en China. Las razones son evidentes: allí el observatorio astronómico era una parte fundamental del ceremonial religioso del soberano.

Muy ligados al gobierno, los astrónomos chinos eran burócratas hasta el punto de que el astrónomo imperial era un funcionario de alto rango y cuyo cargo era hereditario. Este interés por los sucesos celestes estaba ligado a la búsqueda de una cada vez mejor medida del paso del tiempo. La tecnología del reloj en la China imperial era tan controlada como la de manufacturar la pólvora o la maquinaria para acuñar moneda. La siguiente orden del emperador sobre el secretismo de las tareas realizadas por los astrónomos da una idea de lo esencial que se consideraba la astronomía en los asuntos de palacio [1]:

> *Si sabemos de cualquier intercambio entre los funcionarios del observatorio o sus subordinados y funcionarios de otros departamentos gubernamentales o gentes del pueblo, este acto será considerado como una violación de las disposiciones de seguridad que deben ser estrictamente observadas. Por lo tanto, de ahora en adelante los funcionarios astrónomos no se asociarán, bajo ningún concepto, con otros funcionarios o con gentes del pueblo en general. Dejad que el departamento de Censura se ocupe de eso.*

El mismo emperador necesitaba de los relojes por razones íntimas. Debía conocer cada noche, cada hora, en su dormitorio, los movimientos y la posición de las constelaciones, algo que el gran astrónomo imperial Su Sung resolvió construyendo su famoso reloj celestial. En aquella época, el emperador tenía 121 mujeres, incluyendo una emperatriz, 3 consortes, 9 esposas, 27 concubinas y 81 concubinas sirvientes. Según el libro de la dinastía Chou, todas se turnaban de este modo en sus deberes [2]:

> *Las mujeres de menor rango vienen primero, y las de mayor jerarquía, las últimas. Las concubinas criadas comparten el lecho imperial 9 noches en grupos de 9. Las concubinas tienen asignadas 3 noches en grupos de 9. Las 9 esposas y 3 consortes tienen asignadas una noche para cada grupo, y la emperatriz tiene también una noche para ella sola. En el decimoquinto día del mes se completa la secuencia y se repite en orden inverso.*

Las mujeres de mayor rango compartían el lecho los días más cercanos a la luna llena, cuando, según creían, el yin o principio femenino era más potente y preparado para recibir el yang del emperador, el Hijo del Cielo. La función de las jerarquías inferiores consistía en "nutrir" con su yin el yang del emperador.

Brilla, brilla, estrellita

Uno de los pilares de la divulgación científica es el uso de analogías entre las cosas familiares y los conceptos nuevos que se quieren explicar. El problema surge cuando lo que se quiere explicar se escapa totalmente a la experiencia cotidiana de los seres humanos. No hay que irse muy lejos para encontrar algo así. Un ejemplo lo tenemos en un objeto que vemos todos los días: el Sol. Es tan diferente de las escalas que usamos los seres humanos que, a pesar de su familiaridad, resulta complicado de describir.

Sabemos que es grande: el Sol es una esfera de unos 700 000 kilómetros de radio, esto es, cien veces más grande que la Tierra, lo que quiere decir que a un avión 747 le costaría 200 días dar una vuelta completa a su alrededor. También sabemos que posee mucha masa, del orden de 2 000 billones de billones de toneladas (300 000 veces más que la Tierra), y que emite luz a un ritmo de 400 billones de billones de vatios: luego emite 10 billones de veces más energía que la que consume la humanidad entera.

El Sol se sale de todas las escalas humanas concebibles. Para hacer las cosas más accesibles, quizá sea bueno ver nuestro inmenso Sol desde otro punto de vista. Si dividimos su masa por su volumen, o lo que es lo mismo, calculamos su densidad, descubriremos que solo es una vez y media más denso que el agua líquida. Y si dividimos su luminosidad por su masa, encontramos que por cada tonelada de material solar produce 0,2 vatios. Es decir, la cantidad de materia solar que puede meterse en el contenedor de un tráiler produciría menos de un vatio de potencia. Comparados con los siete vatios de las bombillas de los árboles de Navidad, la verdad es que el Sol es un pobre productor de luz. De hecho, el ser humano emite miles de veces más energía en forma de calor corporal que la que emite la misma cantidad de materia solar.

Vida y milagros del Sol

El sistema solar nació de una nube de gas y polvo hace 5 000 millones de años. Desde entonces, el Sol y toda su cohorte de planetas giran alrededor de la Galaxia dando una vuelta completa cada 230 millones de años. La Tierra va a cumplir veintidós años galácticos, y nuestra historia documentada, que abarca 10 000 años, constituye tan solo una diezmilésima parte de la trayectoria. Durante nuestro viaje alrededor del centro galáctico atravesamos regiones vacías y otras densamente pobladas, como los brazos espirales, con los que nos encontramos cada 60 millones de años. Durante todo ese tiempo, nuestra estrella ha brillado de manera más o menos constante. Eso sí, cada once años sufre algo así como un sarpullido primaveral, llenándose de manchas, y cada año pierde una centésima de billonésima de su masa en forma de viento solar. No parece mucho, pero esa masa equivale a más de 300 planetas como la Tierra.

El Sol no nació solo, sino dentro de lo que los astrónomos llaman un cúmulo abierto, un grupo de estrellas nacidas de la misma nube de gas y polvo. En la actualidad, la vida del Sol discurre apacible y tranquila. Y seguirá así al menos durante 5 000 millones de años más. Si reducimos su período de vida a una escala más humana, por ejemplo, un siglo, nos encontramos con que el Sol pasó en su fase inicial de protoestrella tan sólo dos días; su juventud y madurez discurrirán tranquilamente quemando hidrógeno unos ochenta años. Después, en un par de semanas, se convertirá en gigante roja, y después le quedarán ocho años de jubilación viviendo de sus ahorros energéticos, hasta que le alcance la muerte como una estrella negra y fría. Hoy el Sol se encuentra en la plenitud de su madurez: tiene cuarenta años.

El fin del mundo

De vez en cuando llaman a la puerta de casa, o nos abordan en la calle, los miembros de alguna secta milenarista atemorizándonos con la inminente llegada del fin del mundo. Siempre nos informan de que solo los justos y los buenos se salvarán (curiosamente, los únicos hombres buenos son, con toda justicia, ellos).

Podemos dormir tranquilos. No hay ningún motivo para suponer que esos terribles cataclismos, habitualmente cósmicos, con los que nos pretenden asustar vayan a suceder en un futuro cercano. Sin embargo, sí es cierto que el fin del mundo llegará sobre nosotros. Claro está, no se trata de algo inminente, sino de una hecatombe que tendrá lugar dentro de 6 000 millones de años, día arriba, día abajo. El culpable de todo será, ironías de la vida, el mismo que hoy nos da la vida: el Sol.

El Sol es una inmensa bola de gas hidrógeno y helio en cuyo interior se producen reacciones nucleares de fusión. Este proceso, que se produce en el centro del Sol, libera la energía que lo mantiene estable y permite la vida en la Tierra. Sin embargo, y al igual que a los coches se les acaba el combustible, al Sol se le terminará el hidrógeno en lo que podríamos llamar la zona del reactor de fusión. ¿Qué ocurrirá entonces? El núcleo del Sol se contraerá, y el resto, la envoltura, se expandirá lentamente. Y lentamente engullirá y volatilizará a Mercurio, y engullirá y volatilizará a Venus... En esta expansión, la superficie solar se irá haciendo cada vez más fría, e irá adquiriendo una tonalidad rojiza.

Hasta que un día, dentro de 6 000 millones de años, sobre la Tierra se vivirá el último día perfecto. Después de eso, la temperatura subirá, los océanos hervirán y todo rastro de vida y civilización desaparecerá. El Sol engullirá la Tierra y quizá alcance a nuestro vecino Marte. Entonces su expansión se detendrá.

Para cualquier astrónomo extraterrestre, dentro de 6 000 millones de años, el Sol no será una pequeña estrella amarilla, sino una *gigante roja*. Nuestro Sol habrá entrado en los últimos millones de años de su vida. Para entonces será un anciano.

Luminaria de amantes

«No jures por la Luna, la inconstante Luna, que cambia todos los meses». Así se expresaba Julieta en la inmortal obra de Shakespeare. Muy pocos de nosotros seríamos capaces de decir lo mismo, pues hemos desterrado el cielo estrellado de nuestras vidas.

Con todo, la Luna, que ilumina las noches de los enamorados, que determina la fecha de la Pascua, que junto con la Tierra forma un sistema planetario doble... encierra muchos enigmas. Uno de ellos ha sido, hasta hace muy poco, su origen.

Aunque las misiones Apolo recogieron muestras y realizaron mediciones, la química y la geología de la Luna eran difíciles de explicar. Las rocas lunares, por ejemplo, tienen una singular deficiencia en metales volátiles, como el sodio o el potasio, lo que, sumado a una gran concentración de óxidos de aluminio o de calcio, dejaba perplejos a los geólogos planetarios. Aparentemente era como si alguien hubiera cogido rocas terrestres, las hubiera calentado a altas temperaturas y las hubiera puesto allá arriba.

En 1976, un par de astrónomos norteamericanos, Alistair Cameron y William Ward, decidieron que eso era realmente lo que había pasado. Pero quien lo hizo no había sido ni un dios del Olimpo ni un todopoderoso extraterrestre. Fue un planetoide un poco más pesado que Marte, que arrancó una buena parte de la joven Tierra y la lanzó al espacio.

Ahora bien, la tremenda colisión debió tener ciertas peculiaridades para que la catástrofe fuera efectiva. Tuvo que haber sido muy lenta, lo que implica que el planetoide tenía una órbita cuasicircular y cercana a la de la Tierra. El choque tuvo que ser del estilo de esos tiros a puerta del fútbol que pasan rozando el poste, porque, si no, se habría llevado parte del núcleo de hierro de la Tierra. Solo de este modo se puede explicar la deficiencia de la Luna en hierro y que tras semejante debacle pudiera estabilizar su órbita alrededor de nuestro planeta.

La colisión lanzó al exterior una enorme cantidad de pedazos del manto terrestre, quizá del orden de diez veces la masa de nuestra actual Luna. Unos se dispersaron por el espacio y otros quedaron en órbita alrededor de la Tierra, como una copia a pequeña escala de los anillos de Saturno. Poco a poco, estos trocitos de Tierra se fueron agregando, hasta formar lo que acabaría siendo nuestro satélite. Su órbita inicial estaría muy cercana a la Tierra, pero poco a poco se iría alejando, como de hecho sigue haciéndolo hoy: la Luna se separa a una velocidad de 4 centímetros por año.

Ya lo saben. Cuando una noche clara vean a nuestra hermosa Luna brillando allá arriba, piensen que, como nuestro primer amor, alguien se llevó al cielo parte de lo que somos.

$D = (N + 4)/10$

Durante el siglo XVIII ya estaba bien establecida una disciplina científica bautizada con el nombre de *mecánica celeste*. Su objetivo era muy simple de formular y bastante complejo de responder: describir mediante ecuaciones matemáticas el movimiento de los planetas y de todos los cuerpos del sistema solar.

Muchos astrónomos dedicaron parte de su tiempo a buscar una fórmula sencilla que diera cuenta de las distancias de los diferentes planetas al Sol. Esto puede parecer algo totalmente bizantino, pues no hay ningún motivo para creer que las distancias de los planetas puedan calcularse con una simple fórmula: parece evidente que pueden girar alrededor del Sol donde les venga en gana.

Sin embargo, en 1772, un oscuro astrónomo de la Universidad alemana de Wittenberg llamado J. D. Titius descubrió, tras muchos años de observaciones, la tan ansiada regularidad matemática. Lo que hizo Titius fue ordenar los planetas por su distancia al Sol, desde el más cercano hasta el más lejano. Entonces asoció a cada planeta un número, empezando por Mercurio, al que le asoció el cero, seguido de Venus, que se llevó el tres; la Tierra, el seis (el número de Venus multiplicado por dos); Marte, el doce (el de la Tierra multiplicado por dos), y así sucesivamente. Ahora comienza el juego numerológico: si a estos números les sumamos cuatro y dividimos el total por diez, el resultado corresponde, según descubrió Titius, a más o menos la distancia del planeta al Sol tomando como base la distancia de la Tierra al Sol. Eso quiere decir que si a Marte le corresponde el valor de 1,6, significa que está a 1,6 veces la distancia Tierra-Sol.

Con esta regla en la mano nos encontramos con una sorpresa: el número 24, que inicialmente le correspondería a Júpiter, no da la distancia adecuada. Para obtener la distancia de Júpiter hay que tomar el siguiente, el 48, y para Saturno, el 96. O sea, que entre los números correspondientes a Marte y Júpiter hay un vacío. ¿A qué correspondía el 24? Mientras el misterio se mantenía, en 1781 se descubría el planeta Urano, que encajaba perfectamente en el siguiente número de la ley de Titius. Esto hizo pensar a muchos astrónomos que realmente había un hueco para el número 24. La solución al enigma llegó el 1 de enero de 1801, cuando el monje italiano Giuseppe Piazzi descubrió un nuevo objeto, el asteroide Ceres, y luego otros asteroides: el hueco en la ley de Titius está ocupado por el cinturón de asteroides.

Sin embargo, la que debería conocerse como la ley de Titius es más conocida como la ley de Titus-Bode o, simplemente, Bode. Semejante injusticia histórica tiene su origen en la manifiesta mala fe del astrónomo alemán Johann Ehlert Bode. Este publicitó con su nombre los cálculos de Titius, hasta el punto de que sus colegas hablaban de las "tablas de Bode" *. De este modo, Bode pudo alzarse con el dudoso honor de ser el primer astrónomo de la historia moderna que se aseguró un puesto en la historia que no se merecía.

Venus

Si alguna vez tienen la oportunidad de observar Venus por un telescopio, descubrirán que, al igual que la Luna, nuestro querido lucero del alba presenta fases, hecho que fue descubierto por Galileo en 1610. Y si lo observamos con cuidado, veremos lo que maravilló a Giovanni Riccioli en 1643: su luz cenicienta.

En algunas ocasiones, la parte oscura de la Luna no está oscura del todo, sino que brilla con una luz gris y tenue: eso es la luz

---

* Una difusión a su alcance, siendo como era editor del influyente *Astronomisches Jahrbuch* (*Anuario Astronómico*).

cenicienta. En realidad, es el reflejo de un reflejo. La luz solar reflejada por nuestro planeta llega a la Luna y esta la devuelve también reflejada.

En raras ocasiones, Venus también presenta la luz cenicienta, aunque su origen es distinto. Este fenómeno fascinaba al que a mediados del siglo pasado era director del observatorio de Múnich, Franz von Paula Gruithuisen. Este astrónomo era un perspicaz observador, pero tenía la manía de teñir sus agudas observaciones con unas pinceladas de fantasía romántica. Así, fue de los primeros en afirmar que los cráteres lunares habían sido ocasionados por colisiones de meteoritos, pero también afirmó haber visto ciudades, carreteras y un templo con forma de estrella en medio de bosques lunares *.

Con semejante bagaje no es de extrañar que Gruithuisen, después de observar la luz cenicienta de Venus, llegara a la conclusión de que era producida artificialmente por los habitantes del planeta, que él imaginaba como un paraíso verde y, según sus palabras, «incomparablemente más lujurioso que la selva virgen de Brasil». Creía que los venusinos estaban quemando sus junglas con el civilizado propósito de roturar tierras cultivables o para impedir que la emigración de un gran número de personas desencadenara una guerra. Y aún se le ocurrió otra posibilidad, más peregrina que las anteriores: una exhibición de fogatas con ocasión de una festividad, quizá la coronación de un rey o emperador. Como prueba esgrimió que la luz cenicienta había sido observada en 1759 y luego en 1806. Habían transcurrido pues 46 años terrestres, que corresponden a 66 venusinos. Y afirmó [3]:

> *Si hacemos la suposición de que la vida ordinaria de un habitante de Venus puede durar unos 130 años venusinos, lo que supone 80 años terrestres, el reinado del emperador de Venus bien podría ser de 76 años.*

¿Podría tratarse de la coronación de algún Alejandro, o de un Napoleón?

Nada más lejos de la realidad. La luz cenicienta de Venus es ocasionada por las mismas cosas que en la Tierra provocan las au-

---

* Sus exuberantes afirmaciones sobre la vida en la Luna las puso por escrito en 1824 al publicar *Descubrimiento de muchas diferentes huellas de habitantes lunares, especialmente de uno de sus colosales edificios*. Hasta los astrónomos que pensaban que podía haber vida en nuestro satélite se rieron de él.

roras polares: partículas subatómicas y el campo magnético del planeta. Nada de política... ni de lujuria.

Neptuno, el planeta perdido

La historia del descubrimiento del planeta Neptuno es una muestra palmaria y patente de la dimensión humana de la ciencia, con sus momentos gloriosos, sus momentos míseros y sus despropósitos.

Neptuno se descubrió oficialmente en 1846. Sin embargo, los astrónomos ya sospechaban de su existencia porque Urano, el planeta que se encuentra antes que él, sufría unas incomprensibles desviaciones en su órbita. La explicación más razonable era suponer la existencia de un planeta situado detrás que tirase gravitacionalmente de él.

Entonces entró en juego un joven y brillante matemático, John Couch Adams. Tras graduarse en Cambridge en 1843, Adams decidió buscar el desconocido planeta. Usó todos sus conocimientos en matemáticas y las leyes de la mecánica celeste para deducir sus posiciones probables. A mediados de septiembre de 1845 ya había completado sus cálculos y se los mostró a James Challis, director del Observatorio de Cambridge. Al verlos, este le comentó que debería mostrárselos a Sir George Biddell Airy, astrónomo real y director del Observatorio de Greenwich. Para allanar el camino, Challis le entregó una carta de presentación.

Adams se encaminó a Londres dispuesto a entrevistarse con Airy. Pero el tímido joven matemático, poco ducho en relaciones sociales, cometió dos errores: no pedir cita previa y no tener paciencia. Ser astrónomo real significaba estar en el ojo del huracán social: Airy recibía todo tipo de correspondencia, desde ministros hasta sirvientas, y muchos le pedían entrevistas; había que ser muy hábil para conseguir una. Ni corto ni perezoso, se dirigió con sus cálculos y la carta de Challis a casa de Airy.

En el umbral de la residencia, el mayordomo le informó de que su señor estaba en Francia. Días después volvió a intentarlo, pero también estaba ausente. Esta vez le dejó el recado a su esposa, Richarda Airy, pero la pobre mujer estaba embarazada y a punto de dar a luz a su noveno hijo, y se olvidó transmitírselo. Horas después, Adams volvió a pasar por la casa de Airy, pero esta vez el mayordomo le dijo que el matrimonio estaba cenando y no se le podía molestar. El pobre Adams no sabía que los anteriores embarazos de la señora Airy habían sido especialmente difíciles, y su marido, muy preocupado por su estado, no vio motivo para interrumpir su cena por cuestiones de trabajo. Y Adams, airado, en lugar de esperar a que terminaran, se marchó.

Con todo, Airy tenía sobre su mesa los cálculos de Adams. Y no le gustaban. Primero, porque Adams, hijo de campesinos, carecía de posición social. Segundo, porque era un hombre eminentemente práctico y le disgustaba –como a algunos científicos de hoy en día– la teoría pura; creía que eso de predecir matemáticamente y luego comprobar la predicción no era de recibo: las cosas había que hacerlas justo al revés. A pesar de sus reticencias, pasó las predicciones de Adams a un astrónomo aficionado para que buscara el planeta. La mala suerte perseguía a Adams, pues ese aficionado no pudo hacerlo porque estaba en cama con un tobillo torcido. Mientras tanto, Neptuno se paseaba por el cielo casi en la misma posición calculada por Adams *.

Dos años después de los primeros cálculos de Adams, en 1845, el francés Urbain Jean Joseph Leverrier comenzó a analizar la órbita de Urano ** y se encontró con que no era capaz de predecir con exactitud su posición en el cielo. ¿Estarían mal las leyes de la mecánica de Newton? Eso era impensable. Debía haber algo que "tirase" de Urano, un planeta situado más allá. Durante un año trabajó en esta hipótesis, y el 31 de agosto de 1846 presentaba una memoria a la Academia de Ciencias francesa donde situaba al planeta a «5 grados al oeste de la estrella δ Capricorni». Pero a Leverrier le persiguió el mismo hado que a Adams: ningún astrónomo francés buscó el planeta ***.

Dos meses antes, el 23 de junio, Airy había recibido una memoria previa de Leverrier donde calculaba con menor finura la posición de

---

* La diferencia entre ambas era de solo dos grados, esto es, cuatro veces el diámetro aparente de la Luna llena. Uno de los misterios de esta historia es por qué Adams no publicó sus cálculos en alguna revista científica.

** Los cálculos iniciales de Leverrier corregían las posiciones de Urano dadas en las tablas de un astrónomo llamado Bouvard y que estaban plagadas de errores (ver *The Discovery of Neptune*, de Morton Grosser [Dover, 1979, pág. 99]). Tras rectificarlas, todavía había entre las posiciones observada y estimada una diferencia de 4 minutos de arco, un octavo del tamaño aparente de la Luna llena.

*** Cuando el trabajo de Leverrier llegó a Estados Unidos, un astrónomo del Observatorio Naval de Washington pidió tiempo de observación para buscarlo, pero se le denegó.

Neptuno. Una posición que difería en solo un grado de la calculada por Adams. Airy empezó a pensar que quizá existiera ese octavo planeta: Leverrier era un matemático mucho más prestigioso que Adams. Con mala idea comentó a diversos astrónomos ingleses las ideas el francés, pero no mencionó para nada a Adams. Incluso el 2 de julio, cuando visitó Cambridge, se encontró accidentalmente con Adams y no le mencionó nada de lo que se estaba cociendo en Francia.

Incitado por un colega, el 13 de julio, Airy escribió a James Challis para que buscara el posible planeta, pero en lugar de sugerirle que apuntara donde decían Adams y Leverrier, le dio instrucciones para que rastreara una amplia zona de cielo, como quien busca una aguja en un pajar: «El plan de observación diseñado por Airy en su carta del 13 de julio era más para dibujar un mapa del cielo que para identificar un nuevo planeta»[4]. Challis no comenzó la búsqueda hasta el 29 de julio.

Mientras, Adams había afinado sus cálculos y se los había enviado nuevamente a Airy, que en ese momento estaba fuera del país. Al no recibir respuesta, decidió presentar sus resultados en una reunión de la Asociación Británica para el Progreso de la Ciencia..., pero cuando llegó la sesión dedicada a la astronomía, la reunión había terminado. No pudo convencer a ningún astrónomo de que buscara el planeta donde él decía.

Leverrier, asqueado de que ni en Estados Unidos ni en Francia le hicieran caso, escribió al ayudante del director del Observatorio de Berlín, Johann Galle. El mismo día de 1846 en que recibió la carta de Leverrier, el 24 de septiembre, Galle y un estudiante que trabajaba en el observatorio, Heinrich d'Arrest, apuntaron al lugar sugerido por el francés y en menos de una hora encontraron el planeta.

Johann Galle propuso el nombre de "Jano" para el nuevo planeta, pero Leverrier consiguió convencer al resto de sus colegas de que un mejor nombre era Neptuno. Mientras, en Inglaterra, Airy no ocultó su antipatía por Adams cuando escribió a Leverrier el 14 de octubre diciéndole: «Ha de ser usted reconocido, más allá de toda duda, como quien predijo la posición del planeta». De este modo, Airy suprimía de un plumazo cualquier aspiración de gloria del pobre Adams. Ahora bien, y como muy acertadamente señaló Leverrier, existen ciertas preguntas de difícil respuesta: ¿por qué Adams no hizo ningún esfuerzo por publicitar sus cálculos? ¿Por qué no abrió la boca desde junio si tenía buenos motivos para hacerlo? ¿Por qué esperó a que se descubriera el planeta? *.

La mala suerte de Adams no podía durar siempre. El famoso astrónomo John Herschel escribió un artículo proclamando a Adams como verdadero descubridor. Airy y Challis intentaron subirse al carro de la fama, pero fueron duramente criticados en una reunión de la Royal Astronomical Society. Increíblemente, la prestigiosa Royal Society decidió otorgar su máximo galardón, la Medalla Copley, únicamente a Leverrier. Adams quedó fuera.

Como siempre suele suceder en estas cosas, dicha discusión acabó por convertirse en una cuestión de índole patriótica **. Los agrios enfrentamientos entre franceses e ingleses no salpicaron a los dos descubridores, que se conocieron en una reunión organizada por Herschel y se hicieron amigos.

Así que ¿quién fue el descubridor de Neptuno? Ninguno de los protagonistas de esta historia, porque el 28 de diciembre de 1612, 234 años antes, Galileo lo había descubierto mientras observaba Júpiter y sus lunas: lo confundió con una estrella y un mes más tarde se dio cuenta de que esa estrella se había movido. Como no se le ocurrió que podía tratarse de un planeta que no podía verse a simple vista, pensó que se había equivocado.

Plutón

Plutón, el último planeta del sistema solar, tarda 248 años en dar una vuelta completa alrededor del Sol. Si viviéramos allí, ninguno de nosotros lograría jamás cumplir un año de vida plutoniana.

Pero su órbita es, curiosamente, mucho más elíptica que cualquiera de las de los otros planetas. En su punto más alejado se encuentra a 7 360 millones de kilómetros del Sol, mientras que en su

---

* Quizá algunas de estas preguntas se resolverían si la correspondencia entre Airy y Adams no hubiera desaparecido de los archivos del Observatorio de Greenwich a finales de la década de 1960. Esto ha dado pie a diversas especulaciones y teorías conspiranoicas, como la que propone que la "desaparición" habría sido parte de un complot para proteger la reputación de Adams, que, al contrario que Leverrier, jamás publicó sus resultados.

** En el debate, los franceses tenían razón: en ciencia, la prioridad del descubrimiento es para quien lo publica primero, y ese mérito le corresponde exclusivamente a Leverrier.

punto más cercano está a 4320 millones de kilómetros. Es decir, que en esos momentos, y durante veinte años, Plutón está más cerca del Sol que Neptuno. Después atraviesa de nuevo la órbita de Neptuno y empieza su largo viaje hacia los confines del sistema solar. Según eso, desde 1979 hasta 1999, el planeta más lejano del sistema solar no fue Plutón, sino Neptuno, algo que no volverá a suceder hasta el año 2227.

El descubrimiento de Plutón no pudo estar más envuelto en la sorpresa. Hacia 1900, un diplomático convertido en astrónomo llamado Percival Lowell calculó que, para poder explicar las irregularidades en las órbitas de Urano y Neptuno, debía existir otro planeta detrás de ellos. Dispuesto a comprobar su predicción, dedicó muchas noches a buscarlo. No era una tarea fácil. Al estar tan lejos, su luz debía ser muy débil y estaría perdido entre gran multitud de estrellas tan débiles como él. De hecho, al morir Lowell, en 1916, todavía no se había encontrado. Y así pasó el tiempo, hasta que en 1930 un joven astrónomo, Clyde William Tombaugh, consiguió localizarlo.

Lo llamó Plutón, el dios del mundo subterráneo, por dos motivos: uno, porque se hallaba muy lejos de la luz del Sol, y dos, porque las dos primeras letras eran las siglas de Percival Lowell, su glorioso predecesor. Pero con el descubrimiento llegó la primera sorpresa. Plutón era muy oscuro, lo que significaba que era pequeño, demasiado pequeño para explicar las perturbaciones causadas en las órbitas de Neptuno y de Urano. Y esto era un problema, porque dejaba sin resolver el asunto de dichas perturbaciones orbitales. Pero ¿cuál era exactamente su tamaño?

El 26 de abril de 1965, Plutón pasó cerca de una estrella débil; era una buena oportunidad para estimar su tamaño. Al pasar por delante de la estrella, Plutón la ocultaría, y el tiempo que durara la ocultación serviría para estimar su tamaño. Esa noche, una docena de telescopios apuntaron hacia ese punto del cielo. Segunda sorpresa: el brillo de la estrella casi ni cambió. La ocultación no duró ni una fracción de segundo. Aparentemente, Plutón debía tener un diámetro de 6700 kilómetros. Era como Marte, un planeta que solo tiene la mitad del tamaño de la Tierra.

¿Y qué demonios pintaba algo así tan lejos?

La piedra que llegó del cielo

El 10 de agosto de 1972, un bólido de 10 metros de diámetro y con un peso de varias toneladas cruzó la atmósfera de la Tierra durante

101 segundos a una velocidad de 15 km/s. El 22 de marzo de 1989, otro asteroide, esta vez de 500 metros de diámetro, cruzó la órbita de la Tierra sólo seis horas después de que nosotros pasáramos por allí. Si hubiese llegado antes, habría provocado una catástrofe sin precedentes: la energía liberada en el impacto habría sido superior a más de un millón de toneladas de TNT y habría abierto un cráter de unos siete kilómetros de diámetro. Son los peligros que vienen del cielo.

La aparente tranquilidad que nos inspira el cielo estrellado es solo eso, apariencia. Sobre nuestras cabezas pende una cósmica espada de Damocles en forma de hielo, metal y roca: son los asteroides y cometas.

Los cometas son bolas de nieve sucias, reliquias de cuando se formó el sistema solar. Se encuentran situados en dos zonas: la nube de Oort y el cinturón de Kuiper. La nube de Oort es un gigantesco halo de cometas situado mucho más allá de la órbita de Plutón, a unas 60 000 veces la distancia de la Tierra al Sol, 150 millones de kilómetros. Cuando algo altera su precaria estabilidad, caen hacia el Sol, al que tardan en llegar 500 millones de años. El cinturón de Kuiper se encuentra más cerca. Es un denso anillo de cometas, asteroides y otros cuerpos menores que se extiende desde la órbita de Neptuno hasta más allá de la de Plutón*. De allí nos llegan los cometas que poseen un período orbital de menos de 20 años.

Los asteroides, por su parte, se encuentran mayormente en un cinturón situado entre las órbitas de Marte y Júpiter. Estos cuerpos no representan ninguna amenaza. El problema son los miles de asteroides de órbitas apepinadas que cruzan el camino de la Tierra. Son los *Near Earth Objects*, Objetos Cercanos a la Tierra.

El nombre colectivo de NEO se utiliza para aquellos cometas y asteroides que, por el tipo de trayectoria que siguen, son capaces de colisionar con la Tierra. De los cometas, todos aquellos que tienen su punto más cercano al Sol por dentro de la órbita de la Tierra son potencialmente peligrosos. Es difícil estimar su número, pues además de los que regresan cada cierto tiempo, se encuentran los que se acercan por primera vez al Sol. De los "habituales" sí podemos cal-

---

* Propuesto en 1951 por el astrónomo Gerard Kuiper, su existencia no dejó de ser puramente teórica hasta 1992, cuando se descubrió 1992QB1, un objeto de más de 200 kilómetros de diámetro. Desde entonces se han ido descubriendo nuevos objetos. A Plutón se le considera el miembro más grande de esta región.

cular cuáles representan un peligro. Según el astrónomo Eugene Shoemaker (muerto en 1997 en un accidente de coche en Australia mientras buscaba un cráter de meteorito), de los cometas de período corto que cruzan la órbita de la Tierra, 30 tienen un tamaño de un kilómetro de diámetro; 125, de más de 500 metros, y 3 000, de más de 100 metros. Nos queda un consuelo: si alguno se dirigiera hacia nosotros, lo más probable es que lo viéramos venir. Los que no veríamos llegar son los asteroides.

De los asteroides cuyo movimiento orbital los trae relativamente cerca de la Tierra, se estima que existen unos 1 000, aunque solo hemos descubierto 250. Los que hemos encontrado tienen un tamaño de entre 32 kilómetros a menos de 100 metros, siendo los dos mayores conocidos el 1036 Ganímedes, de 32 kilómetros, y el 433 Eros, de 23. La razón por la que no conocemos asteroides de menor tamaño no es porque no existan, sino porque son difíciles de encontrar.

Los asteroides NEO conocidos han sido clasificados en diferentes grupos: Aten, Amor, Apolo y Arjuna. Los más peligrosos son el grupo de los Apolo, pues tienen su perihelio (el punto de la órbita más cercano al Sol) por dentro de la órbita de la Tierra. De ellos solo conocemos 169.

Además de los NEO, los verdaderamente peligrosos son los Asteroides que Cruzan la Tierra, *Earth-Crossing Asteroids* (ECA). Estos son NEO que, por culpa de los tirones gravitacionales de los planetas a los que se acercan, se han acomodado en nuevas órbitas demasiado próximas como para que podamos sentirnos cómodos. Los mayores que conocemos son 1627 Ivar y 1580 Betulia, ambos de unos ocho kilómetros de diámetro, un tamaño muy parecido al del meteorito que se supone provocó la extinción de los dinosaurios. Saber cuántos son es complicado, pero podemos dar algunos datos: se estima que hay unos 2 000 por encima del kilómetro de diámetro; mayores de 500 metros, unos 10 000; de 100 metros, 300 000, y de 10 metros puede haber 150 millones. Por debajo de ese tamaño no resultan peligrosos: cada año suele alcanzarnos al menos uno, pero se desintegra antes de llegar al suelo. De todos los ECA solo hemos identificado 150 y, para colmo, solo de la mitad hemos podido establecer con cierta precisión su órbita, por lo que pueden perderse –y de hecho lo hacen– con facilidad. Un par de buenos motivos para preocuparse.

¡Impacto!

La industria del cine nos golpea con cierta periodicidad con películas de catástrofes: rascacielos que se incendian, aviones que se estrellan, volcanes que entran en erupción, terremotos o catástrofes cósmicas. En este caso, el argumento es bien simple: desde el espacio llega un objeto que amenaza la vida en nuestro planeta.

La primera de estas películas fue una de los años cincuenta titulada *Cuando los mundos chocan*, y narra el descubrimiento de un planeta, Zyra, orbitando alrededor de una estrella, Bellus. El problema está en que Zyra pasará tan cerca de la Tierra que provocará increíbles catástrofes. Y por si esto fuera poco, 19 días después, Bellus chocará contra la Tierra, o contra lo que quede de ella. La única salvación es construir una nave espacial que, a modo de Arca de Noé, transporte a parte de la humanidad a su nuevo hogar, el mismísimo planeta Zyra.

En 1979, la amenaza volvía a llegar, esta vez en forma de asteroide en la película *Meteoro*, y en los noventa, Hollywood arremetió contra la Tierra por dos veces consecutivas: *Impacto* nos amenazó con un cometa, una película que comienza con el sueño de todo astrónomo aficionado: descubrir uno (aunque a nadie le gustaría que llevara su nombre el cometa que va a acabar con la vida en la Tierra), y *Armageddon*, con un asteroide más grande que España. Ficciones aparte, científicos de la NASA estudiaron en 1992 y en 1994 el riesgo de una colisión contra un asteroide.

Lo que la industria del cine nos viene a contar es algo que los astrónomos saben desde hace bastante tiempo: no vivimos en un barrio del universo demasiado tranquilo. Nuestra apacible vida cósmica puede verse trastocada con la llegada inesperada de un asteroide o de un cometa cuya órbita atraviese la de la Tierra. Su llegada vendría precedida por una tremenda explosión en la alta atmósfera. Parte de la capa de ozono sería destruida. El asteroide se fragmentaría y parte se vaporizaría, al igual que el punto de la superficie terrestre situado justo debajo de él. El ácido nítrico creado por la bola de fuego acidularía suelos, ríos, lagos y océanos. Si cayese en el mar, inmensas *tsunamis* arrasarían las costas de los cinco continentes. Si se estrellara en tierra, el impacto crearía un cráter tres veces mayor que el asteroide en sí. La Tierra resonaría como una campana, disparándose la actividad sísmica y volcánica tanto en la zona del impacto como en sus antípodas. Durante hora y media, los materiales eyectados producirían una tormenta de fuego que se extendería rápidamente por todo el continente.

La cantidad de polvo y pequeñas partículas arrojadas a la atmósfera haría de la Tierra un lugar de noche perpetua, cayendo la temperatura varias decenas de grados centígrados. Meses después, las bajas temperaturas obligarían a los océanos a liberar su inmenso almacén de dióxido de carbono, lo que, unido al vapor de agua, provocaría un aumento del efecto invernadero, y la temperatura global de la Tierra aumentaría drásticamente. Por decirlo en dos palabras: extinción global.

Para que todo esto se produzca, solo necesitamos un asteroide de entre uno y diez kilómetros de diámetro. En el peor de los casos, la energía del impacto sería unas 500 000 veces el potencial nuclear mundial. Pero la probabilidad de que en los próximos 50 años caiga un objeto de algo más de un kilómetro es de una entre 6 000 y 20 000. Más fácil, estadísticamente, es que toque el gordo de la lotería.

Una bomba de nieve y roca

Eran poco más de las siete y cuarto del 30 de junio de 1908. En plena taiga siberiana, en las proximidades del río Podkamennaia Tunguska, una "cosa" de un resplandor cegador a pesar de la luz del Sol surcó el cielo dejando una intensa estela de humo. Según testigos presenciales, al desaparecer por el horizonte dejó un resplandor azulado y luego se escuchó el sonido de una explosión, audible en un radio de 1 500 kilómetros. Los sismógrafos de Asia y Europa registraron el paso de una onda sísmica, y una onda de presión atmosférica arrojó al suelo a personas y arrancó las tiendas de los nómadas evenkos acampados a varios kilómetros del lugar del impacto. En Washington se detectó su paso, ya muy debilitado, ocho horas después de la explosión.

Los habitantes de la región hablaron entonces de bosques arrasados, pero nadie les creyó. En 1927, la Academia de Ciencias Soviética decidió enviar una expedición. Tras muchos días de marcha por la helada taiga, los científicos encontraron el bosque del que los evenkos hablaban desde hacía 20 años: en un área de 2 150 km², los árboles estaban arrancados y dispuestos en dirección radial, y los de la zona que rodeaba la depresión pantanosa donde se produjo la explosión estaban desmochados, con los troncos desnudos y abrasados. En otras zonas estaban chamuscados debido a una onda térmica de elevada temperatura, de duración muy breve y proveniente de lo alto. Pero lo más misterioso es que no se encontró ningún cráter: únicamente una gran depresión pantanosa de 10 kilómetros de extensión con numerosos hoyos de 5 a 30 metros de diámetro llenos de agua y cubiertos de musgo.

Mucho se ha especulado acerca de qué es lo que pudo chocar con la Tierra aquel día de 1908. Propuestas estrafalarias como la de una nave extraterrestre (que venía a repostar agua dulce en el lago Baikal), o imaginativas como un microagujero negro de un tamaño inferior a una milésima de milímetro pero con una masa de cien billones de toneladas, han dejado paso a propuestas más serias, como el impacto del núcleo de un cometa o de un asteroide.

Algunas evidencias apuntan, en efecto, a que se trató de un asteroide. En 1994 se encontraron partículas meteoríticas en la resina de las coníferas del lugar, y en los hielos de Groenlandia se halló una alta concentración de iridio (un marcador clásico de impacto meteorítico) en una capa correspondiente al año 1908. ¿Pudo ser un asteroide pétreo de 30 metros de diámetro? Pero entonces, ¿por qué no dejó huellas del impacto? ¿Cómo pudo volatilizarse completamente en el aire? El debate continúa. Lo único cierto es que aquella fría mañana siberiana, "algo" con una velocidad de 15 km/s se volatilizó a unos ocho kilómetros del suelo provocando una deflagración de 20 megatones, mil veces mayor que la bomba de Hiroshima.

Nombrando meteoritos

Imagínese que descubre un nuevo asteroide, una de esas pequeñas rocas que vagan por el sistema solar y cuyo movimiento se rige por la ubicua ley de la gravedad. Una vez confirmado el descubrimiento por la comunidad astronómica internacional y una vez que se le hubiera concedido a usted el título de su descubridor... ¿qué nombre le pondría? Si echa un vistazo a los ya bautizados, verá que, además de los clásicos de la mitología (como Apolo, Ceres o Aquiles), entre quienes tienen un asteroide dedicado está Vladimir Lenin (Wladilena); los cuatro Beatles también tienen uno, así como los millonarios Rockefeller y Carnegie, de nombres Rockefellia y Carnegia. Sin embargo, hoy es más complicado ponerle nombre a un asteroide.

Desde hace unos años, y por culpa de agrias disputas políticas, existe un acuerdo tácito entre los astrónomos de asignar a los nuevos asteroides nombres que contengan una sola palabra, que sean de fácil pronunciación y que no contengan más de 16 caracteres. Por supuesto, están fuera de lugar nombres obscenos o de mal gusto.

También se ha acordado que si se va a poner el nombre de un suceso, deben haber transcurrido por lo menos cien años desde que ocurrió; si es el de un político o militar, debe haber muerto hace más de un siglo. Así es más difícil herir susceptibilidades... Curiosamente, uno de los nombres más polémicos fue el que se puso al asteroide 2309: *Sr. Spock*. No se trata de un homenaje al oficial científico vulcano de la nave estelar *USS Enterprise* en la serie de ciencia-ficción *Star Trek*, sino al gatito atigrado del astrónomo descubridor.

Los que supervisan la asignación de nombres a asteroides, cometas y satélites son un grupo de la Unión Astronómica Internacional llamado Grupo de Trabajo sobre Nomenclatura de Sistemas Planetarios. Su trabajo es arduo, porque cada mes reciben entre 200 y 300 nuevos cuerpos menores a los que bautizar.

Si se ve en el brete de nombrar a alguno, tenga mucho cuidado a la hora de escogerlo, porque una vez puesto no es fácil quitárselo. Un astrónomo argentino bautizó al asteroide número 1569 con el nombre de *Evita* en honor a Eva Perón; cuando más adelante, y en vista de los acontecimientos, intentó quitárselo, el resto de los astrónomos del mundo se negaron. Santa Rita, Rita, Rita, lo que se da no se quita.

El níquel que llegó del cielo

Uno de los problemas más graves que tenemos planteados para el próximo milenio es la escasez de los recursos naturales. No me refiero al problema de la obtención de una fuente de energía limpia, barata y casi inagotable (que tampoco es algo que debamos perder de vista), sino al de la obtención de hierro, níquel, aluminio o cromo.

Las reservas del planeta no son infinitas, y es muy probable que en doscientos años hayamos acabado con la gran mayoría de ellas. Alguien podrá pensar que no hay motivo para preocuparse, que "en cien años todos calvos"; pero debemos ser responsables con un planeta que acoge, hasta el momento, a la única especie inteligente que existe en el universo. Aunque solo fuera por eso, deberíamos asegurar de algún modo que el ser humano sobreviva. Y a pesar de que muchos científicos piensen que las minas del futuro serán los vertederos de basura, es muy probable que tengamos que ir a buscar minerales a otro sitio.

Un buen sitio para hacerlo es el cinturón de asteroides. Allí tenemos reservas incalculables. Simplemente por poner un ejemplo:

con un asteroide típico, de unos 10 kilómetros de lado y teniendo en cuenta el consumo actual, tendríamos el aluminio necesario para 23 000 años, mercurio para casi 300 años y el raro molibdeno para 10. Y hay varias decenas de miles de asteroides, si no centenares de miles, de este tamaño pululando por el sistema solar.

Uno puede imaginarse una explotación minera que va de asteroide en asteroide extrayendo los minerales necesarios para nuestra civilización en un futuro que se me antoja no muy lejano. Aunque alguien pueda pensar que eso de la minería de asteroides es como un cuento de hadas, debemos recordar que ya hemos hecho minería en uno de ellos. Desde 1883, los canadienses están extrayendo cobre y níquel de un área en Ontario, Canadá, conocida como el *astroblema de Sudbury*: la mitad de los suministros de níquel del mundo vienen de esa región, que se formó precisamente por el impacto de un gran meteorito de casi 10 kilómetros de diámetro hace 1 870 millones de años.

Si usted posee alguna moneda con cierto contenido en níquel, sobre todo la estadounidense de cinco centavos, es muy probable que tenga entre sus manos un material que llegó a la Tierra desde el cinturón de asteroides.

3
Ciudadanos del cosmos

El esfuerzo para comprender el universo es una de las pocas cosas que elevan la vida humana sobre el nivel de la farsa y le imprimen algo de la elevación de la tragedia.

Steven Weinberg (1933-)
Premio Nobel de Física, 1979

Cuando siento una terrible necesidad de religión, salgo de noche a pintar las estrellas.

Vincent van Gogh (1853-1890)

Si una noche sin nubes levantamos la mirada al cielo, nos encontraremos con uno de los espectáculos más fascinantes que ofrece la naturaleza: el cielo estrellado. Desde la placidez de la noche, el universo parece un lugar tranquilo, sosegado. Sin embargo, esta sensación no es más que una ilusión. El universo es un lugar violento y en continuo cambio.

Los astrónomos, observando cuidadosamente los diferentes cuerpos celestes, han descubierto que el universo no es ese lugar tan apacible que imaginamos. En él existen galaxias que chocan unas con otras de la misma forma que lo harían dos nubes de abejas encontrándose en el cielo de primavera. En otros lugares del cosmos, grandes galaxias gigantes están, literalmente, devorando a otras más pequeñas, en lo que se ha dado en llamar *canibalismo galáctico*. En la constelación de la Osa Mayor se encuentra una galaxia cuyo núcleo explotó hace millones de años. Cualquier tipo de vida que se desarrollase en alguna estrella de esa galaxia hace mucho tiempo que dejó de existir.

Dentro de nuestra propia galaxia también se producen fenómenos violentos. Hay estrellas que al terminar su vida estallan, haciéndose tan brillantes como todas las estrellas de la galaxia juntas. Otras presentan pequeñas explosiones a lo largo de su vida debido a la materia que roban a la estrella que tienen por compañera. Nuestro propio Sol también posee mucha actividad. Cada once años llega a un máximo, y su superficie se cubre de manchas, como si fuera un sarpullido primaveral.

El frío del espacio tampoco es un lugar muy agradable para el ser humano. Si nuestros astronautas no se protegiesen contra los llamados rayos cósmicos, la probabilidad de contraer algún tipo de cáncer aumentaría drásticamente.

En definitiva: el universo es un lugar hostil al ser humano. Nos encontramos a salvo de las radiaciones que cruzan el universo gracias a esa fina capa de gas que llamamos atmósfera. Sin ella, la vida en la Tierra desaparecería. Y nuestro querido planeta no es más que un trozo de roca que da vueltas alrededor de una estrella cualquiera, que gira en torno al centro de una galaxia cualquiera, que no es más que una de los miles de millones de galaxias que pueblan este violento universo.

Enfrentados a este panorama, uno se da cuenta de lo frágil que resulta el ser humano.

Cuestión de tamaño

Cuando nos dicen que el tamaño del universo visible es de 15 000 millones de años luz, o que nuestra galaxia tiene un diámetro de 100 000 años luz, no solemos ser conscientes de lo que esas distancias significan. Sabemos que es mucho, pero nos revelamos incapaces de estimar cuánto es ese mucho.

Para hacernos una idea, imaginemos que podemos contar en voz alta a una velocidad de cinco números por segundo (una buena velocidad, sobre todo cuando nos toquen números como 1 234 564).

Pues bien, si no comemos, no dormimos, no vamos al baño..., si solo nos dedicamos a contar los 365 días del año, las veinticuatro horas del día, los tres mil seiscientos segundos de cada hora, tardaríamos en alcanzar la cifra un billón... 6 000 años. O lo que es lo mismo: si cuando se inventó la escritura el ser humano hubiera empezado a contar en una especie de gigantesca maratón numérica, ahora estaríamos llegando a la cifra un billón. ¡Y la estrella más cercana se encuentra a más de 36 billones de kilómetros!

Para medir distancias tan grandes en astronomía se emplea el año luz. Un año luz es la distancia que la luz recorre en un año, que corresponde a casi nueve billones y medio de kilómetros. Eso significa que el tamaño de nuestra galaxia es de más de un trillón de kilómetros.

El mismo vértigo de cifras ocurre si empezamos a hablar de tiempo. Comparada con la duración de una vida humana, la vida de los diferentes objetos celestes es casi eterna. Nuestro universo existe desde hace unos 15 000 millones de años; nuestra galaxia, desde hace 8 000 millones, y el sistema solar, desde hace 6 000. Como en las listas de las mayores fortunas del mundo publicadas por la revista *Forbes*, en el universo pocas cosas hay que bajen de los mil millones.

Si reflexionamos solo un poquito, nos daremos cuenta, además, de un detalle que difícilmente se nos puede escapar: si las distancias que nos separan de otras estrellas y galaxias son tan enormes y nosotros las vemos gracias a que recibimos su luz, que viaja a una velocidad de 300 000 kilómetros por segundo, eso quiere decir que las estamos viendo no como son ahora, sino como lo eran en el pasado. Por ejemplo, si una estrella está a ocho años luz, quiere decir que su luz tarda en llegar a nosotros ocho años, luego lo que estamos viendo no es su realidad actual, sino tal y como era hace ocho años. Si nuestro Sol se apagara en este mismo instante, en la Tierra tardaríamos en enterarnos ocho minutos, que es el tiempo que tarda su luz en llegar hasta aquí. O si, como ocurre en algunas galaxias, el centro de nuestra Vía Láctea estallase, tardaríamos 27 000 años en enterarnos. Podríamos vivir tranquilos en nuestra ignorancia del terrible cataclismo que, en cuanto llegase la onda explosiva a la Tierra, barrería la atmósfera de un plumazo. (¿Habrá ocurrido y no nos habremos enterado?)

Estrellas, muebles y nazis

En abril de 1938, dos de los gigantes de la física moderna, el ucraniano Georgi Gamow y el norteamericano Edward Teller, organizaban un congreso en la Carnegie Institution de Washington. Su objetivo: resolver el problema de por qué brillan las estrellas. Entre los participantes se encontraba un refugiado de la Alemania nazi que había estudiado con el gran físico Enrico Fermi en Roma y que entonces daba clases en la Universidad de Cornell. Su nombre era Hans Bethe. Pensador efervescente, tenía un talento innato para la física y las matemáticas: parecía que se dedicaba a jugar con números y letras. Su especialidad eran los procesos nucleares, y gracias a él se identificaron los dos procesos de fusión nuclear que se producen en las estrellas: el ciclo protón-protón y el ciclo del carbono.

El ciclo del carbono presupone que en la estrella, además de hidrógeno, hay carbono, que juega el papel de catalizador*. Todo empieza con un núcleo de carbono de masa doce**, el C^{12}. Entonces, un núcleo de hidrógeno, esto es, un protón, es absorbido por el carbono y se convierte en nitrógeno, N^{13}. Este núcleo es radiactivo y se desintegra en un positrón, un neutrino*** y un núcleo de carbono, pero de masa trece, el C^{13}. Este recibe de nuevo el impacto de otro protón y se convierte en N^{14}, y este a su vez recibe otro y se convierte en O^{15}. Este oxígeno también es radiactivo y se desintegra a N^{15}... El propósito de este billar subatómico es construir un átomo cada vez más pesado. Si ahora añadimos un nuevo hidrógeno, el N^{15} no forma un átomo de masa mayor, sino que se rompe en uno de helio, He^4, y en C^{12}. De este modo se recupera el carbono inicial y queda todo dispuesto para empezar de nuevo el ciclo, que es el motor nuclear de estrellas que tienen varias veces la masa del Sol.

El segundo ciclo, el ciclo protón-protón, es el que sucede en el Sol. Empieza con la colisión de dos núcleos de hidrógeno para for-

---

* En cualquier reacción, un catalizador es como el fermento que hace que la reacción tenga lugar o que suceda más rápido de lo acostumbrado.

** Esto quiere decir que el núcleo de este átomo tiene, en total, doce protones y neutrones. Un concepto fundamental a tener en cuenta: la masa de un átomo la dan, esencialmente, los protones y neutrones que posee su núcleo. El tipo de átomo, esto es, si estamos hablando de carbono, oxígeno o nitrógeno, está definido exclusivamente por el número de protones. Esto quiere decir que la diferencia entre el C^{12} y el C^{13} está en que el segundo tiene un neutrón más que el primero, pues si ambos son átomos de carbono (isótopos del carbono, dicen los físicos), los dos deben tener seis y solo seis protones.

*** El positrón es la antipartícula del electrón y el neutrino... Hablar del neutrino nos ocuparía mucho espacio. Basta con saber que es una partícula subatómica de muy poca masa que casi ni interacciona con el resto de la materia.

mar deuterio*, un positrón y un neutrino. Si este choca con otro núcleo de hidrógeno, tenemos He^3, que todavía no es el "correcto". Si ahora chocan dos He^3, se formará el helio "correcto", He^4, y se liberarán dos átomos de hidrógeno, cerrando el ciclo.

Pero volvamos a la reunión de Washington. Los astrónomos dijeron a los físicos todo lo que sabían de la constitución interna de las estrellas, que era mucho, y eso sin conocer realmente cómo se generaba la energía en su interior. Ahora los físicos debían ponerse a trabajar.

De vuelta en Cornell, Bethe atacó y resolvió el problema con tanta rapidez que Gamow llegaría a decir que había calculado la respuesta antes de que el tren llegase a la estación de destino. Bethe envió su artículo describiendo su hallazgo a la revista *Physical Review*, pero entonces uno de sus estudiantes le comentó que la Academia de Ciencias de Nueva York ofrecía un premio de 500 dólares al mejor artículo inédito sobre la producción de energía en las estrellas. Bethe pidió a la revista que le devolviese el artículo, lo mandó al concurso y, evidentemente, ganó.

El físico tenía sus motivos para hacerlo. Su madre se encontraba todavía en Alemania, y aunque los nazis accedían a dejarla salir, pedían 250 dólares si además quería llevarse sus muebles. Bethe destinó la mitad del premio para ello. Sólo después permitió que se publicara su artículo, con el que ganaría el Premio Nobel**.

El origen de los elementos

Título: *Síntesis de los elementos en las estrellas*. Autores: Margaret Burbridge, Geoffrey Burbridge, William Fowler y Fred Hoyle. Revista: *Reviews of Modern Physics*. Año: 1957.

---

* El deuterio es un hidrógeno que tiene un protón y un neutrón en su núcleo (el átomo "normal" de hidrógeno sólo posee un protón en el núcleo. De ahí el nombre de este ciclo nuclear).

** Esta historia no estaría completa si no mencionáramos su polémica. Ese mismo año, el alemán Carl Friedrich von Weizsäcker resolvió el ciclo del carbono de manera independiente. Como recuerdan con cierto disgusto los físicos alemanes, el artículo de Bethe llegó a la redacción de *Physical Review* el 7 de septiembre, mientras que el de Weizsäcker hizo lo propio a la de *Zeitschrift für Physik* el 11 de julio; luego, en puridad, fue Weizsäcker el primero en descubrirlo. Cierto es que Bethe y su colaborador Charles Critchfield ya habían enviado el 23 de junio un trabajo que contenía la parte más importante de la cadena protón-protón; pero probablemente el Nobel no tenía que haber sido exclusivamente para Bethe, sino compartido con Weizsäcker.

En este titular se encuentra condensado uno de los descubrimientos más importantes de todos los tiempos, el origen de los elementos químicos. Conocido desde entonces como el B^{2}FH, ese artículo de 104 páginas describe cómo los diferentes elementos, desde el helio hasta el hierro, se sintetizan en el interior de las estrellas mediante la fusión nuclear: dos átomos se unen formando otro más pesado liberando energía. En el interior de nuestro Sol, por ejemplo, el hidrógeno se está convirtiendo continuamente en helio.

Por otro lado, todos los átomos más pesados que el hierro, como el oro, la plata, el platino, el uranio o el americio, se crean cuando una estrella, con una masa de tres o más veces la del Sol, llega al final de su vida y explota haciéndose tan brillante como todas las estrellas de la galaxia juntas. Esto es una *supernova*. En los dos segundos que dura la explosión se crean todos los elementos posteriores al hierro en la Tabla Periódica.

El artículo fue un triunfo personal de Hoyle, que había empezado a madurar la idea hacia 1946, cuando todo el mundo pensaba que los elementos se habían formado durante la Gran Explosión que dio origen al universo. La parte más oscura de esta historia sucedió en 1983, cuando el comité Nobel reconoció la valía de esta investigación. El premio de ese año recayó en un astrofísico hindú, Subrahmanyan Chandrasekhar, por su trabajo sobre las enanas blancas, y en Fowler. Hoyle, que había tenido la idea original y por tanto era a quien debían habérselo dado, no fue galardonado. ¿Por qué? Quizá porque siempre fue bastante heterodoxo en sus teorías científicas, y destacaba por ir contra corriente, como en el caso de la hipótesis de la Gran Explosión: Hoyle no se la creía. ¿O fue quizá porque criticó duramente al comité por conceder el Premio Nobel de Física de 1974 al astrónomo Anthony Hewish por un descubrimiento que había hecho Jocelyn Bell, su estudiante de doctorado?

Explosión en 1987

Era la noche del 23 al 24 de febrero de 1987 en el observatorio astronómico de Las Campanas, en los Andes chilenos. Uno de los ayudantes del astrónomo que esa noche operaba en uno de los telescopios salió un momento al exterior y miró al cielo. Entonces se dio cuenta de que había algo fuera de lo común allí arriba. Dentro de esa mancha blanquecina que es la Gran Nube de Magallanes, una galaxia satélite de la nuestra, había una estrella especialmente brillante, una estrella que no debería haber estado allí. Corrió al interior y llamó la atención del astrónomo, que se encontraba enfrascado en sus propias observaciones.

Algunas horas antes del descubrimiento de esos dos astrónomos, algo también completamente inusual sucedía casi al otro lado del globo, en el interior de una mina de zinc abandonada en Japón. En la mina de Kamioka se estaba desarrollando un experimento que pretendía comprobar una de las predicciones más fascinantes realizadas por una teoría de la física de partículas muy en boga en aquella época. Las llamadas teorías de gran unificación predecían que en este universo nada es eterno, ni siquiera la materia. Según sus cálculos, el protón, uno de los constituyentes del núcleo atómico y del que se creía que era inmortal, en realidad se desintegraba. Para comprobarlo, los japoneses habían llenado un enorme depósito con 3 000 toneladas de agua purísima y lo habían rodeado de multitud de detectores destinados a registrar los destellos de luz que engendrarían los productos de su desintegración. Para evitar otros chispazos indeseables provocados por la tormenta de partículas elementales que nos llega del cosmos, habían enterrado este inmenso balde de agua en las profundidades de la mina de Kamioka, a 3 300 metros de profundidad.

Hacia las siete y media de la tarde del 23 de febrero, sus detectores se dispararon inesperadamente doce veces. Simultáneamente, otro detector enterrado en una mina de sal cerca de Faiport, Ohio, contó ocho neutrinos, y un tercer detector situado bajo el monte Andyrchi, en el Cáucaso, registró la llegada de cinco neutrinos. ¿Qué había ocasionado semejante chisporroteo? Era el chorro de neutrinos que, después de cientos de miles de años de viaje, había barrido la Tierra proveniente de esa brillante estrella descubierta en Chile.

Los dos sucesos correspondían a una explosión de supernova, la primera visible a simple vista desde 1604. En los meses siguientes, gran parte de los telescopios del mundo siguieron hasta el más mínimo detalle el curso de esta impresionante deflagración, el final más violento que le puede suceder a una estrella. Se trataba de una estrella con varias veces la masa de nuestro Sol que había muerto hacía 170 000 años, pero solo ese día, el 23 de febrero de 1987, nos llegaba la noticia de su defunción: de los diez billones de trillones de neutrinos que se produjeron en aquella explosión se detectaron únicamente 25.

El final de una estrella

Desde su nacimiento en el interior de una nube de gas y polvo interestelar, la vida de una estrella es una lucha continua contra su propia gravedad. Gracias a la energía liberada por el horno nuclear central, la estrella impide su colapso. Solo cuando agota todo su combustible interior, la gravedad vuelve a actuar. El colapso gravitatorio es inevitable, nada puede detenerlo. ¿O sí?

La mecánica cuántica es una de las teorías más bellas y completas que el hombre ha creado. Describe con precisión el comportamiento de los átomos y el de las partículas subatómicas: electrones, protones, neutrones... Esta teoría predice que, a densidades tremendamente elevadas (del orden de varios billones de gramos por centímetro cúbico *), la materia se vuelve degenerada. Esto no quiere decir que los átomos se vuelvan inmorales, sino algo mucho más prosaico: se encuentran apretados al máximo unos contra otros, de modo que no hay forma de encoger más la estrella si no es rompiendo los átomos en trocitos. Y es esta presión de degeneración la que acaba por contrarrestar a la gravedad. El problema es que no detiene siempre el colapso. Que esto ocurra depende dramáticamente de la masa de la estrella.

En 1931, el físico hindú Subrahmanyan Chandrasekhar publicaba en *The Astrophysical Journal* que toda estrella con una masa inferior a una vez y media la masa del Sol debía acabar sus días como una enana blanca, esto es, una estrella con la masa del Sol y compuesta exclusivamente de helio, que se ha contraído hasta alcanzar el tamaño de un planeta como la Tierra. La materia se encuentra tan comprimida que una sola cucharadita de enana blanca pesa más de una tonelada. Chandrasekhar demostró en su artículo, ya clásico, que su peso lo soporta la presión de degeneración de los núcleos de helio que la componen. Pero si la masa de la estrella es superior a 1,5 veces la masa solar, entonces la gravedad vence, los núcleos de helio se destrozan y continúa el colapso.

¿Qué ocurre entonces? Fue Robert Oppenheimer, el padre de la bomba atómica, el que se preocupó de estudiarlo. En colaboración con George Volkoff demostró, a principios de 1939, que de los núcleos de helio rotos se forma una sopa extremadamente densa de neutrones. Oppenheimer y Volkoff encontraron que toda estrella

---

* La densidad del agua es de un gramo por centímetro cúbico.

que termina sus días con una masa situada entre el límite de Chandrasekhar y unas tres veces y media la masa del Sol acabará por convertirse en una estrella de neutrones. Estos cadáveres estelares son del tamaño de una ciudad media y sus densidades son inimaginables, del orden de mil billones de veces la del agua. En este caso es la presión de degeneración de los neutrones la que detiene a la gravedad.

La siguiente pregunta es evidente. ¿Y si la estrella es de seis masas solares? Este caso también fue estudiado poco después por Oppenheimer y otro colaborador suyo, Hartland Snyder. Publicado en septiembre de 1939 en la revista *Physical Review*, escribieron [1]:

> *Agotadas todas las fuentes de energía termonuclear, una estrella suficientemente pesada se colapsará. A menos que [...] se reduzca su masa a un valor cercano al de la solar, esta contracción proseguirá indefinidamente.*

Con un núcleo constituido fundamentalmente por hierro, se produce el desplome gravitatorio. En cuestión de segundos, toda la estrella implosiona dando lugar a la deflagración más impresionante que puede observarse en una estrella: se ha producido una supernova. Si la estrella no ha destrozado su núcleo en la tremenda explosión, puede quedar cualquiera de los objetos antes mencionados: una enana blanca o una estrella de neutrones. Si la masa final es mayor que el límite de Oppenheimer-Volkoff (3,5 masas solares), lo que nos queda es un agujero negro.

Los artículos de Oppenheimer fueron olvidados hasta la década de los sesenta, pero cuando en 1967 Jocelyn Bell descubrió la primera estrella de neutrones, se volvió a poner de moda el trabajo de Oppenheimer. La astronomía había evolucionado lo suficiente como para observar el cielo no solo en el visible, sino también en la banda de radio, en el infrarrojo y en los rayos X. Los años siguientes nos abrieron los ojos a un universo completamente diferente del que hasta entonces habíamos conocido. El cosmos dejó de ser un lugar silencioso y apacible: se descubrieron galaxias en explosión, intensas fuentes de energía, el residuo de lo que parecía ser la tremenda explosión que dio origen al universo, y unos objetos situados a distancias increíbles y que podrían ser imágenes de galaxias formándose cuando el universo era joven, los cuásares.

Polvo de estrellas

Una explosión de supernova anuncia el final de una estrella cuya masa sea varias veces mayor que la de nuestro Sol. Gracias a las reacciones nucleares producidas en su interior, una estrella de este tipo ha ido creando diferentes elementos químicos: oxígeno, nitrógeno, carbono, hierro... El final de su vida se acerca cuando en su interior se ha formado el hierro. Podríamos pensar que la estrella debería entonces usar los núcleos de hierro como combustible nuclear, del mismo modo que lo hizo con el oxígeno o el carbono. Pero no es así. La razón es bien sencilla: mientras que en las anteriores reacciones nucleares se libera energía, la fusión con átomos de hierro requiere energía, roba energía a la estrella. Y a todos nos gusta que nos metan dinero en el banco, pero no que nos lo saquen. En esta situación, sin nada que soporte su peso, la estrella se desploma y explota, convirtiéndose en una supernova. La tremenda explosión dura dos segundos y hace que la estrella se haga tan brillante como todas las estrellas de la galaxia juntas. Es impresionante. Una estrella que brilla tanto como mil millones de estrellas.

El material de la estrella es expulsado al frío del espacio, donde formará nubes de gas de las que, millones de años después, aparecerán nuevas estrellas. Así es como apareció el Sol y todo el sistema solar. El carbono de nuestros cuerpos, el calcio de los huesos o el hierro de nuestra sangre son átomos cocinados en el interior de una estrella gigantesca que murió catastróficamente hace varios miles de millones de años. Y no solo eso: también el oro y la plata se formaron justo en el momento de la explosión.

Estrellas de neutrones

Imagínense una estrella de una vez y media la masa de nuestro Sol, pero toda ella apelotonada en el interior de una esfera de diez kilómetros de diámetro. ¿Lo tienen? Pues bien, ahora pónganla a rotar sobre sí misma de forma que en un segundo gire del orden de mil veces.

Resulta difícil de imaginar, pero semejante monstruo existe en nuestro universo. Es una estrella de neutrones. En ella, la materia está tan concentrada y se encuentra a unas presiones tan elevadas que no se presenta en forma de átomos. Lo que se tiene es una especie de sopa de neutrones y otras partículas subatómicas que tienen nombres tan singulares como el de piones. La estructura de la estrella, que colapsaría por acción de la gravedad, se soporta debido a la *presión de degeneración*. Para entenderla, piensen en lo que ocurre en los bares y lugares de copas durante las fiestas de su pueblo o ciudad: están tan abarrotados que no cabe, como vulgarmente se dice, ni un alfiler. Si quisiéramos entrar, deberíamos vencer la presión que ejercen las demás personas, que parecen estar prácticamente pegadas. Lo mismo ocurre en el interior de las estrellas de neutrones: el peso de la estrella, que tiende a concentrar toda la masa de esta en el centro, no vence porque dos partículas de materia no pueden ocupar el mismo sitio al mismo tiempo.

Lo más fascinante es que la luz de una estrella en condiciones tan extraordinarias como esta no sale de su superficie en todas direcciones, como sucede con el Sol o con una bombilla, sino en dos direcciones privilegiadas, coincidentes con los polos magnéticos de la estrella. Lo que así tenemos es una especie de faro galáctico en el rango de las ondas de radio. Al observarlo veremos, como con los faros de la costa, una estrella que se enciende y se apaga unas quinientas veces por segundo. De ahí que se las conozca también con el nombre de *púlsar*, del inglés *estrella pulsante*.

Los púlsares fueron descubiertos por casualidad. Todo comenzó hacia finales de 1967, cuando un radiotelescopio interceptó un extraño mensaje procedente del universo, sorprendente y completamente desconocido. El instrumento que detectó ese mensaje era también algo raro: una serie de hileras de postes que sostenían 2 000 miniantenas ocupando dos hectáreas en la verde campiña inglesa cercana a la ciudad de Cambridge *. Una de los operadores de aquel sistema era la estudiante de doctorado Jocelyn Bell, cuya tesis estaba dedicada a medir el tamaño de algunas fuentes celestes emisoras de radio. Para ello, Bell examinaba pacientemente los registros en las interminables tiras de papel que el radiotelescopio iba trazando sin interrupción las 24 horas del día. Y fue entonces cuando se recibió la señal: una serie de impulsos muy breves, de pocas centésimas de segundo de duración y espaciados una distancia de 1,3 segundos. Era algo completamente anómalo: no se parecía ni a las radiofuentes galácticas a las que estaba acostumbrada ni a las molestas interferencias terrestres.

El papel de la impresora se deslizaba demasiado despacio, a una décima de milímetro por segundo, lo que impedía distinguir los impulsos entre sí: lo único que se veía era una mancha de tinta de un centímetro de longitud –correspondiente a un par de minutos–. Jocelyn habló con su director de tesis, Tony Hewish, y ambos decidie-

---

* Todos esos postes exploraban el cielo a una longitud de onda de 3,68 metros.

ron hacer un registro a una velocidad superior para poder estudiar la estructura de la señal. Pero la señal era demasiado débil y no aparecía todos los días. Hacer funcionar la impresora a la velocidad apropiada las 24 horas del día requería más de tres kilómetros de papel diarios, algo imposible de llevar a la práctica. La única solución era que la impresora funcionara más rápido durante unos cuantos minutos en el momento oportuno.

Era principio de otoño. La señal debía aparecer hacia el anochecer, y durante semanas Jocelyn estuvo dedicada a acelerar la impresora a la hora señalada... sin éxito. Al final, los astrónomos de Cambridge decidieron que era mejor olvidarlo, pero Jocelyn seguía obsesionada con las misteriosas señales. Una noche volvió al laboratorio y puso en marcha el instrumental. Y entonces ocurrió: la señal apareció. Jocelyn llamó a Hewish y ambos llegaron a la conclusión de que una señal tan enormemente precisa debía tener un origen terrestre. Pero no podía ser. La misteriosa señal aparecía cada noche unos cuatro minutos antes que la anterior, lo mismo que las estrellas*. Bautizaron a la fuente con el nombre de LGM 1, las siglas en inglés de hombrecillos verdes (*Little Green Men*). Para acabar de rizar el rizo, algunos medios de comunicación creyeron que se habían encontrado efectivamente señales de seres extraterrestres.

Nada más lejos de la verdad. Hewish y Bell determinaron que estábamos ante un nuevo tipo de estrella inefablemente extraña, pero fue el astrofísico Thommy Gold quien descubrió de qué se trataba: una estrella de neutrones, cuya existencia había sido predicha teóricamente hacía casi treinta años. Era un descubrimiento importante, merecedor del Premio Nobel. Y se lo dieron. Pero, una vez más, no a la descubridora, sino a su director. Quizá los del comité Nobel consideraron que era un desprestigio para el premio dárselo a una estudiante de doctorado.

El nacimiento de los agujeros negros

Cuando Julio Verne escribió su novela *De la Tierra a la Luna*, sabía que su proyectil debía salir con la velocidad suficiente para vencer el tirón gravitacional de nuestro planeta. El cañón debía lanzarlo a una velocidad de 11,2 km/s, unos 40 000 km/h. Esta velocidad recibe

---

* La duración del día oficial de 24 horas difiere con el real –definido por la rotación de la Tierra– en esos cuatro minutos.

el nombre de *velocidad de escape*. Comparada con la que alcanzan nuestros coches es inmensa, pero bastante pequeña si la comparamos con los 620 km/s (¡más de dos millones de kilómetros por hora!) necesarios para escapar de la superficie del Sol.

Es evidente que cuanto más denso y compacto sea un cuerpo, mayor será la velocidad necesaria para vencer su campo gravitatorio. ¿Puede ocurrir que exista algún cuerpo con una masa suficiente como para que su velocidad de escape sea igual a la de la luz? Esta misma pregunta se la hizo el astrónomo John Mitchell, párroco de Thornhill, en Yorkshire, Inglaterra. En un artículo leído el 27 de noviembre de 1783 en la Royal Society de Londres, y publicado un año más tarde en sus *Philosophical Transactions* *, Mitchell escribió: «... La luz no podría escaparse de un cuerpo que tuviese la misma densidad que el Sol pero con un radio 500 veces mayor».

Pocos años después, en 1796, el matemático y astrónomo Pierre Simon Laplace estudió la existencia de estos "cuerpos oscuros". «Es posible que los más grandes astros luminosos del universo puedan ser invisibles», escribió en su obra *Exposición del Sistema del Mundo*. Ambos trabajos se asentaban en la teoría corpuscular de la luz formulada por Newton y en su ley de la gravitación universal. Sin embargo, los diferentes experimentos realizados a principios del siglo XIX revelaron que la luz se comportaba como una onda y no como si estuviese compuesta por pequeñas partículas. Viendo cómo uno de los fundamentos de su predicción se desmoronaba, Laplace se retractó, y aquellos estudios pasaron a ser una simple curiosidad.

Tuvimos que esperar al genio de Albert Einstein para que la aparentemente absurda idea de Mitchell y Laplace surgiera de nuevo en el panorama de la física. Su teoría general de la relatividad, presentada al mundo en noviembre de 1915, explica la gravedad como un efecto de la existencia de la materia (y energía) en el universo: su presencia modifica la estructura del espacio-tiempo en el que nos movemos. No es lo mismo un espacio vacío que un espacio con materia.

---

* Según la muy sana tradición de poner interminables títulos a los escritos, John Mitchell tituló su artículo "On the means of discovering the distance, magnitude, etc., of the fixed stars, in consequence of the diminution of their light, in case such a diminution should be found to take place in any of them, and such other data should be procured from observations, as would be further necessary for that purpose", *Philosophical Transactions of the Royal Society* (Londres), vol. 74, pp. 35-57.

Podemos visualizar el funcionamiento de la gravedad con la siguiente analogía. Imaginemos una típica cama elástica como representación bidimensional del espacio-tiempo en que vivimos. Si no hay nada encima de ella (materia), su forma (geometría) es totalmente plana, sin deformaciones. Pero supongamos que colocamos en el centro una esfera de hierro maciza (una estrella). La superficie elástica va a deformarse debido a la presencia de la masa. Si ahora hacemos correr una canica (un planeta, una sonda espacial...) sobre la cama elástica, veremos que se desplaza en línea recta hasta encontrarse con la distorsión creada por la esfera. Entonces, siguiendo la pendiente, caerá hacia ella o, según sea el ángulo de incidencia, describirá una trayectoria curva a su alrededor; estará orbitando en torno a la masa central.

Igualmente es fácil ver que una esfera de plomo deformará en mayor grado la cama elástica que una de madera de igual tamaño. Luego, cuanto más compacta sea una estrella, la distorsión del espacio-tiempo será mayor y la gravedad será más intensa. La pregunta es: ¿hasta dónde puede llegar esa distorsión? ¿Se puede forzar al máximo?

El impronunciable nombre de Schwarzschild

Puede resultar llamativo que la primera solución a las ecuaciones de la relatividad general no fuera encontrada por el propio Einstein. Su descubridor fue el astrónomo alemán Karl Schwarzschild, director del observatorio de Postdam. A los cuarenta años abandonó la tranquilidad de su cargo para alistarse como voluntario al comenzar la I Guerra Mundial. Mientras se encontraba en el frente ruso estudió los artículos publicados por Einstein y un mes después, en diciembre de 1915, halló una solución analítica al problema de una masa puntual situada en el espacio vacío.

Desgraciadamente no pudo defender su trabajo en la Academia. Durante su estancia en el frente oriental contrajo una enfermedad de la piel, el pénfigo*. Repatriado urgentemente, murió el 11 de mayo de 1916 en un hospital de Postdam.

---

* Una enfermedad de tipo autoinmune cuya característica básica es la aparición de ampollas extensas por todo el cuerpo, muy frágiles. Viene acompañada de anorexia, cansancio, fiebre, dolores en las articulaciones... Esta situación se agrava paulatinamente y en aquella época (antes de la aparición de los corticoides) conducía a la muerte.

El manuscrito entusiasmó a Einstein, que lo presentó en la Academia cuando Schwarzschild yacía en el lecho de muerte. Uno de sus mayores logros era que su descripción del espacio-tiempo explicaba correctamente el campo gravitatorio del sistema solar. Sin embargo, lo realmente fascinante es que esa misma descripción introducía uno de los objetos más asombrosos y desconcertantes de la física: el agujero negro. Schwarzschild demostró que si una masa está lo suficientemente concentrada, la curvatura del espacio en regiones próximas alcanzará tal magnitud que la dejará separada, aislada, del resto del universo. En nuestra imagen del espacio-cama elástica lo podríamos representar como un embudo. Cualquier masa que se precipite en su interior se perderá irremisiblemente.

¿Por qué? A medida que nos acercamos a un cuerpo, la velocidad necesaria para escapar de su campo gravitatorio va siendo cada vez mayor. Si nos encontramos frente a un astro lo suficientemente masivo y compacto, puede llegar a ocurrir que, llegados a una determinada distancia, la velocidad de escape sea exactamente la de la luz. Si a partir de ese punto continuamos acercándonos al objeto, la velocidad de escape se hace mayor que la de la luz. Pero como la velocidad de la luz marca el límite físico a todas las velocidades posibles de las partículas existentes en nuestro universo, nada puede salir. La luz y todo lo que se encuentre en esa región del espacio queda atrapado, sin conexión posible con el resto del universo. A esa distancia que marca el límite de no-retorno se la conoce con el nombre de *radio de Schwarzschild* u *horizonte de sucesos*. Nada de lo que pudiera acontecer en su interior será visto, oído o conocido por ningún observador externo.

La idea de que pudiese existir un cuerpo tan extraño repugnaba a gran cantidad de físicos, incluyendo a científicos del calibre de Einstein o de Arthur Eddington, uno de los mayores expertos en relatividad general (este astrofísico británico fue el primero en probar, durante el eclipse de 1919, la predicción de que la luz proveniente de las estrellas se curva al pasar cerca del Sol). Muchos teóricos dedicaron grandes esfuerzos a encontrar algún mecanismo que impidiera su existencia en la naturaleza. Por desgracia para ellos, en 1939, Robert Oppenheimer y Hartland Snyder demostraron que tales objetos no eran meros fuegos de artificio matemáticos, y sí podían existir en el mundo real.

Viaje al interior de un agujero negro

Javier y Andrés son dos intrépidos astronautas decididos a investigar los agujeros negros. Para ello escogen uno cuya masa es diez veces la del Sol y con un radio de 30 kilómetros, situado en uno de los brazos espirales de la Vía Láctea. Este agujero negro apareció hace 6 000 millones de años, después de la muerte de una estrella como una supernova. Javier, aventurero y atrevido, será quien viaje a su interior. Andrés, pragmático y realista, se quedará en órbita observando el viaje.

Una vez sincronizados sus relojes, nuestro astronauta pone rumbo hacia él. Mientras se aproxima, Javier siente cómo el agujero negro tira más fuerte de sus pies que de su cabeza, porque la gravedad es más intensa cuanto más cerca nos encontramos del centro del objeto masivo. Como el campo gravitatorio terrestre es débil, nuestros cuerpos normalmente no advierten este efecto, pero en el intenso campo creado por el agujero, una diferencia de metro y medio es suficiente para apreciarlo. Y no solo eso. Javier nota como si le comprimiesen lateralmente con una camisa de fuerza, pues todos los puntos de su cuerpo se dirigen al corazón del agujero. Esta combinación de estiramiento y compresión se incrementa de tal forma que tritura a nuestro desgraciado amigo convirtiéndolo, literalmente, en un largo fideo.

En poco tiempo, los restos del astronauta atraviesan la frontera que separa el interior del agujero negro del exterior: es el *horizonte de sucesos* o límite de no-retorno, donde la velocidad de escape coincide con la de la luz. Una vez traspasado, resulta imposible salir.

Desde el punto de vista de Andrés, las cosas son muy diferentes. Para él, cómodamente instalado en la tranquilidad de su órbita, el viaje de su amigo es absolutamente anormal. Todos los movimientos de Javier se van haciendo progresivamente más lentos, y ve que el tiempo en el interior de la nave discurre cada vez más despacio hasta detenerse completamente en el horizonte de sucesos: Andrés tendría que esperar un tiempo infinito para verle atravesar dicha superficie. Sin embargo, para Javier el viaje ha durado unos segundos.

La elección ha sido completamente suicida. Un agujero negro de diez masas solares provoca en el horizonte de sucesos una aceleración quince millones de veces mayor que la terrestre. El cuerpo humano sólo puede soportar unas diez veces la aceleración de la gravedad en la superficie de la Tierra, por lo que Javier habría dejado de existir a tres mil kilómetros del agujero. Para atravesar con cierta comodidad el horizonte de sucesos, deberían haber escogido un agujero con una masa superior a 100 000 masas solares. Estos solo se encuentran en el centro de las galaxias. En este caso, al atravesar el horizonte, Javier no notaría nada extraordinario. Ninguna sacudida o cambio radical en la estructura del espacio anunciaría su llegada al horizonte de sucesos. Ya en el interior, su inevitable destino es el de precipitarse al corazón del agujero negro. Desgraciadamente, ningún astronauta puede llegar vivo al centro de un objeto de Schwarzschild, porque la gravedad se encarga de pulverizarlo todo.

Ese lugar tan extraño, donde se encuentra condensada toda su masa, recibe el nombre de *singularidad*. En ella, la densidad y la gravedad toman un valor infinito. Constituye una ruptura total del espacio y del tiempo, el fin de la existencia de la materia. Para muchos es la mayor crisis que la física haya afrontado jamás. A su alrededor solo hay vacío inundado de radiación... y un infeliz astronauta que se dirige irremisiblemente hacia allí.

Agujeros negros en rotación

En 1964, el físico neozelandés Roy Kerr encontró un nuevo modelo de agujero negro mucho más realista. Sabemos que todos los objetos del universo se encuentran en rotación; así pues, lo más sensato es considerar un agujero negro rotante. Si nuestros amigos Javier y Andrés hubiesen escogido un agujero de Kerr, todo hubiera sido distinto... y sorprendente.

A cierta distancia, todavía lejos del horizonte de sucesos, Javier hubiera descubierto que le es imposible mantenerse quieto con respecto al fondo fijo de estrellas. El agujero negro, en su rotación, arrastra consigo el espacio al igual que la Tierra arrastra la atmósfera en su giro. Este gigantesco remolino cósmico recibe el nombre de *ergosfera*. Todavía podemos escapar de ella porque aún no nos encontramos en el límite de no-retorno. No obstante, cualquier sonda que se aproximase al agujero negro por su zona ecuatorial sería despedazada por el choque con la ergosfera. Para entrar con ciertas garantías, Javier debe hacerlo por cualquiera de sus polos, donde no se produce este efecto. Una vez en su interior, nuestro viajero se vería arrastrado hacia el centro igual que en un agujero de Schwarzschild. No obstante, esta situación no duraría mucho, porque la rotación hace aparecer otro horizonte delante de él. Una vez cruzado, el cambio es radical: Javier no sería arrastrado sin remisión hacia la singularidad central, sino que podría volar evitándola.

Esta diferencia fundamental entre ambos tipos de agujeros es debida a que la rotación hace que la singularidad no sea un punto matemático, sino un anillo tumbado sobre el plano ecuatorial.

¿Es esto todo? Una vez dentro, ¿no hay nada más? No. Si Javier viaja cuidadosamente por el interior del agujero negro, descubrirá una de las estructuras más fantásticas y seductoras del universo.

Los agujeros de gusano

En el interior de los agujeros negros existen unas vías de escape que el genial físico y mentor de genios John Wheeler bautizó con el nombre de *agujeros de gusano*. Los agujeros negros son, en realidad, las bocas de entrada a todo un trazado de túneles que unen distintos puntos del universo entre sí. Para un agujero de Schwarzschild, estas galerías se llaman *puentes Einstein-Rosen*.

Estos corredores cósmicos existen durante breves intervalos de tiempo. Son como los obturadores de las cámaras fotográficas, y solo pueden ser atravesados durante el breve tiempo en que se mantienen abiertos. Desgraciadamente, y con gran alegría de Einstein, a quien no le gustaba mucho la idea, para cruzarlos es necesario viajar a mayor velocidad que la luz. Por lo tanto, el viaje por ellos está prohibido.

En cambio, en los agujeros de Kerr la situación es diferente. En ellos también existen estos pasadizos, pero pueden ser atravesados a velocidades inferiores a la de la luz. Si Javier pudiera cruzarlo, aparecería en otro punto del universo y en otro tiempo distinto. Lamentablemente, tales galerías son extremadamente inestables a cualquier perturbación externa, y la más mínima partícula que entrase destruiría su frágil estructura. A efectos prácticos, estas galerías de gusano, verdadera red de túneles que une todo el universo, son totalmente inservibles. Como todos los sucesos se encuentran encerrados dentro del espacio interior del agujero negro, Javier nunca podría salir para saludar a sus antepasados. A menos, claro, que su tecnología estuviese lo suficientemente avanzada como para estabilizar tales estructuras e impedir su desplome y, además, conseguir la desaparición del molesto horizonte de sucesos.

Singularidades

Durante muchos años, pensar que un agujero negro es un objeto en el cual toda la masa de una estrella se encuentra concentrada en un punto matemático de densidad y gravedad infinitas llamado singularidad, era cosa de locos. Los astrofísicos pensaban que eran solo el resultado de algún tipo de artificio matemático de la relatividad general de Einstein. Creían que en el mundo real la naturaleza encontraría la forma de que la materia en colapso gravitatorio pudiera escapar a ese funesto destino. No es así. Stephen Hawking y Roger Penrose se encargaron de demostrar que las singularidades del espacio-tiempo son inevitables en situaciones de colapso gravitatorio.

En esencia, una singularidad es una tremenda catástrofe en la estructura del espacio-tiempo. Recordemos que un agujero negro se forma porque, al final de sus días, una estrella muy masiva empieza a contraerse y no hay nada que detenga ese colapso. Al final del proceso, toda la materia se destruye. No solo eso, también el propio espacio-tiempo desaparece. Es como si se produjera un impresionante desgarrón en la tela del universo en que vivimos.

¿Puede verse una singularidad? No. En los agujeros negros, la singularidad central está protegida por el horizonte de sucesos. El único futuro que tiene quien cae en un agujero negro es un viaje sin billete de vuelta hacia ella. Algunos científicos han especulado acerca de que puedan existir singularidades desnudas, sin ese velo tan pudoroso que oculta la mayor crisis de la física. Sin embargo, el físico Roger Penrose ha enunciado lo que se conoce como la *hipótesis de la censura cósmica*, que afirma que las singularidades desnudas no existen. Se trata de una conjetura no demostrada, aunque todo el mundo piensa que es cierta. ¿Lo es? Hawking ha dicho que una de las evidencias más fuertes a favor de la censura cósmica es que su amigo Penrose ha intentado demostrar que es falsa y ha fracasado.

Agujeros negros en evaporación

Uno de los resultados más interesantes de todo lo relacionado con los agujeros negros es lo que se conoce como *evaporación Hawking*, en honor a quien la describió por primera vez, el científico inglés Stephen Hawking.

La evaporación Hawking viene a decir que, al fin y al cabo, los agujeros negros no son tan negros como los pintan, sino grises. Dicho de otro modo, que los agujeros negros no solo se dedican a capturar todo aquello que pasa cerca de ellos, sino que también emiten energía, luz. Para comprender el proceso hay que tener en cuenta un hecho esencial: los agujeros negros tienen una temperatura extremadamente pequeña, del orden de diez millonésimas de grado por encima del cero absoluto*. Pero al tener temperatura, por baja que sea, las leyes de la física dicen que deben emitir energía a costa de la contenida en su interior.

Conclusión: un agujero negro pierde energía de manera continua. Al igual que en nuestras cuentas bancarias, la cantidad que nos interesa controlar no es la que sale, sino el flujo neto, ganancias menos pérdidas. En los agujeros negros, el cálculo es sencillo. El universo se encuentra a unos tres grados por encima del cero absoluto. Eso quiere decir que el universo entero se encuentra más caliente que los agujeros negros, con lo que estos reciben más energía de la que emiten (la energía fluye siempre del cuerpo caliente al frío). Ahora bien, la temperatura media del universo desciende con el tiempo, porque el universo entero está en expansión. Esto quiere decir que llegará un día en que el universo estará más frío que los agujeros negros, y entonces estos podrán perder toda su energía como lo hace una estufa.

En un alarde especulativo podemos calcular el tiempo que debe pasar para que un agujero negro desaparezca completamente tras lanzar toda su masa al espacio en forma de energía. Uno pequeño, con una masa de unas tres masas solares, desaparecerá después de transcurrida la friolera de 10^{66} años, o sea, un millón de billones de billones de billones de billones de billones de años. Sabiendo que el universo lleva existiendo desde hace 15 000 millones de años, decir que la vida de un agujero negro es 10^{56} veces más larga que la actual del universo es el ejemplo más cercano de la inmortalidad. Y decir que la potencia radiada es una billonésima de billonésima de vatio –para emitir tanta luz como una bombilla de cien vatios necesitaríamos diez mil billones de agujeros negros– es lo más próximo a cero en la factura de eléctricas.

El hogar donde vivimos

El próximo verano, si conducen en una noche clara o se encuentran fuera de las luces de la ciudad, deténganse por un momento y miren

---

* El cero absoluto se encuentra en torno a los 273 grados bajo cero.

hacia arriba. Verán una nube lechosa que cruza de lado a lado la bóveda celeste: es la Vía Láctea o el Camino de Santiago.

Para la tribu de los k'ung, que viven a la sombra del Kilimanjaro, esa banda lechosa no es otra cosa que la espina dorsal de la noche que sujeta el cielo, impidiendo lo único que temen los galos de Astérix: que caigan sobre ellos trozos de cielo. Para los griegos, en cambio, su origen estaba en una de las muchas infidelidades de Zeus. El fruto de su última infidelidad fue un niño llamado Heracles. Zeus, que para eso era el jefe de los dioses, encargó a su esposa legítima, Era, que lo amamantara, demostrando que los dioses también son unos caraduras de cuidado. Pero Heracles demostró que era hijo de su padre mordiendo el pecho de Era y derramando la leche por el cielo. Así se formó lo que los romanos llamaron Vía Láctea o de la leche.

Para los aborígenes australianos es el humo del fuego de campamento que Dios encendió para calentarse por la noche tras el esfuerzo que supuso crear el mundo. Para los indios americanos, la Vía Láctea es el camino que los guerreros más bravos recorren, tras morir, hacia los fuegos de campamentos que son las estrellas...

Pero la historia más romántica viene de China. Cuenta la leyenda que la estrella Vega, una de las estrellas más brillantes del cielo de verano, era en realidad una princesa que tejía hermosos vestidos para el dios Sol, su padre. Y Altair, otra de las rutilantes estrellas del cielo estival, era el pastor del rebaño imperial. Como no podía ser de otra forma, ambos se enamoraron. Y como el amor es el amor, ambos dejaron de atender sus obligaciones: Vega dejó de tejer y Altair abandonó el rebaño. El dios Sol les llamó innumerables veces la atención, pero el amor pudo más que las amonestaciones. Entonces, el Sol, cansado, hizo que un río discurriera entre ambos, separándolos, y ese río es la vaporosa nube blanca situada entre ambas estrellas.

Mas la leyenda debía terminar bien. La llorosa Vega consiguió arrancar una promesa a su padre: una noche al año, la séptima del séptimo mes, un puente de pájaros les permitiría evitar el río y pasar la noche juntos. Ahora bien, para que los pájaros aparezcan, la noche debe ser clara y sin nubes. De este modo, incluso hoy, en algunas zonas de Asia se pueden escuchar los ruegos de la gente para que un cielo claro aparezca esa noche y permita reunir a los amantes.

Una bella historia para lo que en realidad no representa sino uno de los brazos espirales de la galaxia en la que vivimos.

El Gran Debate

El 26 de abril de 1920, la Academia Nacional de Ciencias estadounidense convocaba un simposio con el siguiente tema: la escala del universo. Dos de los principales científicos que asistían al evento eran Harlow Shapley y Heber D. Curtis. Ambos viajaron en el mismo tren camino de Washington y se pasaron el tiempo charlando sobre flores.

Tras cumplir con las formalidades de rigor en este tipo de reuniones científicas, asistieron a un banquete que muy bien podría pasar a la historia como uno de los más aburridos jamás celebrados. El tedio fue tal que durante la cena Albert Einstein le comentó a su vecino de mesa: «Acaba de ocurrírseme una nueva idea de la eternidad».

Los días siguientes, los científicos asistentes expusieron sus ponencias. Las dos más interesantes fueron las de Curtis y Shapley. Curtis defendía que algunas de las nebulosas difusas que se observaban en el cielo eran en realidad galaxias lejanas, discos de estrellas sin ninguna vinculación con la nuestra. Por su parte, Shapley defendía que no era así. Esas nebulosas, y en particular la gran nebulosa espiral de la constelación de Andrómeda, no eran más que nubes de gas y polvo dentro de nuestra galaxia, lugares donde se estaban formando nuevas estrellas.

Tras cada intervención, los dos hombres propusieron sus propias refutaciones. Al terminar el congreso, Shapley y Curtis volvieron a sus casas.

Aquel acontecimiento ha ganado una importancia simbólica porque marcó un cambio fundamental en nuestra concepción del universo: este aumentó drásticamente de tamaño y se pobló de cientos de miles de millones de galaxias como la nuestra. ¿Tenía Curtis razón? Sí. En lo que erraba, y en lo que Shapley tenía razón, es en que el universo es inmenso, y no pequeño.

> *El debate Shapley-Curtis es importante, no solo como documento histórico, sino también como un destello de los razonamientos realizados por eminentes científicos en una controversia donde las evidencias de ambos bandos son fragmentarias y parcialmente erróneas. Este debate ilustra con fuerza lo complicado que es guiarse en el engañoso terreno que caracteriza la investigación fronteriza de la ciencia* [2].

Más de sesenta años después, a aquella –en palabras de Shapley– "agradable reunión" se la conoce como el Gran Debate.

Tapicería cósmica

Sobre una colina de la ciudad de Cambridge, en Massachusetts, se encuentra, entre castaños y arces, el Harvard-Smithsonian Center for Astrophysics. En su parte más antigua se descubre el añoso y embrujado observatorio original: algunos afirman haber visto deambular por allí al fantasma de su segundo director, George Phillips Bond, que murió de neumonía en 1865 después de pasar un invierno en la cúpula sin calefacción.

En 1981, en el pasillo del nuevo edificio que linda con la pared sur, había un cubo de un metro de lado iluminado con luz negra, en cuyo interior colgaban 2400 bolitas de médula de saúco pintadas en negro y azul. Era el diorama de nuestro entorno cósmico, donde un centímetro equivalía a 630000 años luz. En el centro, una bolita señalaba la posición de la Vía Láctea. Junto a ella se distinguía una nube de esferitas que representaba el cúmulo de galaxias de Virgo y, un poco más allá, una nube aún mayor, el cúmulo de Coma Berenices.

Nuestra galaxia, la Vía Láctea, pertenece a un pequeño cúmulo de nombre poco inspirado, el "Grupo Local", que consta de unas 30 galaxias dispersas a lo largo, ancho y alto de una región de tres a cuatro millones de años luz. Uno de los lados está anclado por la Vía Láctea, rodeada de una bandada de galaxias enanas. La majestuosa Andrómeda –la única galaxia espiral que puede contemplarse a simple vista en el cielo de otoño– domina el otro extremo.

Dentro de los estándares de los cúmulos, nuestro Grupo Local no pasa de ser una pequeña ciudad en el campo, un lugar bonito para vivir lejos del bullicio de la gran ciudad. Las verdaderas megalópolis del universo, las Nueva York o Tokio del cosmos, son cúmulos como el de Virgo o el de Coma. El primero es el más cercano a nuestra pequeña ciudad. Está situado a 50 millones de años luz y tiene una población de varios millares de galaxias. Por su parte, Coma es uno de los más densamente poblados, con un censo de tres a cinco veces mayor. Las galaxias que habitan estos cúmulos son muy diversas, y van desde galaxias enanas hasta verdaderas gargantúas, las cD, los sistemas estelares más grandes del universo, de 10 a 100 veces mayores que la Vía Láctea.

Pero es que, además, las ciudades cósmicas no tienen sus lindes bien definidas y se conectan entre sí mediante "puentes" de galaxias. Los astrónomos han descubierto que el cúmulo de Virgo no es otra cosa que un "chichón" en un larguísimo filamento formado por otros grupos de galaxias que, como las cuentas de un collar, se extienden casi directamente en dirección contraria a nosotros a lo largo de 300 millones de años luz. Algunas galaxias parecen señalar hacia nosotros: son los "dedos de Dios", filamentos de galaxias que parecen apuntar hacia nosotros como los radios de una bicicleta. Incluso hay uno que parece el dibujo hecho con palotes de un ser humano.

Durante décadas de observaciones, los astrónomos han ido descubriendo un universo en el que las galaxias se disponen del mismo modo que las motas de polvo se colocan sobre la superficie de las burbujas de un caldero de agua jabonosa: son las burbujas de Hubble (en inglés *Hubble Bubbles*, un nombre que suena a chicle). Estas burbujas no se distribuyen de manera aleatoria, sino alineadas, como las perlas de un collar o una hoja de papel arqueado. En el interior de cada burbuja no hay nada, solo vacío. En la constelación del Boyero, a 500 millones de años luz de nosotros, existe una de esas monstruosas pérdidas de espacio: un vacío de 300 millones de años luz de diámetro. Como declaró a la revista *Time* Margaret Geller, una astrofísica de Harvard, «el universo local se parece a un fregadero lleno de agua de lavar los platos».

Lo grande es bello

En julio de 1986 se celebró en Santa Cruz de California un congreso en el que un grupo de siete jóvenes astrónomos, utilizando diez telescopios de cuatro continentes, daba a conocer su descubrimiento. El alboroto fue tal que uno de los asistentes exclamó: «¿Qué vamos a hacer con estos, estos... estos siete samuráis?».

Lo que aquellos siete habían encontrado era que todo nuestro universo local, un centenar de miles de galaxias, mil billones de soles, se dirige hacia un punto situado en la dirección de las constelaciones de Hidra y Centauro a una velocidad de 600 km/s, más de dos millones de kilómetros por hora. Ese es el "Gran Atractor" que encierra una masa de 10 000 billones de soles y cuyo centro se encuentra a 150 millones de años luz. Semejante monstruo había pasado desapercibido hasta entonces porque se encuentra oculto a nuestra vista por el plano de polvo que contiene la Vía Láctea. Algunos astrofísicos piensan que, del mismo modo que la Tierra gira alrededor del Sol y este alrededor de la galaxia, los cúmulos y supercúmulos de nuestra vecindad cósmica giran alrededor del centro de esta macroestructura, y que el movimiento que detectamos no es sino una pequeñísima porción de esa trayectoria.

El futuro nos dirá si, en realidad, nos enfrentamos a una estructura mucho mayor que un supercúmulo, y si estamos ante la mayor estructura del universo conocido. Pero lo más curioso es que, mirando hacia el otro lado del Gran Atractor, los astrónomos han encontrado una especie de hoja de papel cósmica a 250 millones de años luz de aquí, la Gran Muralla. Se trata de una pared de galaxias de dimensiones homéricas: 600 millones de años luz de larga por 200 millones de ancha, y "solo" 12 millones de años luz de grosor.

4
GÉNESIS 1, 1

> *En respuesta a la pregunta de por qué ocurrió,
> ofrezco la modesta proposición de que nuestro universo
> es simplemente una de esas cosas que suceden
> de vez en cuando.*
>
> EDWARD P. TRYON (1940-)
> Cosmólogo

> *Nada hay que me desconcierte tanto como el tiempo y
> el espacio; y, sin embargo, nada me desconcierta
> menos, ya que nunca pienso en ellos.*
>
> CHARLES LAMB (1775-1834)
> Ensayista británico

¿SE HAN PREGUNTADO ALGUNA VEZ por qué el cielo nocturno es oscuro? A primera vista puede parecer una pregunta estúpida que solo puede conducir a una discusión estéril, como aquellas discusiones teológicas de si los ángeles pueden volar hacia atrás o si Adán y Eva tenían ombligo. El cielo nocturno es oscuro porque no hay sol. Bueno, ¿y qué? Por la noche vemos estrellas. ¿No podrían ellas iluminar la noche?

De este modo razonó el médico y astrónomo alemán Heinrich Olbers. Su hilo de pensamiento fue el siguiente. Supongamos que el universo es infinito y que en él hay infinitas estrellas que se distribuyen más o menos uniformemente por el espacio. Entonces el cielo nocturno no tendría que ser negro, sino totalmente brillante: no habría ningún espacio oscuro, porque, mirásemos en la dirección que mirásemos, siempre acabaríamos dando con una estrella. Es más, debería ser incandescente, pues alrededor de la Tierra tendríamos un número infinito de capas de estrellas. ¿Por qué no es así? Esto es la *paradoja de Olbers*.

Las soluciones que se han dado han sido varias y muy diversas. Una propuesta es que en el espacio hay polvo interestelar que absorbe la luz de las estrellas que tiene detrás y que, por tanto, nos oculta las estrellas más lejanas. Pero si eso es así, este polvo se iría calentando debido a la luz absorbida y acabaría emitiendo como lo hace un hierro incandescente. Una segunda explicación echa mano de la expansión del universo. Debido a esa expansión, las galaxias se alejan unas de otras y se observa que su luz está desplazada hacia el rojo igual que la bocina de un coche que se aleja se escucha más grave de lo que en realidad es. De este modo, la luz de las galaxias más lejanas está tan desplazada que resultan invisibles.

La tercera solución pasa por considerar que el universo, a fin de cuentas, no es infinito en el tiempo, sino que tuvo un comienzo. Como el universo tiene 15 000 millones de años, todas las galaxias que se encuentren a una distancia mayor de 15 000 millones de años luz serán invisibles a nuestros ojos porque a su luz no le habrá dado tiempo a llegar hasta nosotros.

La oscuridad del cielo nos introduce en el tema de la edad finita del universo y de su expansión. Y, por supuesto, de que hombres, estrellas y galaxias, todos, somos mortales.

Big Bang

Cuando Einstein propuso su teoría general de la relatividad, en su cabeza, y en la cabeza de muchos, surgió pronto la idea de aplicarla a la totalidad del universo. Era una teoría que podía decirnos cómo era el universo.

La relatividad general predice que el universo se encuentra en expansión. A Einstein le repelía esta idea y modificó sus ecuaciones para obtener un universo estático. Por su parte, un meteorólogo ruso llamado Alexander Friedmann optó por resolver las ecuaciones sin modificar de la relatividad para descubrir cuál sería el futuro del universo. Y encontró que solo hay dos opciones: o un universo abierto en continua expansión (lo que se conoce con el nombre inglés del Big Bore, el Gran Pelmazo), o un universo cerrado, donde la expansión se detiene y comienza una tremenda contracción.

Friedmann publicó sus cálculos en varios revolucionarios artículos, y tres años después, mientras navegaba en un globo meteorológico, se resfrió y murió. Tenía solo treinta y siete años.

En ese momento entró en acción el belga Georges Lemaître, un sacerdote con una encendida pasión por la física. Había servido como oficial de artillería durante la I Guerra Mundial y al llegar el armisticio estudió física y matemáticas en la Universidad de Lovaina, para hacerse después jesuita.

Siguiendo las ideas de Friedmann, este hijo de un individuo que voló accidentalmente su fábrica de vidrio, pensó que si se pasaba la película del universo al revés, hacia el origen de todo, la materia tendría que haber estado concentrada en un punto, que él bautizó con el nombre de átomo primitivo. Él sabía lo peregrina que era su idea, y por eso, en su libro titulado *Hipótesis del átomo primitivo*, escribió:

> *Por supuesto que no pretenderé que esta hipótesis del átomo primitivo haya sido demostrada aún, y me sentiré muy satisfecho si a ustedes no les ha parecido una cosa absurda o improbable.*

Hoy, su extravagante idea es aceptada por los cosmólogos de todo el mundo, y Lemaître ha recibido un premio muchísimo más importante que el Nobel: el de ser reconocido como padre del Big Bang.

Un universo en expansión

La idea de un universo hinchándose como un globo no suele llamarnos hoy la atención. No porque lo comprendamos, sino porque estamos habituados a escucharlo. Cuando Einstein descubrió esta consecuencia de la teoría general de la relatividad, no pudo creérsela. Para evitarlo, modificó las ecuaciones introduciendo un término ajeno a la teoría que detenía la expansión: la constante cosmológica, que convertía el universo en algo más aceptable para su mente. Cuando tiempo después el astrónomo Edwin Hubble descubrió la expansión del universo, Einstein declaró que la introducción de la constante cosmológica había sido el mayor error de su vida.

Un universo en expansión implica una serie de interrogantes que uno estático no plantea. Proyectando la película hacia atrás veremos al universo encogerse hasta… ¿qué? Hasta verlo convertido en un punto de densidad y temperatura infinitas. Estas reflexiones motivaron la aparición de una nueva cosmología: la hipótesis del Big Bang o Gran Explosión. ¿Cómo podemos imaginar un suceso tan extraordinario? De entrada, la expansión del universo suele representarse mentalmente con la imagen de un globo inflándose con galaxias pintadas en su superficie. Pero es una visión del universo que induce a error, pues el globo se expande dentro de algo, mientras que el universo lo hace dentro de nada. Ese es el problema de las analogías: sirven para visualizar conceptos difíciles, pero no representan la realidad.

Lo mismo ocurre con la Gran Explosión. Cuando nos hablan de explosiones, tenemos en la cabeza bombas, voladuras… El inicio del universo tampoco puede verse así. Fue una "explosión" completamente diferente a lo que podríamos imaginar, pues en ella no explotó todo, sino que se creó: materia, energía, espacio y tiempo. Tan extraño resulta a nuestras mentes, que aceptamos con dificultad que no tiene sentido preguntarse lo que había antes porque el antes no existía. No había tiempo. Ni podía explotar dentro de nada porque no había espacio. De hecho, no hay nada más allá, porque el universo no está dentro de ninguna habitación divina.

Radiación de fondo

Ahora bien: si el universo se originó con una formidable explosión, si todo comenzó como una monumental traca, ¿no es posible que aún podamos escuchar el impresionante chupinazo inicial?

Así pensaba en 1965 un cosmólogo llamado Jim Peebles. Peebles se puso a calcular lo que sucedería si realmente el universo hubiese nacido de este modo, y descubrió que hoy día tendríamos que ser capaces no de escuchar, sino de ver un fondo de radiación de microondas cubriendo todo el espacio. Este fondo de radiación sería como el eco de la tremenda explosión inicial. Peebles escribió sus ideas en un artículo que envió a la revista *Physical Review* en marzo de 1965, pero el artículo fue rechazado.

Sin embargo, el mes anterior, Peebles había sido invitado por la Universidad John Hopkins, en Baltimore, para hablar sobre su trabajo. El 19 de febrero presentó sus ideas, y lo que ocurrió a continuación es una de esas cadenas de coincidencias con las que nos obsequia la vida. A la charla de Peebles asistía un radioastrónomo de la Carnegie Institution de Washington, Kenneth Turner. Turner era, además, un viejo amigo de Peebles de sus días de estudiantes en Princeton. Fascinado con la idea, Turner se la comentó a otro radioastrónomo amigo suyo, Bernard Burke. Burke, por su parte, durante una conversación informal con otro colega llamado Arno Penzias, le preguntó cómo iban las mediciones en la nueva antena que Laboratorios Bell estaba construyendo. Penzias le mencionó que tenían ciertos problemas porque habían detectado unas señales completamente inexplicables. Burke se acordó entonces de lo que le había comentado Turner, y le dijo a Penzias que había un grupo de físicos teóricos en Princeton que quizá pudieran arrojar algo de luz sobre ese problema. Penzias llamó a Princeton, y el grupo de cosmólogos al que pertenecía Peebles se puso en camino hacia Crawford Hill, el lugar donde Laboratorios Bell estaba poniendo en funcionamiento su nueva antena de radio.

Así fue como, de una manera bastante casual, se encontró la prueba experimental de que hace mucho, mucho tiempo, una gran explosión marcó el origen del universo en que vivimos.

Fluctuación del vacío

A finales de la década de los sesenta, un joven profesor ayudante de la Universidad de Columbia llamado Edward Tryon asistía a un seminario impartido por uno de los cosmólogos más importantes de entonces, el británico Dennis Sciama. En una pausa durante la conferencia, Tryon comentó en voz alta que quizá el universo fuera una fluctuación del vacío. La sugerencia del joven físico iba en serio, pero Sciama se la tomó como un chiste y rompió a reír.

No era un chiste. Lo que todo el mundo en aquella sala de la Universidad de Columbia escuchó fue el nacimiento de la primera idea científica que pretendía responder a la pregunta de dónde viene el universo.

¿Qué es una fluctuación del vacío? Tryon, con ese nombre tan extraño como rimbombante, quería describir lo que significa el vacío en una de las ramas más abstrusas de la física: la mecánica cuántica relativista.

La idea central de la mecánica cuántica es la naturaleza probabilística del mundo atómico. En definitiva, que es imposible predecir el comportamiento de un átomo, aunque se pueden predecir las propiedades, en promedio, de una gran cantidad de átomos. Lo que a nosotros nos interesa es que el propio vacío también está sujeto a estas incertidumbres cuánticas. O sea, y dicho de forma bastante burda, que en el vacío puede suceder cualquier cosa, como, por ejemplo, materializarse de la nada un diamante pulido del tamaño de una sandía para desaparecer acto seguido (bien es cierto que la probabilidad de que esto ocurra es infinitamente pequeña). Lo que el cosmólogo estaba intentado decir aquel día (y nadie le entendió) es que el universo entero surgió de este modo. Él mismo resumió perfectamente su planteamiento: el universo es una de esas cosas que suceden de vez en cuando.

Por desgracia, la carcajada de Sciama hizo que Tryon se olvidara de su idea hasta que, en 1973, publicó un artículo en la revista *Nature* titulado *¿Es el universo una fluctuación del vacío?* El punto crucial de su razonamiento era que toda la energía del universo, incluyendo la masa de todos los objetos que contiene, se compensa exactamente con la energía gravitatoria que hay en él y que es, por definición, negativa. O sea, que la suma de toda la energía que hay en el universo es cero, y que eso permitió al universo surgir, literalmente, de la nada. Y lo más importante de todo: esta aparición no viola ninguna ley de la física.

Dos grandes números

En 1970, la revista *Physics Today* publicaba un artículo del gran Allan Sandage, "Don Cosmología", el sucesor de Edwin Hubble (descubridor de la expansión del universo en 1929) en el observatorio de Monte Wilson. Su título definía concisa y precisamente lo que era la cosmología: *La búsqueda de dos números*. Esos números son la constante de Hubble, H_o, y el parámetro de deceleración, q_o. Determinar su valor no es empresa fácil. Los cosmólogos llevan intentándolo más de 70 años.

Se puede calcular la edad del universo del mismo modo que, si conocemos la posición y la velocidad de una piedra, podemos saber cuándo la soltaron de la mano. Para el universo basta con estimar la constante de Hubble*. Aunque viene expresada en unas curiosas unidades (kilómetros por segundo y por megapársec), su inversa** es la edad del universo. Y aquí está la complicación. Desde hace medio siglo, los cosmólogos están divididos en dos bandos: aquellos que piensan que el universo se expande relativamente rápido, con un valor para la constante de 100, y aquellos otros que favorecen una expansión lenta, con un valor de 50. Esta es una pelea repleta de puyas, enfados y fina ironía.

–Vale 50, al margen de lo que ellos midan –dijo en cierta ocasión "SuperHubble" Sandage.

–¿Lo ha dicho una zarza ardiente? –le preguntaron.

–Un ministro baptista, pero no reveló sus fuentes –replicó Sandage.

Uno de los proyectos clave del telescopio espacial era zanjar de una vez por todas el debate midiendo la distancia de 31 galaxias espirales lejanas. La conclusión final recuerda la sentencia del sabio Salomón: la constante de Hubble vale 74. El universo tiene, por tanto, 13 000 millones de años. Pero la polémica no ha terminado. Las dos escuelas cosmológicas siguen con las espadas en alto. El valor de la constante de Hubble sigue flotando en el limbo entre 74 y 58. Eso sí, la mayoría de los astrónomos creen que el valor real se encuentra más cerca del primero que del segundo.

Si la medición de la velocidad de la expansión del universo da semejantes quebraderos de cabeza, hacer lo propio con los cambios en esa velocidad es una empresa imposible. El universo se está expandiendo, pero ¿acelera o decelera? Resolver este misterio requiere medir el segundo número, el parámetro de deceleración q_0.

---

* Para conocerla debemos medir la velocidad de recesión de las galaxias y la distancia a la que se encuentran: la constante de Hubble se obtiene dividiendo la primera por la segunda. Las velocidades son muy fáciles de medir, pero decir dónde se encuentran las galaxias es harina de otro costal. Para ello los astrónomos utilizan marcadores de distancias, como los mojones kilométricos de las carreteras. Imaginemos una colección de bombillas con las que queremos determinar la distancia a la que están algunos objetos dispersos por la ciudad. La caja en la que vienen nos dice cuánta luz emite cada una de ellas. Si queremos saber a qué distancia está cierta farola, solo debemos saber qué tipo de bombilla utiliza y aplicar una ley muy sencilla: si alejamos la bombilla tres metros, su brillo disminuye nueve veces. Es la regla del inverso del cuadrado de la distancia. El problema –grave– de los cosmólogos se reduce a encontrar esas bombillas de referencia, las "candelas estándar".

** Si H_0 es la constante, $1/H_0$ es la inversa.

Hace unos años, quien quisiera hacerlo debía pesar la materia que contiene todo el universo. Si solo fuera realizar un mero contaje de estrellas, nebulosas y galaxias, ya lo hubiéramos obtenido. Ahora bien, observando la rotación de las galaxias espirales y los movimientos internos en los cúmulos de galaxias, los astrónomos han llegado a la conclusión de que gran parte del universo se encuentra en forma de materia oscura, que no se ve. El problema es tan grave que ni tan siquiera se sabe de qué está hecha esa misteriosa materia. Sin embargo, el descubrimiento de las supernovas tipo Ia ha dado motivos para la esperanza*. Ya no es necesario "pesar" el universo: basta con buscar estas supernovas en galaxias muy lejanas y determinar a qué distancia se encuentran de nosotros. De este modo se puede saber si el universo se expandía antes más rápidamente que ahora. Al parecer, el universo se está acelerando. Y eso representa un problema.

Lo verdaderamente preocupante es que si la expansión del universo se acelera, es que hay algo que lo provoca. Pero ¿qué? Ante semejante desastre, los cosmólogos no se amilanan. De hecho, son unos personajes muy flexibles y han decidido terminar con el monopolio de la gravedad introduciendo un ente sorprendente y tan imposible de creer como lo era el éter que llenaba el espacio decimonónico: la energía del vacío. ¿Cómo puede tener energía el vacío? Responder a esta pregunta nos lleva directamente a la física de lo muy pequeño, a la mecánica cuántica. Según el llamado principio de incertidumbre, el vacío –entendido como ausencia de materia y energía– no existe. En realidad es un hervidero de partículas que aparecen y desaparecen en menos tiempo del que dura un suspiro. La

---

* Una *supernova Ia* es una enana blanca que explota. Una enana blanca es el final que le espera a una estrella como el Sol. Una vez terminado todo su combustible nuclear, se expandirá lentamente y perderá toda su envoltura, arrojando al espacio de un 20 a un 40 % de la masa total. Solo quedará un núcleo compuesto por átomos dispuestos en una especie de estructura cristalina muy rígida y una atmósfera muy caliente (30 000° C) de hidrógeno y helio, la enana blanca. La materia de este tipo de estrellas es muy inestable. ¿Qué la hace estallar? Se sospecha que el empujón se lo da otra estrella, su compañera. Al parecer, las enanas blancas que estallan como supernovas se encuentran girando en torno a otra estrella. La órbita es tan cerrada que le "roban" materia y la acumulan en su superficie. Poco a poco aumenta su temperatura superficial hasta alcanzar decenas de millones de grados. Entonces, la bomba termonuclear entra en funcionamiento. En cuestión de segundos, todo el proceso de fusión nuclear se extiende por la estrella y explota, destrozándola completamente.

cuestión es que esta "energía del vacío" tiene un efecto visible sobre el universo, proporcionándole un empujón adicional a la expansión*.

Teniendo en cuenta este nuevo elemento, el universo ha mostrado una cara completamente desconocida, donde la "energía del vacío" es de dos a tres veces mayor que la encerrada en la materia ordinaria, en los átomos de los que estamos hechos. Este resultado es tan increíble que bastantes astrónomos se sienten incómodos con él. Expresiones como "en tu corazón sabes que está mal" o "es algo difícil de tragar" se escuchan en los congresos de cosmología. Como dijo en cierta ocasión el biólogo y genetista John B. S. Haldane, «el universo no es más raro de lo que suponemos, sino más raro de lo que podamos suponer».

Creadores de universos

¿Podemos crear un universo en el laboratorio? Esto suena a una locura enorme, incluso para la ciencia-ficción. Pero en 1987, dos astrofísicos, Ed Farhi y Alan Guth, del Instituto Tecnológico de Massachusetts, discutieron esta idea en una revista científica de gran prestigio dentro de la física, *Physics Letters*. Al final de su artículo concluyeron sensatamente que «como puede uno imaginarse, es bastante difícil»; pero en el contexto de una teoría cuántica no es, en principio, imposible. Bueno, maticemos. En la práctica es imposible, dada nuestra tecnología actual; quién sabe si lo será para criaturas más avanzadas o para nosotros dentro de unos cuantos milenios.

Cómo cambian las cosas. Hasta hace poco pensábamos que el universo era permanente. Hace pocos años creíamos haber entendido su origen y discutíamos sobre el futuro del universo, sobre si seguiría expandiéndose y enfriándose o sufriría un colapso y una muerte caliente. Lo único que dábamos por un hecho consumado es que era el único universo existente. Tal vez le ocurrirían cosas catastróficas y desagradables a la materia que hay en él, pero el propio universo, el espacio-tiempo donde la materia juega a ser ella misma, continuaría. Ahora esto ya no es tan claro. El astrofísico soviético Andrei Linde ha sugerido que nuestro universo consiste en realidad

---

* Ya hemos visto que Einstein fue el primero en introducir ese "empujón", ese factor de repulsión cósmica que llamó la *constante cosmológica*. Muerta en 1929, ha resucitado bajo el aspecto de la energía del vacío y, aparentemente, va a quedarse con nosotros durante largo tiempo.

en una colección de innumerables miniuniversos separados, cuyas leyes pueden diferir radicalmente de las de aquel en el que estamos viviendo. De pronto, el universo parece mucho menos estable y cierto de lo que era.

La idea de crear un universo en el laboratorio viene de la idea, hoy admitida, de que nuestro universo, en sus primerísimos comienzos, pasó por un estado de expansión ultraacelerada: es la hipótesis del universo inflacionario. Así, el universo pesaba originalmente menos de 10 kilogramos y su tamaño era una milmillonésima de un núcleo atómico. Algo realmente muy pequeño que podríamos facturar en un avión sin pagar exceso de peso, pero suficiente para iniciar *todo* un universo. La pregunta del millón es: ¿podríamos crear nosotros un nuevo universo en una pequeña región de nuestro espacio? La respuesta es sí y, además, tendría una evolución similar a la del nuestro.

Imaginen a un científico loco de una estrella situada en la constelación de Orión. ¿Podría acabar con su universo y el nuestro al jugar, como se dice de Frankestein, a ser dios? Podemos respirar tranquilos. Cada universo crearía su propio espacio-tiempo y no se derramaría por el nuestro. De hecho, y por lo que sabemos de momento, la pared que nos separaría sería inviolable, como la superficie de un agujero negro.

Ahora bien, quizá eso no sea así, quizá podemos estar equivocados y puede que nuestro universo esté en peligro real debido a los proyectos de ciencias de ciertos estudiantes de secundaria de una galaxia lejana, muy lejana...

II
Tierra y vida

Mi familia posee una casa en un hermoso pueblo de las Arribes del Duero. Desde la ventana de mi habitación puedo ver una curiosa formación geológica que los lugareños, siguiendo ese temperamento tan castellano de llamar a las cosas por su nombre, han bautizado como La Peña Gorda. Es como una verruga de caliza de unos 40 metros de altura que le ha salido a la tierra.

Nuestro planeta guarda entre sus pliegues y fallas muchas incógnitas y muchos misterios; pero la belleza del paisaje que distingo desde mi ventana no me habla de los cambios, en ocasiones violentos, que han acaecido en los 4 500 millones de años de vida de nuestro planeta.

Entre los cambios más importantes, y hasta el momento único, se encuentra el de la vida. No sabemos cómo, cuándo ni dónde tuvo lugar la transición de la materia inerte a la materia viva. También desconocemos si los procesos que llevan a la aparición de la vida son comunes en el universo. Lo que sí hemos conseguido encontrar es nuestro lugar en la naturaleza. Para ello tuvimos que desprendernos de ideas preconcebidas y bajarnos del pedestal al que arrogantemente nos habíamos subido. Porque el ser humano, como cualquier otra especie viva, es accidental y superfluo. De igual modo que existimos, podemos dejar de hacerlo, y al cosmos le importa un bledo que lo hagamos. Nuesta supervivencia depende exclusivamente de nosotros mismos.

5
*U*N PLANETA AZUL PÁLIDO

> *La Tierra es bellísima. La veo rodeada de una aureola azulada, y dejando vagar la mirada por el cielo, la veo pasar del azul al turquesa, de este al violeta y a la oscuridad de la noche.*
>
> Yuri Alexeyevich Gagarin (1934-1968)

> *La Tierra es un teatro, pero tiene un reparto deplorable.*
>
> Oscar Wilde (1854-1900)

La mayor erupción volcánica de los últimos 500 años, y para algunos también la de los últimos 10 000 años, tuvo lugar el 5 de abril de 1815. Ese día, en una isla de Indonesia explotó el monte Tambora. El cielo se oscureció en un radio de más de 300 kilómetros. El geólogo Charles Lyell escribió:

> *En Java, la oscuridad ocasionada durante el día por aquellas cenizas fue tan profunda que jamás se había visto nada igual ni en la noche más oscura.*

Dos meses después, en junio, en el otro extremo del mundo, las temperaturas habían caído varios grados centígrados. En Vermont, Estados Unidos, la cosecha se arruinó y se hacía difícil ver; en Connecticut hubo una gran helada; en Manhattan, los pájaros cantores caían muertos si estaban a la intemperie, y en Virginia, un rico granjero de nombre Thomas Jefferson perdió tanto trigo que tuvo que solicitar un crédito de 1 000 dólares.

En lo que se conoce como *el año sin verano,* en 1816, la situación fue crítica en todo el mundo: en Irlanda, la helada arruinó la cosecha de patatas; en Francia, los campesinos se amotinaron alrededor de los sacos de trigo; en Suiza, el maíz, las patatas y el pan eran tan escasos que en las calles de Zúrich los mendigos tuvieron que comerse los gatos callejeros para sobrevivir. Y la región del nordeste de China llamada Shanxi fue tan azotada por el frío y las hambrunas que miles de campesinos tuvieron que emigrar hacia el Sur y el Oeste.

A pesar de lo que pudiéramos creer, no fue la ceniza volcánica la responsable del enfriamiento del planeta, sino el dióxido de azufre. Mucho más liviano que las cenizas, este sube a la alta atmósfera, donde, en combinación con el agua, se convierte en ácido sulfúrico. Y son esas gotitas de ácido, más conocido por nuestras abuelas como "salfumán", las responsables del enfriamiento. De hecho, la cantidad de luz solar que esas gotas pueden llegar a reflejar equivale a un 2 % menos de luz del Sol que nos llegará: toda una sombrilla de ácido sulfúrico.

La erupción del Tambora fue 100 veces mayor que la del monte Saint Helens de 1980 y diez veces mayor que la del Krakatoa en 1883. Incluso fue mayor que la explosión del volcán Santorini en 1630 a.C., que dio origen a la leyenda de la Atlántida *.

La Atlántida

En 1932, el arqueólogo Spyridon Marinatos excavaba en el sitio de Amnisos, que había servido como puerto del gran palacio de Knossos en Creta. Marinatos, mientras excavaba los restos de una lujosa vivienda minoica bautizada como la *Villa de los Lirios* por los espléndidos frescos que decoraban las paredes interiores, descubrió algo asombroso. La villa había sido sacada de sus cimientos por alguna extraña y poderosa fuerza. A medida que Marinatos descubría hue-

---

* Algunos autores han identificado esta erupción con la novena plaga de Egipto, de la que habla el libro del Éxodo: «Reinaba sobre la tierra de Egipto una oscuridad que incluso se podía sentir». Algo muy parecido a la ominosa oscuridad relatada por Lyell.

llas del desastre en otros puntos de la isla, se convencía de que la civilización minoica había sido masacrada por alguna fuerza natural de increíbles proporciones.

En 1939 publicó un artículo en la revista *Antiquity* titulado *La destrucción volcánica de la Creta minoica*. En él, Marinatos proponía que había sido un volcán, más concretamente el de la cercana isla de Santorini (Tera), la causa de la destrucción de la civilización minoica. La erupción, seguida de violentos terremotos que originaron tremendas olas de marea, tuvo como resultado la destrucción de los asentamientos de la población, mientras que las cenizas expulsadas por el volcán volvieron incultivables las tierras. En 1967, Marinatos descubría en el sitio de Akrotiri, en Santorini, una ciudad totalmente sepultada, como Pompeya: para la revista *National Geographic* se había desenterrado la Atlántida de Platón.

Todo ocurrió hacia 1630 antes de Cristo. Un violento terremoto destrozó gran parte de la ciudad de Akrotiri. A continuación, sus habitantes se afanaron en la reconstrucción de sus casas ignorando lo que sucedería tiempo más tarde *. Entonces, el volcán de Santorini entró en erupción arrojando una enorme cantidad de cenizas, lava y piedras. El habitual viento del norte arrastró las cenizas y piedras más pequeñas hacia las islas situadas al sur y al este, llegando a cubrir los campos de Creta, situada a casi 100 kilómetros de distancia. La cantidad de cenizas volcánicas depositadas fue tal que hizo impracticable la agricultura durante años. Los intensos vientos arrastraron las cenizas incluso hasta las ciudades norteñas de Egipto, donde sus habitantes no vieron la luz del Sol durante días **.

El descubridor de esta catástrofe, Marinatos, murió al caer de un andamio mientras excavaba en el yacimiento de Akrotiri en 1974, aunque existe la sospecha de que fue empujado por sus propios trabajadores, unas personas excesivamente devotas que veían en las investigaciones del arqueólogo una profanación. La ignorancia y la superstición siempre han sido intolerantes enemigas de la razón.

---

* Aunque en un principio Marinatos propuso una secuencia de hechos prácticamente continua entre el terremoto y la erupción volcánica, recientes investigaciones amplían el tiempo transcurrido entre ambos eventos: para el arqueólogo C. Doumas se trata de meses, y para M. Marthari, de años. Con todo, el proceso de reconstrucción seguía en curso cuando sucedió la erupción.

** A pesar de los esfuerzos de Marinatos y otros por asociar la desaparición de la civilización minoica a la erupción del volcán de Santorini (Marinatos alude a *tsunamis* que barrieron las ciudades portuarias cercanas), todavía no se han podido correlacionar directamente ambos hechos.

La venganza del Pelée

El 2 de febrero de 1902, los habitantes de la ciudad caribeña de Le Prêcheur, en la isla de Martinica, empezaron a percibir un olor a azufre cada vez más intenso. A medida que avanzaba el mes, los vapores provenientes del cercano volcán Pelée, la Montaña de Fuego, empezaron a provocar la muerte por asfixia de los pájaros.

El 23 de abril, a las ocho de la mañana, un terremoto sacudió la cercana ciudad de Saint Pierre y otros pueblos vecinos. Al día siguiente se escuchó un fuerte ruido, como un gran choque, al que siguió una serie de ruidos más apagados, como si vinieran del interior de la Tierra. La mañana del 25 amaneció nublada y con el cielo totalmente oscurecido, como si se hubiera producido un inesperado eclipse de Sol. Entonces se escuchó un cañonazo y el cielo se encendió. Durante horas, cenizas incandescentes llovieron sobre los pueblos de los alrededores del volcán. A las diez de la noche, un terremoto sacudió la isla.

A las once y media de la noche del 2 de mayo, la ciudad de Saint Pierre fue despertada por una serie de sordas detonaciones, mientras una enorme columna de cenizas y material incandescente se formaba sobre la cima de la montaña. Fragmentos de piedra pómez y cenizas fueron empujados por el viento hasta una distancia de 32 kilómetros. La población, presa del pánico, buscó refugio en las iglesias. Bloques de roca volaban por los cielos alcanzando los dos kilómetros de distancia; las gentes de Saint Pierre respiraban con dificultad en una atmósfera sofocante, y la ciudad pronto se cubrió de una fina capa de cenizas. Al día siguiente, el gentío acudió en masa a la catedral buscando la absolución de sus pecados.

El 7 de mayo, aprovechando un descenso en la actividad del Pelée, las autoridades difundieron un comunicado para calmar a la población: «La intensidad de la erupción está disminuyendo palpablemente». Un profesor de ciencias naturales del instituto de Saint Pierre afirmó que el monte Pelée no representaba una amenaza mayor que el Vesubio para Nápoles. Pero los habitantes de la ciudad, a siete kilómetros del volcán, no se tranquilizaron y empezaron a construir barricadas. En este estado de cosas, el gobernador decidió visitar Saint Pierre para tranquilizar a la población.

Esa noche se escucharon nuevas detonaciones, mientras una lluvia torrencial se desataba sobre la isla. A las cuatro de la madrugada, el volcán se calmó, y el amanecer saludó a la ciudad con un cielo limpio y las calles lavadas por la lluvia. Era el día de la Ascensión y sonaron las campanas. Los habitantes de Saint Pierre, apiñados en la iglesia, rezaban por su salvación cuando, a las ocho menos diez, el temido final llegó. Una terrible explosión se escuchó en el flanco oeste del volcán y la montaña pareció rajarse de arriba abajo. Una oscura nube ardiente se deslizó a 160 km/h por la ladera del volcán y llegó a Saint Pierre. Dos minutos después, la nube cubrió la ciudad, abrasando y matando todo a su paso. Murieron 28 000 personas.

Cuando los equipos de rescate llegaron a la ciudad, encontraron un paisaje desolador. Un fétido olor a carne en descomposición se mezclaba con el acre de los cuerpos quemados. Contra todo pronóstico, hallaron a un único superviviente, Augustus Cyparis. Había sido encarcelado por participar en una riña callejera y había sido vuelto a encarcelar por escaparse antes de cumplir la condena. El calabozo, casi un refugio contra bombardeos, le había salvado la vida.

Ha nacido un relámpago

Verano es sinónimo de sol, pero también de tormentas. ¿Quién no ha contemplado alguna vez, desde la protección que da el hogar, ese despliegue eléctrico que son los rayos?

El preludio de un relámpago típico es la separación de las cargas eléctricas en la nube: la carga negativa se acumula en la parte inferior, mientras que la positiva lo hace en la superior, hasta que la carga negativa crece lo suficiente como para vencer la resistencia del aire a que circule corriente eléctrica por él*. Algo que sucede cuando el potencial es de unos 18 000 voltios. Entonces, un flujo de electrones empieza a descender de la nube zigzagueando hacia la tierra. A medida que bajan, los electrones van chocando con otros átomos y arrancándoles parte de sus electrones, que se suman al viaje hacia la superficie. Pero este *precursor* no causa todavía el golpe de luz que observamos. Al conducir entre 100 y 1 000 amperios, es decir, entre 20 y 200 veces la corriente de una plancha eléctrica, es difícil poder verlo.

Por su parte, en tierra sucede algo parecido. La proximidad de los electrones hace que se cargue con cargas positivas, que por su naturaleza tienden a ir a su encuentro como dos apasionados aman-

---

* Se dice que el aire pasa de ser aislante –o dieléctrico– a conductor.

tes. Para empezar a ascender utilizan cualquier objeto conductor de la zona: edificios, árboles o personas. A 30 metros sobre el suelo, la punta del precursor está ya en condiciones de tocarse con la oleada de corriente positiva que viene del suelo.

Es ahora cuando empieza el despliegue pirotécnico. Lo que se produce es una especie de enorme cortocircuito. En menos de una milésima de segundo, 100 trillones de electrones llegan a la tierra y la corriente alcanza de unos 10 000 a 200 000 amperios. Aunque el flujo real de partículas es descendente, el punto de contacto entre el chorro de la nube y el de tierra asciende a unos 80 000 km/s en un movimiento llamado *contragolpe*. Este contragolpe contribuye con más electrones al rayo, pues ioniza el aire, además de calentarlo a unos 50 000 °C. Así, cada metro de aire caliente en el canal del rayo brilla tanto como un millón de bombillas de 100 vatios. Este brillo del contragolpe ascendiendo es lo que vemos como el relámpago, aunque a nosotros nos parezca como si descendiera.

A medida que el aire recalentado estalla, se crea una onda supersónica: es el trueno. Podríamos pensar que aquí acaba todo, pero no es así. El contragolpe no ha descargado a la nube, por lo que el *show* no ha terminado. Un segundo precursor empieza a descender por el mismo camino que el primero, al que le sucede un segundo contragolpe, y así hasta cuatro pares precursor-contragolpe. En resumen, el centelleo del rayo está compuesto por múltiples descargas: cada ciclo precursor-contragolpe tarda dos centésimas de segundo, demasiado rápidas para que el ojo pueda verlas separadas, pero suficiente para observar el familiar parpadeo de los rayos.

'Tsunamis'

Estamos en una playa tranquila durante un día soleado. Algunos cuerpos se broncean al sol mientras que otros deciden mitigar el calor con un chapuzón. De repente, el agua parece cambiar de color y un vago rumor indefinido llega de la lejanía. Poco a poco, el nivel del mar sube hasta casi un metro sobre su altura habitual, haciendo que los bañistas de primera línea tengan que coger sus toallas empapadas. A continuación, el mar empieza a retirarse de la orilla hasta más allá de 200 o 300 metros del límite de la marea baja: es como si algo o alguien hubiese robado el agua del mar. Resulta extraño, pero nadie se asusta: el día es maravilloso y no hay nubes de tormenta.

Entonces surge, de la nada, el *tsunami*: una gigantesca ola que se eleva varias decenas de metros y arrasa toda la costa. Al retirarse se lleva consigo el producto de la destrucción: casas, barcos, personas... dejando en la playa rocas submarinas, corales e incluso peces. Algunos curiosos que han visto el tremendo espectáculo desde la confortable seguridad que da la lejanía se acercan para ver lo que ha pasado y ayudar a los supervivientes. Pésima decisión. A los pocos minutos llega otra ola, y después otra, y otra. Pero la ola más devastadora está aún por llegar. Suele aparecer entre la cuarta y la octava de la serie, y toma desprevenidos a los que irresponsablemente andan por la costa.

Tsunami es una palabra japonesa que viene de *tsu*, puerto, y *nami*, ola. Como su nombre indica, es una ola que solo se presenta en las costas. Un barco en alta mar puede atravesar un *tsunami* sin notar nada, pues a menudo estas olas no superan una altura de metro y medio. Mientras las aguas sean profundas, no hay nada que temer. Porque, como dice el refrán, la procesión va por dentro.

Los *tsunamis* son olas que se generan por la explosión de volcanes submarinos o por terremotos submarinos, y las zonas más castigadas por ellos son Japón y las Hawai, en el océano Pacífico. También en el Atlántico se han dado *tsunami*, como el que se abatió sobre Lisboa el 1 de noviembre de 1755 a continuación de un terremoto que sacudió la capital portuguesa. Después de una ola corta, el mar se retiró de la costa dejando una inmensa playa sembrada de peces boqueantes. Los curiosos lisboetas que acudieron a admirar el prodigio se vieron sorprendidos por una segunda ola de gran tamaño que llegó minutos después. Otro famoso *tsunami* fue el que se formó tras la explosión volcánica que destruyó la isla de Krakatoa el 26 de agosto de 1883: este atravesó el océano Pacífico a una velocidad de 500 km/h, arrasando las costas de Java y Sumatra con un saldo de 36 000 muertos. Llegó, más debilitado, hasta el puerto de San Francisco.

El lago asesino

16 de agosto de 1984, Camerún, África. Primera hora de la mañana. Un todoterreno en el que viajan un misionero protestante, su joven ayudante Foubou y otras personas, enfila el camino hacia el lago Monoun. En medio de la carretera descubren una motocicleta tirada y un hombre tumbado junto a ella. Parece muerto. El misionero baja

del coche y se acerca. Entonces, sin motivo aparente, se desploma. En el aire se percibe un olor extraño, como a batería eléctrica. A Foubou le entra pánico y echa a correr. Otro de los acompañantes sale tras él, pero cae al suelo por el camino.

Foubou alertó a las autoridades. Cuando llegaron junto al lago, el panorama era desolador: en una franja de 200 metros alrededor del lago se encontraron los cadáveres de 37 personas, decenas de animales muertos y plantas agostadas por doquier. A las diez y media de la mañana, todo parecía haber terminado. Tras examinar los cadáveres, el forense dictaminó la causa de la muerte: no se trataba de envenenamiento, sino de asfixia. Pero el misterio no terminaba aquí. Los cadáveres presentaban quemaduras en la piel, mientras que sus ropas se encontraban intactas.

Año y medio más tarde terminaba su trabajo la investigación que se abrió para esclarecer el caso. El origen de la devastación se encontraba en ciertos vapores de olor amargo que surgieron de manera natural. Los científicos descubrieron que el lago se encuentra en la caldera de un volcán extinguido y por ello contiene gran cantidad de dióxido de carbono y dióxido de nitrógeno en disolución. Un pequeño temblor de tierra había removido las calmosas aguas profundas del lago, provocando que estos gases letales ascendieran a la superficie. Una vez arriba, la brisa no tuvo más que arrastrarlos hacia la orilla. Las altas concentraciones de dióxido de carbono presentes ahogaron a todos los desdichados * que se acercaron aquella mañana al lago, mientras que el dióxido de nitrógeno les quemó la piel **.

Pero este no sería el único desastre provocado por un lago de esas características. Dos años después, el 26 de agosto 1986, una enorme cantidad de dióxido de carbono se liberó del Nyos, a 80 kilómetros al noroeste del Mounon. La nube asesina barrió todas las poblaciones situadas a 15 kilómetros a la redonda, asfixiando a 1 700 personas.

Decididamente, en el Congo no es bueno vivir cerca del lago Kivu... ***.

---

* Concentraciones de dióxido de carbono por encima del 10 % pueden ser letales.

** En la actualidad se ha puesto en duda que la decoloración de la piel descubierta en las víctimas fuera debida, como se creyó en un primer momento, a quemaduras.

*** Diversos equipos internacionales bajo los auspicios de la UNESCO están llevando hoy a cabo labores de desgasificación de estos lagos.

Gallocanta y El Niño

La laguna de Gallocanta es un hermoso paraje natural aragonés donde muchas aves migratorias se detienen para descansar. Pero no vamos a hablar aquí de sus aves ni de sus recursos, sino de algo mucho más asombroso. Porque ¿alguien podía imaginar que las variaciones en el nivel de agua de la laguna de Gallocanta pudieran estar relacionadas con el famoso fenómeno de El Niño?

Como suele ocurrir en ciencia, los ecólogos de la Universidad de Barcelona que llegaron a esta conclusión no andaban buscando ese tipo de relación. En realidad, estaban estudiando la relación que existía entre los cambios de nivel de la laguna, la lluvia caída en una población cercana llamada Daroca y la climatología de la zona. Se les ocurrió que quizá las variaciones interanuales en el nivel de la laguna podían estar relacionadas con algún fenómeno no local, sino algo más general. Y fue entonces cuando los ecólogos españoles se dieron cuenta de que al año siguiente del fortísimo Niño de 1982, la laguna se había secado. ¿Coincidencia? Es posible. Sin embargo, esto volvió a suceder tiempo después. Demasiadas coincidencias. Los científicos empezaron a buscar series largas de medición del fenómeno de El Niño, y encontraron un excelente ajuste entre el nivel de la laguna, las precipitaciones en Daroca y el índice de El Niño, una magnitud que sirve para cuantificar el fenómeno y que se calcula como la diferencia de presión atmosférica entre dos ciudades, Tahití y Darwin.

Lógicamente, uno podría preguntarse si este efecto de El Niño es exclusivo de Gallocanta o se extiende a otras regiones. Los ecólogos decidieron entonces buscar datos de precipitación repartidos por toda la Península, incluyendo el norte de África. Y así encontraron que para el sur y el este de la Península existe una muy buena relación entre la precipitación y el índice de El Niño. De hecho, el 25 % de la variación interanual en los 100 años recopilados se podía explicar por la variación del índice de El Niño. Que un cuarto de la variabilidad de las lluvias se pueda explicar por un único condicionante externo significa mucho en climatología.

¿Es o no es increíble que a partir del estudio de un pequeño ecosistema como el de una laguna podamos llegar a inferir resultados sobre comportamientos globales de la atmósfera? Pues así parece ser.

Gotas de lluvia que al caer...

El tiempo atmosférico influye sobremanera en nuestro estado anímico. El calor "nos aplatana", el frío nos aturde, y los días de lluvia nos vuelven melancólicos. ¿Quién no ha suspirado frente a una ventana una tarde gris de otoño mientras finas gotas de lluvia golpean contra el cristal?

Pero ¿cómo son en realidad las gotas de lluvia? La imagen que cualquiera de nosotros tiene en la cabeza, una imagen repetida en dibujos y cómics, es la de forma de lágrima: uno de los extremos, el inferior, está suavemente redondeado y se va estrechando a medida que nos acercamos a la parte superior. Por desgracia, esta hermosa analogía entre las lágrimas de tristeza y las gotas de lluvia no es correcta.

La lluvia no tiene forma de lágrima. Si la gota es pequeña, tiene forma esférica; si es grande, no. La parte inferior de las gotas grandes es plana, y la superior, algo redondeada. Una forma tan poco atractiva es debida a que la lluvia cae por el interior de otro fluido, el aire. La culpable de la forma esférica de las gotas de agua es la llamada tensión superficial, que en definitiva no es otra cosa que una fuerza de cohesión entre las moléculas de agua que las obliga a mantenerse más o menos unidas, de modo que no se vaya cada una a vivir su vida. Pero cuando la gota es grande, la tensión superficial no es suficiente para mantener la forma esférica ante el efecto de otras fuerzas, como el rozamiento con las moléculas del aire, y por ello uno de sus lados se vuelve plano.

Por cierto, que esa forma aplanada de las gotas mayores es idéntica a la de un panecillo de hamburguesa. Esto resulta poco poético, y quizá por ello seguimos queriendo creer que tienen forma de lágrima. Sería imposible emocionarse con aquel bolero que dice «la otra tarde vi llover, vi gente correr y no estabas tú» si pensásemos que lo que cae sobre la gente es agua con forma de pan de hamburguesa...

La sustancia más extraordinaria del mundo

La próxima vez que veamos un río, nos acerquemos a una laguna o vayamos de vacaciones a la playa, detengámonos por un momento y observemos. En ese instante estaremos ante uno de los panoramas más extraordinarios que ofrece nuestro universo: grandes cantidades de agua líquida. De hecho, y a pesar de que el agua es una sustancia muy común en el universo, nuestro planeta es el único lugar donde podemos encontrarla en los tres estados: sólido, líquido y gaseoso.

Su trascendencia para la vida es debida a las extraordinarias propiedades que se derivan de su estructura. Como es bien sabido, la molécula de agua está compuesta por dos átomos de hidrógeno y uno de oxígeno (H_2O), dispuestos en un ángulo de 105° con el oxígeno en el centro. Además, los electrones de la molécula de agua son atraídos con más fuerza por los siete protones del oxígeno que componen su núcleo que por el pobre y solitario protón del hidrógeno, con lo que el oxígeno queda con una carga ligeramente negativa, y el hidrógeno, con una carga ligeramente positiva *. Por ello, el hidrógeno de una molécula puede atraer el oxígeno de otra, provocando la aparición de una unión entre ambas que recibe el nombre de *enlace por puentes de hidrógeno*, que es el culpable de que el agua se mantenga líquida en un amplio rango de temperaturas, de los 0 a los 100 °C. Esto, que puede parecer irrelevante, es sin embargo fundamental, porque permitió que se produjeran las reacciones químicas que dieron origen a la vida hace 4 000 millones de años. ¿Y qué decir de la anomalía más formidable del agua? Al revés que la inmensa mayoría de las sustancias, el hielo o agua sólida es menos densa que el agua líquida (por eso flota en ella). ¿Y qué de su habilidad para regular la temperatura en su interior, que hace que el mar se mantenga caliente cuando los calores del verano han desaparecido? Todas estas singulares propiedades son esenciales para que nosotros estemos hoy aquí: mares congelados o cambios bruscos de temperatura hubieran impedido la química de la vida.

La vista del mar también puede hacer que nos preguntemos, como Guille, el pequeño hermano de Mafalda: «¿Toda esta agua salió cuando se pinchó qué cosa?». La opinión generalizada es que mares y océanos surgieron del interior de nuestro planeta poco tiempo después de que se formara, hace unos 4 000 millones de años. El agua, atrapada en el interior de la Tierra, salió al exterior a través de los numerosos volcanes en erupción y géiseres presentes en la superficie terrestre. Este proceso, llamado *desgasificación*, fue tan rápido que en solo unos 100 millones de años se liberó el agua suficiente para formar todos los océanos.

Sin embargo, algunos científicos piensan que entre el 30 y el 50 % del agua de nuestros ríos y lagos tiene un origen muy diferente, un

---

* Por eso se dice que el agua es una *molécula polar*.

origen cósmico. Cuando nuestro planeta tenía unos pocos millones de años de vida, su superficie fue sometida a un intenso bombardeo de meteoritos y cometas. Parte del agua que se encuentra hoy en ríos y océanos proviene, según dicha teoría, del aporte que estos cuerpos, hermanos pequeños de nuestro planeta, hicieron hace miles de millones de años.

El desierto Mediterráneo

La capa sedimentaria de los lechos marinos es una importante biblioteca de información. Los sedimentos están compuestos por fango, lodos, arena y rocas. La erosión de las montañas, el transporte de polvo de desierto por el viento, el movimiento de las aguas, la congelación y el deshielo de los casquetes polares, los seres vivos que colonizaron hace mucho tiempo el terreno, estuviera o no cubierto por las aguas, y que dejaron como resto perdurable sus esqueletos fosilizados, se van depositando a lo largo de millones de años, y han construido lentamente la superficie de los fondos marinos con espesores que llegan a los varios cientos de metros. Si somos capaces de leer esos sedimentos, aprenderemos mucho sobre la historia de la Tierra.

A veces se producen hallazgos sorprendentes, como ocurrió en la campaña que el barco *Glomar Challenger* realizó a 70 kilómetros de Barcelona, junto a las Baleares, en el verano de 1970. Allí se encontraron evidencias de la existencia de lagunas de poca profundidad en el lecho del mar Mediterráneo. Pero esto ya lo había descubierto antes un hombre singular llamado I. S. Chumakov, un ingeniero soviético que participó en la construcción de una de las presas más grandes del mundo: la de Asuán, en el alto Egipto. Chumakov fue el responsable de una serie de quince perforaciones en el lecho rocoso de Nubia, de un lado al otro del cauce del Nilo, cuyo objetivo era bien claro: localizar una base segura donde cimentar la presa.

Cuando comenzó a excavar en el centro del río, atravesó los habituales tres a nueve metros de limo y arena. Pero Chumakov continuó otros 270 metros hasta que por fin dio con un sustrato granítico. Los soviéticos descubrieron así un cañón estrecho e increíblemente profundo perteneciente a lo que parecía ser un antiguo río sepultado. En el análisis de los lodos encontraron diminutas conchas de plancton marino y dientes de tiburón: eso quería decir que al menos en una época remota el supuesto río no era tal, sino un brazo estrechísimo del Mediterráneo con una edad de cinco millones de años.

Para encontrar una explicación al hecho de que el agua salada hubiese llegado a tanta distancia hacia el interior, Chumakov aventuró una explicación que, aun dentro de los cánones de la mejor heterodoxia científica, sería prudente tildar de arriesgada: en aquella época, la superficie del Mediterráneo se había hundido más de 1 500 metros por debajo de su nivel actual*.

Mientras el Mediterráneo se desecaba, el Nilo iba cortando un valle profundo para ajustar su pendiente a medida que se hundía la costa. Cuando finalmente una inundación volvió a llenar de agua el Mediterráneo, la garganta quedó anegada y el río se convirtió en estuario. El avance de agua marina fue tan rápido que el Nilo no pudo impedir que el Mediterráneo llegase hasta Asuán. El descubrimiento de Chumakov, que no salió a la luz hasta bastantes años después, demostraba que en una época lejana, entre hace siete y cinco millones de años, el Mediterráneo se convirtió en un desierto, con lagos que se estaban secando y unas llanuras costeras de barro que se evaporaban bajo un sol abrasador.

Cielo azul

A pocas cosas están tan habituados nuestros ojos como al azul del cielo. A pesar de ello, ¿cuántos de nosotros nos hemos preguntado por qué el cielo es azul? Algunos textos del siglo pasado lo explicaban de la siguiente forma: «El cielo es azul porque ese es el color que menos ofende a la vista». ¿No sería maravilloso que eso fuera verdad, que la naturaleza tuviera ese cuidado exquisito con el ser humano? Lamentablemente, la naturaleza no es así. Al universo no le importa nada si se adapta a nosotros o no: somos nosotros los que tenemos que adaptarnos a él.

¿Por qué es azul el cielo? La respuesta a esta pregunta la dio a finales del siglo pasado John William Strutt, tercer barón de Rayleigh. Lord Rayleigh ha sido uno de esos pocos científicos que sólo con su esfuerzo fundaron toda una disciplina. En este caso, la acús-

---

* Chumakov tenía razón. Durante una reciente exploración geofísica en busca de petróleo se ha descubierto bajo El Cairo un estrecho cañón de 2 500 metros de profundidad, mayor que el cañón del Infierno de Idaho y Oregón, que es el más profundo en la actualidad.

tica. No contento con ello, además del sonido, también se interesó por otro tipo de onda, la luz.

Desde 1865 sabemos que la luz es un tipo muy especial de onda, pues es la única que se propaga en el vacío. Es una onda electromagnética, o lo que es lo mismo, una onda compuesta por un campo eléctrico y otro magnético que se propagan por el espacio. Por eso a la luz le afectan las cargas eléctricas, cosa que no ocurre con el sonido, que es una onda de presión. Esto quiere decir que si iluminamos una carga eléctrica con una onda electromagnética, se pondrá a oscilar, como una hoja cuando una ola pasa por debajo de ella. Al oscilar absorbe la energía que transporta la onda y luego la dispersa en todas direcciones. Lo que descubrió Rayleigh es que se producía una mayor dispersión si se aumentaba la frecuencia de la onda. Dicho de otro modo: la luz azul se dispersa más que la roja.

Ya estamos en condiciones de ver lo que ocurre en el cielo. La luz del Sol incide sobre las moléculas del aire, estas la dispersan, y esa luz dispersada es la que hace que el cielo brille y no sea negro como el carbón. Y como el color azul se dispersa más que el rojo, el color del cielo es azul.

El asesino que llegó del suelo

Hay un gas en la naturaleza que de unos años a esta parte ha pasado del anonimato a ser portada de los periódicos: el radón. La extraña historia del radón comenzó el 2 de diciembre de 1984, cuando la compañía eléctrica Philadelphia Electric Corporation puso en marcha su nueva central nuclear en la ciudad norteamericana de Pottdtown.

Como es habitual, el personal de la planta debía pasar sus controles diarios de radiación para comprobar que no estaban expuestos a ninguna fuente de contaminación radiactiva. Cada día, al terminar la jornada, todos los que trabajaban allí, ya fueran directores o señoras de la limpieza, debían ponerse ante un detector que medía el nivel de radiación de sus cuerpos y ropas.

Casi desde el primer día había un ingeniero, de nombre Stanley Watras, que ponía las alarmas del detector a cien, tras de lo cual debía pasar del orden de cuatro a seis horas en la sala de descontaminación hasta que los aparatos decían que el nivel de radiación, no mortal pero sí bastante molesto, había descendido lo suficiente. Nadie sabía qué era lo que sucedía, porque sus compañeros, que trabajaban en los mismos lugares que Watras, no presentaban ese incómodo problema.

Watras, harto de esta situación, decidió comprobar algo a lo que había estado dando vueltas. Dos semanas más tarde, nada más llegar al trabajo, pasó por el detector y este se puso a rugir como un endemoniado. Eso quería decir que la radiactividad la había traído de casa. El equipo técnico que la central envió a casa de Watras sorprendió a todos con su informe. En esa casa había un nivel de gas radón radiactivo 16 veces más alto que el límite de seguridad tolerado en las minas de uranio. Acto seguido, las autoridades norteamericanas comenzaron una investigación sistemática por todos los hogares de Estados Unidos y llegaron a la conclusión de que al menos en un millón de casas el nivel de radón era cinco veces mayor de lo normal.

El gas radón, que habitualmente se encuentra en cantidades muy bajas, es muy dañino y se le considera la segunda causa mayor de cáncer de pulmón después del tabaco. Respirar el aire de la casa de Watras era equivalente, en posibilidad de contraer cáncer de pulmón, a fumar 135 paquetes de tabaco al día. El radón, producto de la desintegración del uranio y del radio, está presente en todo el mundo, pues muchas rocas contienen algunos metales que le dan origen. Pero no debemos preocuparnos en exceso: llevamos conviviendo con el radón durante toda nuestra historia y, en cierta forma, nos hemos acomodado a él. El problema solo aparece cuando las concentraciones de radón son muy elevadas, como en el caso de la casa de Watras. Normalmente, el radón del suelo, de los ladrillos y el cemento lo podemos eliminar con facilidad simplemente aireando la casa todos los días.

La edad de la Tierra

¿Qué edad tiene nuestro planeta? El primero que se enfrentó a esta pregunta, el físico inglés lord Kelvin, empezó asegurando que la Tierra no había estado siempre aquí. Usando las leyes de la física, en particular las que describen el comportamiento del calor y su paso de un cuerpo a otro, Kelvin razonó: si nuestro planeta se está enfriando continuamente, eso significa que antes estaba más caliente que ahora. Y si nos vamos atrás en el tiempo, llegaremos a un momento en que la temperatura de la Tierra era tal que debía tener el aspecto de una roca fundida. La pregunta es: ¿hace cuánto tiempo ocurrió esto? Kelvin estimó la edad de la Tierra en unos cien millones de años. Semejante número ponía en un gran aprieto a las teorías de los dos grandes de la geología inglesa, Lyell y Hutton, que hacían hincapié en que nuestro planeta era casi eterno. Sin embargo, los cálculos de Kelvin no llamaron la atención de los geólogos. Únicamente en 1868, cuando presentó sus estimaciones en una conferencia impartida en la Sociedad Geológica de Glasgow titulada *Sobre el tiempo geológico,* empezaron a escucharle.

Los geólogos aceptaron sus cálculos. Habían sido realizados por uno de los físicos más respetados del mundo y estaban basados en una ley fundamental de la naturaleza. Pero la amistad entre física y geología no iba a durar mucho. Kelvin revisaba sistemáticamente sus cálculos, y en cada revisión la edad de la Tierra descendía unos cuantos millones de años. En 1876 la recortó a cincuenta millones, y en 1897 afirmó que cuarenta millones era demasiado alto y que veinte millones era una cifra más probable. Por su parte, los geólogos habían refinado sus cálculos y pensaban que cualquier cifra por debajo de los cien millones era inexacta. La historia de la Tierra no podía violar la Segunda Ley, pero tampoco podía violar la evidencia geológica.

El tiempo demostraría que Kelvin estaba equivocado. Pero la culpa no era enteramente suya, sino de un fenómeno que aún no había sido descubierto: la radiactividad. Cuando a principios del siglo XX le señalaron que sus cálculos estaban mal y que debía incluir el calor liberado por la desintegración de los átomos radiactivos que contiene nuestro planeta, Kelvin, con más de ochenta años, no creyó que eso invalidara sus cuentas. Y aunque en privado reconoció que sus cálculos deberían ser rehechos teniendo en cuenta el nuevo descubrimiento, jamás lo afirmó públicamente, pues consideraba su trabajo sobre la edad de la Tierra la pieza más importante de su producción científica. Fue un triste final para una brillante carrera. Pero debemos comprenderlo: los científicos también se enamoran, y no solo de una persona, sino también de sus teorías.

Troodos

A comienzos de la década de los setenta, geofísicos británicos realizaron un impresionante estudio del macizo montañoso de Troodos, en Chipre. Troodos es, probablemente, un fragmento de corteza oceánica arrancado del fondo marino y levantado por las fuerzas de la tectónica de placas. Esta investigación, que culminaba una larga serie de esfuerzos científicos comenzados veinte años antes, tuvo una trascendencia más que teórica, pues explicaba el origen de los grandes yacimientos de cobre que dan nombre a Chipre y que han posibilitado el auge económico de la isla desde los tiempos de los antiguos griegos. Por otra parte, el macizo Troodos era una brillante confirmación de la deriva continental, hoy englobada bajo la llamada teoría de la tectónica de placas.

La idea de que los continentes no han estado siempre en el mismo sitio es antigua. Ya en 1620, el filósofo Francis Bacon llamó la atención sobre algo que todos los escolares han descubierto alguna vez: que América del Sur y África parecen estar hechas la una para la otra, que el perfil de una encaja casi perfectamente en el de la otra. Cien años después, el gran explorador y naturalista Alexander von Humboldt explicaba con cierto detalle cómo el Nuevo y el Viejo Mundo se habían separado debido a los efectos de las aguas caídas durante el diluvio universal, que circulando de norte a sur, habían excavado el océano Atlántico. Pero no fue hasta 1858 cuando el americano, residente en París, Antonio Snider-Pellegrini reconstruyó por primera vez el supercontinente que existió antes de la apertura del Atlántico. De este modo, Snider explicaba la sorprendente similitud entre los fósiles encontrados en vetas de carbón en Europa y en Norteamérica. La explicación era que un hecho catastrófico, quizá el diluvio universal, había provocado esta separación.

Pero el gran defensor y publicista de esta visión del mundo, aunque menos catastrófica que las anteriores, sería el astrónomo, meteorólogo y geofísico alemán Alfred Wegener. En 1915, Wegener publicó sus ideas sobre el movimiento de los continentes en una pequeña monografía. Pero no sería hasta 1922, al publicar una edición revisada en inglés, cuando saltó la polémica. Al pobre Wegener se le llamó de todo. Y no era para menos: estaba echando por tierra uno de los dogmas más sacrosantos de la geología, producto de años y años de cuidadosas investigaciones. Uno de los participantes del simposio de 1928 auspiciado por la Asociación Americana de Geólogos del Petróleo dijo:

> *Si aceptamos la hipótesis de Wegener, ya podemos tirar a la basura todos los conocimientos que hemos estado enseñando durante los últimos setenta años y empezar de nuevo.*

Años más tarde, y muerto ya Wegener, se decía que no había ni que mencionar su absurda idea a los estudiantes para no inducirlos a error. Hoy sería totalmente imposible que ningún geofísico o geólogo obtuviera una plaza de profesor si no se creyera en la deriva continental.

Casar continentes

En 1967, Dan McKenzie y R. L. Parker publicaban en la prestigiosa revista *Nature* un artículo que se ha convertido en clásico. En un valeroso esfuerzo de síntesis mostraron que los accidentes geofísicos se podían explicar gracias a la existencia de unas placas rígidas móviles y sísmicamente tranquilas que interactúan entre ellas solo en sus bordes. Estos dos geólogos recogían la brillante sugerencia de Harry Hess, de la Universidad de Princeton, cuando en 1960 presentó su obra sobre la expansión de los fondos oceánicos: no son estáticos, como todo el mundo pensaba, sino móviles. El Atlántico, por ejemplo, aumenta su anchura 2,5 centímetros por año (la misma velocidad a la que crecen nuestras uñas) y se va formando nuevo suelo en la dorsal que corre de norte a sur por el centro del océano. De este modo, la corteza oceánica es tanto más vieja cuanto más alejada está de la dorsal que la generó; una corteza que se destruye en las denominadas zonas de subducción de las fosas oceánicas, donde choca y se hunde debajo de la placa contigua. Hoy sabemos que en ningún océano del mundo hay sedimentos más antiguos de más de 200 millones de años.

Entre 1967 y 1969, tres jóvenes geofísicos, los norteamericanos Jason Morgan, Dan McKenzie y el francés Xavier Le Pichon, formularon la que pronto sería conocida como la teoría de la tectónica de placas: había nacido la geología moderna.

En esencia, la corteza de la Tierra es como un balón de fútbol. No se trata de una única superficie, sino que se encuentra dividida en placas. Pero a diferencia de lo que sucede en la pelota, estas placas son de diferentes dimensiones y se encuentran flotando en un mar de magma líquido, el manto, sobre el que se mueven. Igual que sucede con los barcos, las placas están más o menos hundidas en función del peso. Durante las épocas glaciares del Cuaternario, hace casi dos millones de años, se depositaron ingentes cantidades de hielo en las regiones boreales que provocaron su hundimiento. Hoy, en cambio, al fundirse lentamente este hielo, se está produciendo un ligero levantamiento de los países escandinavos: en 10 000 años se han elevado unos 250 metros *.

Otro ejemplo lo tenemos en Islandia. La violencia de sus volcanes contrasta con la aparente quietud de sus glaciares, y sus enormes cascadas, con los vastos desiertos de lava. Prácticamente sin árboles y expuesta a la lenta erosión del océano, el viento, el agua y el hielo, en algún lugar de la isla un volcán entra en erupción cada cinco años. De toda la lava que ha aparecido sobre el globo en los últimos 500 años, un tercio lo ha hecho en esta isla. Con una edad de entre 16 y 18 millones de años solo, es la isla más joven y la más activa del planeta. Pero además Islandia es única en otro sentido: geológicamente está dividida en dos. Al estar situada justo encima de la dorsal atlántica, una mitad de la isla pertenece a la placa norteamericana y la otra mitad a la euroasiática, por lo que las tensiones tectónicas están separando el país en dos mitades, fácilmente visibles en Thingvellir, los "Llanos del Parlamento". Allí, los vikingos establecieron en el año 930 el *Althing* o *Alping* (asamblea), el Parlamento vivo más antiguo; allí, los islandeses se convirtieron al cristianismo en el año 1000, y allí se declararon independientes de Dinamarca en 1944.

El techo del mundo

Cuando al explorador británico George Leigh Mallory le preguntaron: «¿Por qué asciende usted al monte Everest?», contestó escuetamente: «Porque está ahí». En 1924 intentaba la ascensión por segunda vez. Durante el ataque final, el geólogo de la expedición, Noel Odell, miró hacia arriba desde los 7 900 metros en donde se encontraba y, a través de un claro entre las nubes, pudo vislumbrar las borrosas siluetas de Mallory y Andrew Irvine encarando una pronunciada pendiente cerca de la cima. Pero las nubes rápidamente cerraron esa ventana, y a Mallory y a Irvine nunca más se les volvió

---

* A estos movimientos de ascenso y descenso vertical se les llama epirogénicos (del griego *epeiros*, continente, y *gennao*, engendrar). Esto también lo podemos ver en las costas gallegas, que han sufrido un proceso general de hundimiento que ha inundado los valles de los ríos, originando sus pintorescas rías, mientras que las costas mediterráneas, en general, han sufrido una emersión dando lugar a "costas levantadas". Por su parte, la costa cantábrica y todo el macizo montañoso que forma en conjunto la cordillera Cantábrica ha sufrido un levantamiento notable como compensación al hundirse la fosa del mar Cantábrico.

a ver. Esta fugaz imagen de Mallory no fue lo único memorable que Odell vio en la expedición de 1924. Allá arriba también descubrió los fósiles de criaturas marinas con caparazón que habían quedado enterradas en un mar poco profundo hacía 250 millones de años.

El Everest no es el único lugar del Himalaya donde se pueden encontrar restos de arcaicos habitantes marinos. En los pueblos de la garganta del río Kali Gandaki, donde los granjeros recolectan fruta y grano a la sombra de los ocho miles, los niños nepaleses ofrecen a los visitantes por las calles *salagramas*, que no son otra cosa que ammonites.

La cordillera del Himalaya es la prueba palpable de las dramáticas consecuencias de la tectónica de placas. Cuando dos continentes chocan, ninguno de ellos subduce (se hunde bajo el otro), como sucede al encontrarse dos placas oceánicas o una continental y otra oceánica. Las rocas que lo componen, al ser relativamente ligeras, resisten el hundimiento y se comportan como dos icebergs chocando en el mar.

Hace 50 millones de años, las placas india y euroasiática colisionaron. La consecuencia no solo fue la aparición del Everest, sino que también una región del tamaño de Francia situada al norte del Himalaya fue lanzada hacia arriba un promedio de unos cinco kilómetros sobre el nivel del mar: el *plateau* tibetano. El imparable y terrible ascenso de la cordillera más alta del mundo se ha producido en los últimos 10 millones de años y aún hoy sigue subiendo a razón de dos milímetros por año. Si un lejano descendiente de Edmund Hillary quisiera plantar su bandera en la cima del Everest al finalizar el siglo XXI, habría tenido que subir casi tres metros más que su antepasado. Ahora bien, ¿por qué continúa ascendiendo? Explicarlo es un reto importante para la tectónica de placas.

El Himalaya también tiene importancia para la meteorología. La época del monzón en el sur asiático se encuentra precedida en el verano por una baja presión atmosférica en todo el *plateau* tibetano. Es más; según algunos científicos, la aparición del Himalaya remodeló el clima de la Tierra al reducir, por diferentes mecanismos, la cantidad de dióxido de carbono presente en la atmósfera. Justo al contrario que el famoso efecto invernadero, su práctica desaparición causó un descenso continuado de las temperaturas hace 55 millones de años que culminó con un ciclo de edades del hielo que en los últimos dos millones de años ha cambiado el aspecto del planeta.

Gracias a esta hipótesis se explica por qué esta cordillera sufrió un rápido ascenso hace dos millones de años, justo en el momento de la primera edad del hielo: un ambiente más frío propicia un mayor efecto erosivo por parte de los glaciares en los valles, que se llevan gran cantidad de material y, como si de un corcho se tratara, ascienden los picos circundantes. Aunque todavía no se ha demostrado esta hipótesis, resulta curioso comprobar que tanto los Pirineos como las Rocosas o los Alpes parecen haber aumentado su altura en los últimos tres millones de años.

6
*E*SE PEQUEÑO MILAGRO

> *Una gallina no es más que un medio que tiene*
> *el huevo para hacer otro huevo.*
>
> SAMUEL BUTLER (1612-1680)
> Escritor satírico inglés

> *En el principio, Eru, que en lengua élfica es llamado*
> *Ilúvatar, hizo a los Ainur de su pensamiento;*
> *y ellos hicieron una Gran Música delante de él.*
> *En esta música empezó el Mundo;*
> *porque Ilúvatar hizo visible*
> *el canto de los Ainur, y ellos lo contemplaron*
> *como una luz en la oscuridad.*
>
> J. R. R. TOLKIEN (1892-1973)
> *Valaquenta*

EL ORIGEN DE LA VIDA EN LA TIERRA ha sido resuelto a lo largo de la historia como un acto de creación por parte de un dios todopoderoso que insuflaba a la materia inanimada un espíritu vital.

Por esta razón, desde los tiempos más remotos y hasta bien entrado el pasado siglo, el ser humano ha creído que la vida podía originarse de la materia inanimada. Ya los antiguos filósofos observaron la aparición de gusanos de la materia putrefacta, lo que era considerado como la prueba irrebatible de que la vida surgía espontáneamente del fango. Esta idea de la *generación espontánea* fue aceptada por todos los científicos durante la gran expansión de la ciencia en los siglos XVII y XVIII.

Todos sabemos que quien dio el golpe de gracia a esta teoría fue el bioquímico francés Louis Pasteur, pero muy pocos reconocerán el nombre de Francesco Redi, médico en la corte de Fernando de Medici, como el primero en abordar el problema de manera científica. Para ello, Redi colocó un pedazo de carne en el interior de dos jarras. Una de ellas la cubrió con una gasa y la otra la dejó al descubierto. Las moscas, unos animalillos muy abundantes en la Florencia del siglo XVII, dejaron sus huevos en la carne podrida de la vasija al aire y sobre la gasa de la otra, con lo que los gusanos blancos aparecieron en la carne podrida de la dejada al aire y no en la cubierta por la gasa: Redi había demostrado que los gusanos nacían de los huevos depositados por las moscas, y no por generación espontánea de la materia en descomposición.

Sin embargo, sus experiencias no acabaron con la idea de la generación espontánea. En su contra se alzaban, por ejemplo, las autorizadas opiniones de personas tan ilustres como Van Helmont[*]. Para Van Helmont, la clave de la vida residía en la fermentación, y propuso diversos métodos para generar seres vivos. Así, según él, se pueden hacer aparecer ratones de la nada:

> *Si se estruja una camisa sucia a través de la boca de un tarro que contenga algunos granos de trigo, la fermentación que exuda la camisa sucia, alterada por el olor de los granos de trigo, da lugar, al cabo de unos veintiún días, a la transformación del trigo en ratones.*

Oparin

En 1980 moría el bioquímico ruso Alexander I. Oparin. En una necrológica publicada en la revista científica *Transaction in Biological Sciences* se le calificaba de «reconocido líder de la comunidad internacional de científicos que estudia el origen de la vida». Y es muy cierto. Oparin fue la figura clave que convirtió el estudio del origen de la vida en un campo válido de investigación científica.

Fue el primer presidente de la Sociedad Internacional para el Estudio del Origen de la Vida, y en su país, la antigua Unión Soviética,

---

[*] Este químico bautizó con el nombre de *gases* a lo que hasta entonces se llamaban exhalaciones acuosas, terrosas o sulfurosas.

recibió casi todas las distinciones que podía recibir un héroe. Además de ser durante muchos años director del Instituto de Bioquímica de la Academia de Ciencias de la URSS, fue nombrado Héroe del Trabajo Socialista y recibió la Orden de Lenin. No hablaba inglés, pero en Occidente se le reconoció tanto su valía científica como su cordialidad y extraordinaria hospitalidad con sus colegas del otro lado del muro.

En 1922, a la edad de veintiocho años, Oparin presentó sus ideas sobre el origen de la vida en una reunión de la Sociedad Botánica de Moscú. Esas ideas aparecieron publicadas dos años más tarde, pero nadie les hizo mucho caso.

En ciencia no es raro descubrir que dos científicos han desarrollado las mismas ideas sin haber tenido ningún contacto entre ellos; esto ocurrió con Oparin y con el británico John B. S. Haldane, que publicó las suyas en 1929. Mas como *gentleman* que era, Haldane reconoció a Oparin como el verdadero padre de la idea. Así, en una reunión en 1963 dijo [1]:

> No dudo de que el profesor Oparin me ha precedido. Me avergüenza no haber leído su trabajo anterior, de modo que yo no sabía... que había poco de valor en mi articulito que no pudiera encontrar en sus libros. No hay problema alguno de prioridad, aunque acaso sí de plagio.

En 1936, Oparin publicó un libro donde presentaba de manera completa sus teorías. Libro que se tradujo al inglés en 1938 y que le catapultó al Olimpo científico: por fin había una hipótesis, el tiempo diría si acertada o no, sobre cómo pudo surgir la vida en la Tierra.

El concepto esencial de su idea era que en la Tierra primitiva la vida nació de una sopa diluida y caliente de materia orgánica gracias, además, a una atmósfera reductora, sin presencia de oxígeno. Los rayos, los volcanes y la radiación solar colaboraron aportando la energía necesaria para formar las complejas moléculas de la vida.

Al principio, Oparin creía que este salto de la materia orgánica a la vida se produjo por simple azar, una gran carambola cósmica, la primera y única generación espontánea sucedida en nuestro planeta. Sin embargo, en su libro de 1936 insistió en un mecanismo diferente: la evolución química, gradual e ineluctablemente, lleva a la aparición de la vida. Un cambio de pensamiento que coincidió con la imposición a los intelectuales soviéticos del credo marxista en los años treinta. Mientras en su obra de 1924 no había ni un hálito de marxismo, en los años treinta, Oparin se convirtió en un esforzado defensor del marxismo, llegando a afirmar que Engels había sido uno de los precursores de su aproximación al origen de la vida.

Uno podría pensar que esta postura de intelectual marxista fue una cuestión de conveniencia política. Al parecer, poco tuvo de eso: Oparin estaba convencido de ella antes de que se convirtiera en una cuestión de supervivencia, y la defendió hasta su muerte.

Un experimento para la historia

En 1952, Stanley Miller, un joven estudiante de doctorado de la Universidad de Chicago, realizaba un experimento de los que pueden llamarse "de fin de semana". Jamás hubiera podido imaginarse la enorme repercusión que iba a tener. El experimento original duró una semana y era tan sencillo de realizar que la revista *Scientific American* publicó un artículo donde describía la manera en que cualquier científico aficionado podía reproducirlo.

En el fondo no se trataba más que de juntar un poco de agua hirviendo, metano, amoniaco e hidrógeno, y unos electrodos de donde saltaban chispas. A medida que transcurría la semana, el color del agua pasó de rojo a pardo amarillento. Cuando Miller desenchufó los electrodos del matraz, este se encontraba recubierto de una sustancia insoluble constituida por una red de átomos de carbono y otros elementos unidos irregularmente. Esto es algo muy común cuando se producen reacciones orgánicas, siendo conocidas tales sustancias como alquitranes, resinas o polímeros. Como dijo un bioquímico: «Son un verdadero fastidio, sobre todo a la hora de limpiar el equipo».

Pero un 15 % no se había convertido en alquitrán, y con paciencia y cierto grado de maestría podía ser identificado. Cuando Miller le preguntó a su jefe, Urey, qué era lo que esperaba encontrar, él le contestó: «El Belstein».

Este nombre hace referencia a un manual de varios volúmenes en el que se describen millones de compuestos orgánicos. En definitiva, lo que Urey esperaba que se produjera era un poco de todo. Ahora bien, si hubieran aparecido muchos productos en cantidades ínfimas, el experimento no hubiera sido más que una lastimosa pérdida de tiempo. Pero no fue así. Aparecieron solo unos pocos y en cantidades considerables. Los químicos los reconocieron como pertenecientes al grupo de los ácidos carboxílicos. Esto no nos dice nada, pero si recordamos que los aminoácidos pertenecen a este grupo, la cosa cambia.

No obstante, Miller no sintetizó aminoácidos. Solo en ensayos posteriores, tras modificar el diseño del experimento, los aminoácidos decidieron aparecer. Mas a pesar de esta sutil dependencia de las condiciones del experimento, un dato es fundamental: la aparición de aminoácidos, los ladrillos básicos de la vida, no fue debida a contaminación orgánica.

Las moléculas de la vida

Molecularmente somos muy simples, pues todos los seres vivos que pueblan la Tierra estamos compuestos solo por un pequeño número de moléculas. De hecho, la materia viva consiste principalmente en largas moléculas en las cuales un determinado patrón se repite una y otra vez, en ocasiones con pequeñas variaciones*. Algunas de ellas se pliegan de manera elaborada, compleja y extremadamente precisa. Esto les permite actuar como *catalizadores*, acelerando la velocidad de las reacciones químicas. A estos catalizadores se les llama *enzimas*.

En esencia, podemos agrupar las moléculas de la vida en cuatro grupos: azúcares (que aportan la energía), lípidos (cuya función es principalmente estructural, como la formación de membranas), proteínas (que proporcionan la maquinaria que permite el funcionamiento celular) y ácidos nucleicos (que portan la información).

Resulta sorprendente lo extraordinariamente selectiva que ha demostrado ser la vida a la hora de escoger las moléculas. Por ejemplo, del enorme número de aminoácidos posibles solo utiliza 20. Y si una proteína típica contiene del orden de un centenar de aminoácidos, entonces podríamos construir al menos 20^{100}, un número muchísimo mayor que el de átomos de nuestra galaxia. Sin embargo, la mayoría de los organismos vivos usan menos de 100 000 tipos de proteínas.

Una de las propiedades básicas de la vida es su habilidad para reproducirse a sí misma. A pesar de toda la diversidad que obser-

---

* Se usa el término *monómero* para describir cualquiera de los muchos tipos de moléculas que pueden unirse para formar otras más grandes y más largas, los *polímeros*; los monómeros serían como los eslabones de una cadena, que es el polímero. Entre los monómeros más importantes se encuentran los aminoácidos, que forman las proteínas.

vamos a nuestro alrededor, a escala molecular la reproducción de todos los organismos sigue siempre el mismo plan: un cierto tipo de polímero (un ácido nucleico) con forma de doble hélice, el ADN, gobierna el proceso a través de un mecanismo de "molde".

Los eslabones con los que se construye el ADN se llaman nucleótidos, y están compuestos únicamente de un azúcar, un fosfato y uno de cuatro posibles carbohidratos llamados bases nitrogenadas. Podrían haberse utilizado muchas, pero la vida, otra vez, ha sido selectiva y solo utiliza la adenina (A), la guanina (G), la citosina (C) y la timina (T). Son las cuatro letras de nuestro código genético*.

El ADN conserva y transmite la información biológica. Pero hay otro tipo de ácido nucleico, el ARN, que es fundamental para la supervivencia del individuo: este se encarga principalmente de articular las instrucciones contenidas en el ADN, como la síntesis de proteínas.

Explicar de dónde vino toda esta organización es uno de los grandes retos del siglo XXI. Para hacernos una idea de nuestra ignorancia, digamos solo que todavía no tenemos ni idea de cómo, a partir de los ladrillos básicos de la vida (como los aminoácidos o las bases de los ácidos nucleicos), aparecieron el ARN y el ADN. Ni, por supuesto, de cómo apareció la primera célula.

Oxígeno

Hablar de vida es hablar de oxígeno. Salvo en lugares tan extraños y, a la vez, tan comunes como nuestro intestino, las barricas de fermentación del vino o los géiseres de Yellowstone, allí donde habita apaciblemente el oso Yogui, los organismos terrestres necesitan oxígeno para vivir. Por eso, en principio, buscar las huellas de la vida es seguirle la pista al oxígeno. Una búsqueda que comienza mirando más en detalle nuestros puentes y acerías.

El hierro de nuestros edificios y barcos proviene de una época muy remota, entre hace 3 500 y 2 500 millones de años. En aquellos tiempos, el oxígeno producido por ciertas bacterias no acababa en la atmósfera, sino en los océanos. Allí reaccionaba con las grandes cantidades de hierro existentes, formando enormes cúmulos de óxido de hierro en el fondo marino. Es de estos lugares de donde obte-

---

* El azúcar y el fosfato son los mismos en los cuatro nucleótidos.

nemos el hierro que necesitamos para edificar y mantener nuestra civilización.

Para descubrir las formaciones de hierro más antiguas debemos viajar hasta Isua, en Groenlandia. En esa helada región encontramos la evidencia más antigua de la existencia de oxígeno libre sobre la Tierra. Y no solo eso. Tras analizar químicamente las rocas de Isua se ha descubierto una cantidad de carbono anormal. El carbono es el elemento químico que sirve de armazón para construir los seres vivos. Para muchos, el nivel de carbono en las rocas de Isua es la prueba de que existía vida, a la vez que oxígeno, hace 3 800 millones de años *.

Pero ¿y antes? La única roca conocida más antigua que las de Isua es el Gneiss de Acasta, en el Ártico canadiense. Su edad es de 4 000 millones de años y en ella no se ha encontrado vida. Y no porque no la hubiera, sino porque la roca ha sido calentada y comprimida hasta tal punto que cualquier traza de vida que pudiera contener ha sido eliminada.

A lo largo de su vida, la Tierra se ha ocupado de borrar cuidadosamente las huellas que pudiera haber dejado la vida primitiva. La búsqueda de las huellas de la vida más antiguas debe hacerse, pues, no en las rocas más antiguas, sino en aquellas que han permanecido prácticamente inalterables durante miles de millones de años.

Estromatolitos

Si tuviéramos que señalar el lugar donde se encuentra la evidencia más antigua de vida sobre la Tierra, este sería el Polo Norte. Pero no el que todos conocemos, sino el situado en una región de Australia Occidental conocida con el nombre de Pilbara. Allí, donde las temperaturas llegan a sobrepasar los 50 °C, es donde se encuentra la formación rocosa conocida con el nombre de *Grupo Warrawoona*, que contiene cuatro tipos distintos de microfósiles.

En estas rocas encontramos los *estromatolitos*, unas estructuras en forma de roca construidas por bacterias fotosintéticas. Son la eviden-

---

* Si queremos ser precisos, en Isua se ha encontrado una proporción anormalmente alta de un tipo de carbono (un isótopo, hablando en términos técnicos), el C^{13}. Un carbono que únicamente se encuentra en proporciones apreciables en organismos vivos.

cia directa de que la vida se encontraba sobre la Tierra hace 3 500 millones de años. Una vida que, para nuestra sorpresa, no necesitaba del oxígeno para vivir. Pero además los estromatolitos son unos sutiles indicadores de cómo era la Tierra en el pasado, y constituyen la prueba más contundente del importante papel que los microbios desempeñaron hace miles de millones de años.

Los estromatolitos no son fósiles en el sentido estricto de la palabra. Se produjeron en los primitivos océanos de la Tierra debido a la actividad metabólica de ciertos microorganismos llamados *cianobacterias*, también conocidas, menos acertadamente, como algas verdeazuladas. Estas comunidades bacterianas construyeron los estromatolitos en el océano atrapando el polvillo que compone el sedimento más fino con una capa de mucus pegajoso secretado por la propia bacteria. La roca se construye por capas, de dentro hacia fuera, cuando los granos de sedimento se unen al carbonato cálcico del agua. Como las cianobacterias eran fotosintéticas y, además, capaces de moverse hacia la luz, avanzaban a la par que se acumulaba el sedimento. De este modo, siempre se encontraban en la superficie exterior del estromatolito *.

Los estromatolitos dominaron la Tierra durante 3 000 millones de años. Y fue solo con la aparición de los animales hace entre 500 y 600 millones de años cuando su estrella empezó a declinar. Habían vivido en todo tipo de ambientes, algunos de ellos extremadamente hostiles para la vida, como los lagos glaciares de la Antártida o los manantiales volcánicos de Yellowstone, pero no pudieron con el nuevo ambiente que estaba emergiendo.

Sin embargo, lo más fascinante de su vida es que aún hoy, a pesar de los profundos cambios sucedidos en la Tierra, los podemos encontrar vivos. Más concretamente en Australia Occidental, en la zona de Shark Bay. Ellos son los descendientes de la más antigua forma de vida conocida. Son nuestros antepasados y, en gran medida, los culpables de la existencia de oxígeno en nuestra atmósfera.

Un hermoso cuento

¿Cómo era la Tierra hace 4 000 millones de años? Si viajáramos hasta aquella época distante, seríamos incapaces de prever que aquel mun-

---

* En el caso de que estas bacterias vivieran en lagos, la cianobacteria precipitaba su propio carbonato, incorporando sedimento.

do iba a convertirse en lo que hoy vemos a nuestro alrededor. Imaginémonos de pie sobre el barro que ha quedado al bajar la marea. Hemos tenido suerte, pues la mayor parte de la superficie terrestre es un océano de aguas hirvientes sin continentes. Altos conos volcánicos, repartidos por todo el globo, que arrojan gran cantidad de gases a una atmósfera densa e irrespirable, son visibles en la distancia a través de una nube de cenizas y vapores proveniente de la lava incandescente que cae a un mar poco profundo; incluso podemos ver nubes de tormenta en torno a los picos. Algo sorprendente, pues el cielo se encuentra casi por completo libre de nubes. El brillante Sol inunda la Tierra con su luz y sus letales rayos ultravioletas. Por las noches, los meteoritos cruzan resplandecientes los cielos, y de vez en cuando, alguno cae estrellándose contra el agua y provocando inmensos *tsunamis* de varios kilómetros de altura.

Más cerca, los acantilados son azotados incesantemente por el batir de las olas arrastradas por los fuertes vientos. Tierra adentro, la escena la dominan montículos de lava negra cuya superficie está cubierta de escombros. Estamos rodeados de una extensión plana de fango gris que centellea cuando la intermitente luz se refleja en los cristales de yeso. Por todos lados hay charcas poco profundas y muy salinas. Quizá fue ahí, en esas charcas, donde surgieron las primeras formas de vida. O quizá fue en ciertos lugares del fondo de los océanos donde la lava del interior se escapaba por una grieta en la fina corteza oceánica. Allí abajo, el agua de mar, incapaz de hervir debido a la enorme presión a la que estaba sometida por la columna de agua que tenía encima, penetraba por las fisuras en la corteza.

En alguno de esos dos lugares, o en ambos, se produjo un pequeño milagro. Gracias a un juego químico cuyas reglas todavía no hemos logrado desentrañar del todo, los átomos se agruparon formando unas estructuras que, tras miles de millones de años, evolucionaron hasta convertirse en criaturas como los seres humanos. Resulta emocionante pensar que, dejando jugar a las leyes naturales y con un poco de suerte, en estos momentos estemos aquí y podamos preguntarnos sobre nuestros orígenes.

Hipertermófilos

Thomas Brock es un científico nacido en Cleveland en 1926. Biólogo de vocación, su nombre estará por siempre ligado al descubrimiento de seres vivos que viven en condiciones que hace un tiempo hubiéramos tildado de imposibles.

En 1964, Brock se encontraba visitando el parque nacional de Yellowstone. En aquella época estaba particularmente interesado en la ecología de los microorganismos y descubrió, entre maravillado y sorprendido, vida microbiana en los manantiales de aguas termales. Al verano siguiente regresó con su mujer para lo que podríamos llamar unas vacaciones de trabajo. Primero estudiaron las algas que vivían en lugares donde la temperatura alcanzaba los 60 °C. Pero entonces descubrieron que había bacterias que sobrevivían en manantiales donde la temperatura era incluso de 82 °C. ¿Por qué nadie antes había buscado microorganismos en los manantiales de Yellowstone? Por una razón muy simple: no se creía que pudiera haber vida a elevadas temperaturas. Lo que Brock encontró era, por decirlo muy llanamente, vida en agua hirviendo.

Desde entonces se han descubierto multitud de estos microorganismos capaces de vivir en ambientes en los que se pensaba que ninguno podía hacerlo. Los hay cuyas temperaturas óptimas de crecimiento están por encima de los 80 ó 90 °C. El récord actual lo detenta *Pyrolobus fumarii*, capaz de vivir hasta en los 113 °C. Otros son acidófilos, capaces de vivir a valores de pH bajísimos. *Picrophilus oshimae* vive tranquilamente con pH 0, en pleno ácido sulfúrico. Algunos son alcalófilos, viviendo a pH muy elevado. Otros son halófilos, en concentraciones de sal que impiden la vida al resto de los seres, etc.

¿Podrían tal vez estos microorganismos ocultar en su interior la clave para entender el origen de la vida? Muchos científicos piensan que así es. Es posible que las primeras formas de vida fueran extremófilas.

Una nueva forma de vida

En 1977, el físico Carl Woese, apasionado por el mundo microbiano, publicó un trabajo que supuso todo un hito en la biología, hasta el punto de que hoy se puede hablar de la "revolución woesiana".

Los microbiólogos llevaban más de un siglo intentando establecer una clasificación basada en relaciones de parentesco de los procariotas, las bacterias*. La idea genial de Woese fue hacer uso de una

---

* Una célula procariota no tiene un núcleo donde almacena y protege su ADN. Por el contrario, la célula eucariota –la que compone, por ejemplo, todos los animales pluricelulares, los hongos y las plantas– sí lo tiene.

propuesta de Emil Zuckerkandl y del premio Nobel Linus Pauling: en la secuencia de ácidos nucleicos y proteínas se acumula la información evolutiva de una célula. Woese decidió estudiar una molécula esencial para la supervivencia de toda célula, el ARN ribosomal, imprescindible para hacer funcionar los ribosomas, esas factorías donde las células de todo ser vivo sintetizan las proteínas que necesitan.

El éxito fue total. De un plumazo resolvió el problema que los microbiólogos habían renunciado a resolver, relacionar evolutivamente a las bacterias entre sí, y, de propina, descubrió que algunas de las bacterias que estaba estudiando no se parecían en nada al resto. Estas eran un grupo extraño de microorganismos capaces de vivir produciendo metano, y sus ARN se situaban a medio camino entre las verdaderas bacterias y los eucariotas. En un principio llamó a tales organismos *arqueobacterias*, debido al carácter aparentemente ancestral de sus secuencias. Con el tiempo se ha podido confirmar que estas constituyen un dominio independiente de organismos, las *arqueas*. Junto a las procariotas y eucariotas, son los tres dominios situados en las raíces del árbol de la vida.

Mars attacks!

Hace muchos años, el editor de un periódico envió un telegrama a un conocido astrónomo: «Telegrafíe inmediatamente 500 palabras sobre la posible existencia de vida en Marte». El astrónomo contestó: «Lo ignoramos» repetido 250 veces.

Nuestro querido planeta rojo siempre ha sido el lugar hacia el que hemos levantado los ojos buscando hombrecillos verdes con nariz de trompetilla. Ya en 1900, la Academia de Ciencias francesa ofrecía un premio a aquel científico que demostrara la existencia de vida en algún cuerpo del sistema solar... salvo en Marte.

Y es que tras los ambiguos resultados en busca de evidencia de vida en el suelo marciano obtenidos por las sondas *Viking* a mediados de los setenta, todo cambió el 7 de agosto de 1996. Ese día, el administrador de la NASA, Daniel Goldin, convocaba una rueda de prensa en Washington para anunciar un descubrimiento sensacional: un equipo de científicos del Johnson Space Center había encontrado evidencias de la existencia de vida primitiva en Marte. Al menos, eso se deducía de su análisis del meteorito ALH84001, el primero catalogado tras la recogida realizada en 1984 en la zona de Allan Hills, en la Antártida.

Esta piedra de tan curioso nombre pertenece a un tipo de meteoritos, escasos y muy peculiares, conocidos como SNC. En ellos todo es extraño: se formaron a partir del enfriamiento de lava hace entre 1 300 y 180 millones de años, una época demasiado cercana a la actualidad, geológicamente hablando (nuestro sistema solar tiene una edad de 5 000 millones de años). Si eso ya era raro, más lo fue descubrir que la proporción de los gases encerrados en diminutas burbujas dentro de dichos meteoritos coincidía con los de la atmósfera marciana. De este modo, en 1984, la comunidad científica aceptó que los misteriosos SNC provenían de Marte.

Cuatro fueron las evidencias obtenidas por los científicos de la NASA: unos diminutos glóbulos de carbonato similares a los que dejan las bacterias terrestres; unos compuestos orgánicos llamados hidrocarburos policíclicos aromáticos, que se producen en procesos biológicos tales como la respiración, la fotosíntesis o la descomposición; unos aglomerados de magnetita con forma de lágrima muy parecidos a los que dejan las bacterias terrestres y, la más dramática de todas, unas estructuras alargadas que parecen fósiles de bacterias. Desde el primer momento, numerosos científicos expresaron sus reticencias a aceptarlas como pruebas (circunstanciales, eso sí) de vida en Marte, y poco a poco se han ido dando explicaciones alternativas a cada una de esas evidencias, hasta el punto de que únicamente ha quedado la magnetita como el "clavo ardiente" al que se han estado agarrando sus defensores. Por desgracia, los famosos cristales de magnetita parece ser que se formaron cuando ese trozo de Marte se calentó debido al impacto del meteorito que lo arrancó de la superficie, fundiendo y evaporando muchos de los minerales que contenía la roca. Puede que, finalmente, ALH84001 no sea la prueba que estemos buscando. Marte seguirá guardando el secreto en su interior.

Más planetas

En 1995, dos astrónomos suizos, Michael Meyor y Didier Queloz, hacían un descubrimiento que muy probablemente figure en los libros de texto de astronomía que se escriban a partir de ahora. Descubrieron los primeros planetas orbitando alrededor de otras estrellas.

La verdad es que estos dos suizos no estaban buscando planetas. Lo que querían encontrar eran unas diminutas estrellas, compañeras de otras más masivas y luminosas, llamadas enanas marrones, cuyo tamaño está entre el de un planeta y el de una estrella. Estas enanas marrones no se pueden llamar propiamente estrellas, pues en su interior no se producen reacciones nucleares y, por tanto, no brillan con el fulgor al que nos tienen acostumbrados estos objetos celestes. Pero tampoco son totalmente oscuras. Presentan una luz muy débil debido al calor que emiten como recuerdo de un pasado más agitado y en continua contracción.

Una enana marrón dando vueltas alrededor de otra estrella no se observa directamente por el telescopio. Para localizarlas, Meyor y Queloz utilizaron el siguiente método indirecto: si la estrella en la que se van a buscar estas enanas marrones no tiene ninguna, su movimiento por el cielo (debido a que todas las estrellas giran alrededor del centro de la Galaxia) será una línea recta. Pero si efectivamente tiene una compañera invisible, la omnipresente gravedad creada por la enana marrón tirará de ella obligándola a moverse dando tumbos, como si estuviera borracha. El problema es que estos tumbos no son muy pronunciados y se ven solo con dificultad.

En 1995, Meyor y Queloz descubrían este efecto en 51 Pegasi, una estrella muy parecida a nuestro Sol. Pero cuál no sería su sorpresa cuando se encontraron con que el compañero invisible de aquella estrella no podía tener más de dos veces la masa de Júpiter. Era demasiado poco para una enana marrón. En realidad, se trataba de un planeta.

Un planeta, sí; pero no nos hagamos muchas ilusiones de encontrar alguien allí: está muy cerca de su sol. Tanto, que solo tarda cuatro días en dar una vuelta completa (Mercurio tarda 88 días) y la temperatura en su superficie es de casi 1 500 °C.

¿Estamos solos?

Las fuerzas de la naturaleza han dirigido la evolución como un relojero ciego y son parte de la historia natural del planeta. La historia de la vida en la Tierra nos enseña que ella misma es producto del azar. Muchas especies han desaparecido y su lugar ha sido ocupado por otras muy distintas. Miles de millones de años son mucho tiempo, y en ese período pueden suceder muchas cosas.

Entre estas cosas se encuentra la aparición y evolución del cerebro, un órgano capaz de procesar y analizar los datos provenientes del exterior. No sabemos si la aparición de la inteligencia es algo inevitable, pero al parecer proporciona cierta ventaja sobre otras especies que no la poseen.

Nuestros antepasados fueron capaces de manipular su entorno con sus extremidades y, posteriormente, con objetos construidos por ellos mismos: había aparecido la tecnología. Hace diez mil años aprendimos a cultivar la tierra y a escribir. Hace solo cien años hemos sido capaces de comunicarnos entre nosotros a la velocidad de la luz, y hace veinticinco que hemos puesto un pie en otro objeto del sistema solar. Ahora bien, ¿es la vida en la Tierra solo una casualidad improbable? ¿Es posible que en algún otro lugar del universo haya vida?

Siempre ha habido personas que han pensado que no somos únicos. Uno fue el griego Anaxímenes, que vivió allá por el 600 a.C. Anaxímenes era de Mileto, en la costa occidental de la actual Turquía, al igual que el gran matemático Tales. Él pensaba, en lo que parece ser una increíble profecía cumplida, que el número de mundos como el nuestro existentes en todo el universo era infinito, y sugería que la vida apareció en el fango de los océanos y poco a poco se fue adaptando al medio en que le tocó vivir.

No fue hasta 1954 (más de 2 500 años después) cuando el biólogo de Harvard George Wald mencionó explícitamente la posibilidad de que en un universo tan grande pudiera haber otros planetas que contuvieran vida; y el genetista británico John B. S. Haldane apuntó que la llegada de la Era Espacial permitiría elucidar si existía algún tipo de "astroplancton" en el polvo lunar y así testar la panspermia*.

Cinco años más tarde, dos físicos de la Universidad de Cornell, Giuseppe Cocconi y Philip Morrison, publicaban en la prestigiosa revista científica *Nature* un trabajo llamado a convertirse en un clásico: *Searching for interstellar communications*. En él sugerían que la mejor manera de buscar posibles civilizaciones extraterrestres era usando los radiotelescopios. Más concretamente, escuchando en la línea de 21 cm del hidrógeno. ¿Por qué? Porque si existen y poseen

---

* Esta hipótesis afirma que la vida (o al menos los componentes básicos de la vida) no surgió en la Tierra, sino que llegó del espacio exterior. Fue enunciada por primera vez por el químico sueco Svante Arrhenius en 1903, quien sugirió que formas microscópicas de vida, como las esporas, podían encontrarse en el espacio y de vez en cuando caer sobre un planeta sembrándolo de vida. ¿Es esto posible? Quizá. En 1972 cayó en Australia un meteorito, conocido como el meteorito Murchinson, en el que se encontraron 74 aminoácidos, 55 de ellos de probable origen extraterrestre.

una ciencia al menos tan avanzada como la nuestra, sabrán que una de las mejores formas de conocer el universo es a través de esa línea de emisión del hidrógeno, básica en radioastronomía.

Sin tener ni idea del trabajo de estos dos físicos, un joven radioastrónomo llamado Frank Drake había llegado a la misma conclusión. Contratado para operar los radiotelescopios del recién fundado National Radio Astronomy Observatory (NRAO), Drake comenzó, el 8 de abril de 1960, su *Proyecto Ozma*: apuntar el radiotelescopio Tatel, de 26 metros de plato, a dos estrellas cercanas y parecidas a nuestro Sol: Tau Ceti y Epsilon Eridani. Acababa de nacer el programa SETI, la búsqueda de inteligencia extraterrestre.

Somos la única criatura sobre este planeta capaz de anunciar su presencia en el cosmos. ¿Somos también únicos en la Galaxia? ¿Existen otras inteligencias en el universo?

El experimento Contact

En febrero de 1992, dos equipos se dispusieron a jugar un sorprendente juego de rol: simular el primer contacto entre seres humanos y extraterrestres. Este interesante ejercicio ya había sido realizado con anterioridad ocho veces por miembros de una organización sin ánimo de lucro llamada Contact, pero esta era la primera vez que se llevaba a cabo meticulosamente. Bueno, tan meticulosamente como se pueda hacer este tipo de experimentos.

Un año antes, los directores de Contact habían decidido que esta vez el juego sería bastante sofisticado, de manera que pudiera atraer a patrocinadores de prestigio. Al final se pudieron constituir dos equipos compuestos por físicos, psicólogos, artistas, geólogos, escritores de ciencia-ficción... El objetivo era bien simple: el equipo humano debía ser capaz de interpretar el mensaje del equipo extraterrestre, que trabajó duramente para preparar un modelo de su raza, un mapa, un planeta y un vuelo animado sobre la superficie de su planeta madre. Después de un año, el momento de la primera transmisión llegó.

El equipo humano, compuesto por unas 16 personas, estaba además unido vía correo electrónico con un gran número de posibles consultores. Todo parecía listo, pero nada más empezar la primera transmisión, el primer contacto entre dos razas alienígenas, todo se fue al traste. ¿El motivo? Bien sencillo. Los extraterrestres utilizaban ordenadores PC, mientras que los humanos usaban MacIntosh. A nadie se le había ocurrido incorporar el *software* necesario para poder traducir de un tipo a otro de ordenador*.

Todos aprendieron la moraleja: si los propios ordenadores humanos presentan problemas a la hora de comunicarse entre sí, ¿qué inimaginables problemas aparecerán cuando intentemos comunicar con extraterrestres de verdad?

Mensaje en una botella

El 2 de marzo de 1972 partía desde Cabo Cañaveral la sonda espacial *Pioneer 10*. Trece meses después salía la *Pioneer 11*. Aunque su misión científica era investigar Júpiter y Saturno, ambas naves espaciales saltaron a la fama por ser las primeras en llevar un mensaje destinado a los extraterrestres.

El mensaje consiste en una placa de aluminio anodizado al oro más pequeña que un folio. Fue diseñado por el conocido astrofísico Carl Sagan, la que era por entonces su mujer, Linda Salzman, y el astrónomo pionero en la búsqueda de emisiones de radio de civilizaciones extraterrestres, Frank Drake. El mensaje contiene unos misteriosos dibujos y símbolos. Uno de ellos representa la molécula de hidrógeno, para que los extraterrestres se den cuenta de que sabemos cuál es el átomo más abundante del universo. También hay una imagen del sistema solar con una flecha que indica la trayectoria seguida por las *Pioneer* desde el tercer planeta, la Tierra. Finalmente proporcionamos a los extraterrestres un mapa galáctico en el que damos la situación del Sol con relación a catorce púlsares. Se escogieron estas estrellas porque, vistas en la dirección apropiada, se comportan como un faro que se enciende y se apaga a un ritmo extremadamente regular. En realidad, son tan precisos que su período de encendido y apagado constituye, por sí solo, la marca, la huella dactilar del púlsar.

Pero quizá lo más extraño que los extraterrestres podrán descubrir en la placa de las *Pioneer* sea el dibujo de dos figuras. Representan a un hombre y a una mujer desnudos y colocados junto a una representación de la sonda espacial, para que los perspicaces hombrecillos verdes se hagan una idea de nuestro tamaño. Ambos

---

* Al final, el problema se resolvió gracias a la ayuda de una universidad cercana...

están de pie, y el hombre levanta la mano derecha saludando al estilo terrícola.

La polémica estalló de inmediato: para los puritanos, la imagen era pornográfica, al presentarnos tal y como venimos al mundo; para las feministas, la imagen era sexista, pues era el hombre quien llevaba la voz cantante mientras que la mujer desempeñaba un papel totalmente pasivo; para los agoreros era un tremendo error dar la situación de nuestro planeta en la galaxia: ¿y si los extraterrestres son malos y deciden invadirnos?...

A pesar de las críticas, las sondas partieron con el mensaje. El viaje que les espera es de los de echarse a temblar. Después de algo más de 26 000 años de viaje, las naves llegarán a la llamada *nube de Oort*, el lugar de donde provienen los cometas, y todavía entonces se encontrarán en el sistema solar. Dentro de 80 000 años habrán recorrido tan solo cuatro años luz, que es la distancia que nos separa de la estrella más cercana a nuestro Sol, Alfa Centauri.

Si después de todo ese tiempo, algún extraterrestre cabezón y con nariz de trompetilla capturase por casualidad alguna de las naves, aprenderá muchas cosas de nosotros. Pero, como comentó irónicamente el astrónomo Rudolf Kippenhahn, «habrá una cosa que nunca descubrirán: qué aspecto tenemos vistos de espaldas. Esto será un eterno misterio para ellos».

Mensaje en una botella 2

Al igual que las *Pioneer*, y como si de la segunda parte de una película de ciencia-ficción de serie B se tratase, en algún lugar cerca de los límites de nuestro sistema solar se encuentran hoy viajando hacia las estrellas las sondas espaciales *Voyager 1* y *Voyager 2*. Fueron lanzadas en 1977 con parecida misión a las de sus predecesoras *Pioneer*: obtener imágenes y otros datos de importancia para los planetólogos que dedican su vida a estudiar los gigantes gaseosos de nuestro sistema solar: Júpiter, Saturno, Urano y Neptuno. Una vez concluida su misión científica, las *Voyager* y las *Pioneer* serán las cuatro tarjetas de visita de nuestro planeta dirigidas a posibles civilizaciones extraterrestres.

Igual que suele suceder con las secuelas, el director de esta segunda parte fue, otra vez, Carl Sagan. Claro que el guión no era el mismo. Las segundas partes deben ser más espectaculares. Así que esta vez Sagan editó la grabación de un disco donde los extraterrestres, si son capaces de entender el libro de instrucciones del "tocadiscos" que llevan las *Voyager*, podrán escuchar saludos en 55 lenguas humanas, una muestra del lenguaje de las ballenas, el llanto de un bebé, un beso, el registro sonoro de un electroencefalograma con las meditaciones de una mujer enamorada, y 90 minutos de música: mariachis, flautas *sikus* peruanas, *raga* hindú, un canto nocturno de los indios navajo, un canto de iniciación de una mujer pigmea, una pieza *shakuihachi* japonesa, así como música de Bach, Beethoven, Mozart, Stravinsky, Louis Armstrong y Chuck Berry, que interpreta su celebérrima *Johnny B. Goode*. Si un día una hipotética nave ET consigue escuchar el disco, puede ser que nos conteste, como insinuaron en el programa *Saturday Night Live*: «Por favor, envíen más *Johnny B. Goode*».

Pero lo más irónico de todo es el mensaje de paz dirigido a esas posibles y avanzadas civilizaciones extraterrestres. Fue grabado por el entonces secretario general de las Naciones Unidas, Kurt Waldheim. Irónico, porque a Waldheim se le ha acusado de haber ocultado información sobre su pasado durante la Segunda Guerra Mundial. Aparentemente, fue oficial de inteligencia de una unidad del ejército nazi que había llevado a cabo brutales operaciones de castigo contra los partisanos en los Balcanes, y responsable de la deportación de los judíos de Salónica a los campos de exterminio.

7
El hombre que calumnió a los monos

> *Por definición, ninguna evidencia aparente, percibida o afirmada como tal, en ningún campo, incluyendo la historia y la cronología, puede ser válida si contradice el registro de las Escrituras.*
>
> Declaración de Fe de *Answers in Genesis*

> *Las historias míticas pueden estar más de acuerdo con el sentido común que las declaraciones de los bioquímicos y de los biólogos moleculares.*
>
> François Jacob (1920-)
> Premio Nobel de Medicina 1965

Hay un barco que figurará por siempre en los anales de la ciencia: el *HMS Beagle*. Uno de sus capitanes fue un rudo marino de origen aristocrático (era descendiente ilegítimo de Carlos II), con un carácter insoportable, sobre todo en las primeras horas de la mañana, y propenso a las depresiones, llamado Robert Fitzroy. Ascendió en el escalafón durante una misión de reconocimiento por Sudamérica en 1828. El capitán Pringle Stokes se suicidó cuando todavía se encontraban en Tierra del Fuego, y la Oficina del Almirantazgo en la ciudad de Río de Janeiro decidió poner al joven teniente, de solo veintitrés años, al mando de la nave.

El buque reanudó su misión de explorar Tierra del Fuego y las islas cercanas. Fue entonces cuando sucedió algo que demostró el buen temple de Fitzroy. Uno de los botes balleneros fue robado, y Fitzroy secuestró a cinco nativos, que los ingleses llamaban *fueguinos*, en espera de que les fuera devuelto el bote. Pero los días pasaban y el bote no aparecía. Entonces Fitzroy liberó a dos de los rehenes.

> Los únicos rehenes que el capitán Fitzroy pudo conservar fueron una niñita de ocho años, a [quien] se dio el nombre de Fuegia Basket, y un mozo de 19 que fue llamado Boat Memory, en memoria del bote perdido. A estos se juntaron después un joven de 25, que se tomó a bordo cerca del promontorio de York Minster, cuyo nombre se le puso, y un niño que por el precio que se pagó por él se llamó Santiaguillo Botón (Jemmy Button). Esos cuatro fueguinos (fuegians), pues así hallamos designados a los habitantes de Tierra del Fuego, llegaron felizmente a Inglaterra, a la vuelta de la Adventure y la Beagle, *en el otoño de 1830* [1].

Fitzroy había pensado que muy bien podría llevar algunos nativos a Inglaterra. El plan era inteligente: cuando los devolvieran a su tierra, servirían de vínculo entre ambos pueblos y se convertirían en leales protectores de los intereses de Su Graciosa Majestad en aquel lugar estratégico del cono sur americano. El Almirantazgo dio luz verde al plan de Fitzroy. De este modo, Fuegia Basket, York Minster y Jemmy Button aprendieron inglés y cristianismo.

Cuando llegó el momento de repatriarlos, al *Beagle* le tocaba volver a navegar. Inicialmente, su misión era medir «con exactitud la longitud de numerosas islas oceánicas y continentes» en Sudamérica, pero al final se amplió hasta convertirse en un viaje de cinco años alrededor del mundo. Fitzroy pagó de su bolsillo casi todas las reparaciones y mejoras que necesitaba este barco de 30 metros de eslora, y el 27 de diciembre de 1831, el *Beagle* estaba listo para partir en un viaje que iba a revolucionar la biología.

Un viaje para la historia

Uno de los libros más importantes y polémicos jamás escritos apareció en 1859. La primera edición constó de 1.250 ejemplares que se agotaron al día siguiente de aparecer en las librerías. El libro desató una fuerte polémica y fue objeto de duros ataques e insultos hacia su autor. No se trataba de un libro sobre política, filosofía o religión, a pesar de que ha tenido una influencia fundamental sobre todas esas materias: era un libro de ciencia; más concretamente, de biología. Su título completo era *Sobre el origen de las especies a través de la selección natural, o la preservación de las razas favorecidas en la lucha por la vida*. Su autor, un naturalista inglés que iba para médico pero que se licenció en teología por Cambridge, llamado Charles Darwin.

Darwin pertenecía a una distinguida familia de médicos (su abuelo era el famoso médico, poeta y naturalista Erasmus Darwin). Aunque su educación iba orientada a continuar la tradición familiar, Darwin pronto descubrió que su verdadera pasión era el estudio de la naturaleza, y decidió seguir los pasos de su abuelo.

El momento decisivo en la vida de Darwin llegó el 24 de agosto de 1831, cuando su amigo el botánico John Stevens Henslow (que junto al geólogo Adam Sedgwick fueron las dos personas que más le influyeron en sus años de estudiante) le informó de la oferta del capitán Fitzroy de «ceder parte de su propio camarote a un joven que se ofrezca como voluntario para acompañarle, sin retribución alguna, como naturalista, durante el viaje del *Beagle*». El empleo consistía en recoger, observar y anotar todo lo posible sobre los animales y plantas que se encontraran durante su periplo. En realidad, el verdadero motivo era proveer a Fitzroy de alguien con quien poder hablar, y que no fuera un subalterno. Y es que a causa de la férrea disciplina de la marina inglesa, a quien detentaba el mando de un barco de Su Graciosa Majestad siempre le acompañaba una profunda y, en ocasiones, insoportable sensación de soledad. Los suicidios no eran moneda extraña por entonces entre los capitanes.

Tras detenerse en Canarias y en la costa sudamericana, el *Beagle* recaló en las islas Galápagos. Allí, Darwin descubrió que cada isla tenía su propia especie de pájaro pinzón. Encontró hasta catorce tipos distintos: unos tenían el pico largo, otros corto, curvado algunos... Darwin se preguntó por qué cada islote tenía su propia especie. ¿No sería que al principio solo había una especie que se transformó en varias? Pero si era así, ¿por qué lo hacía? Darwin se dio cuenta también de que cada especie de pinzón comía un tipo distinto de alimento, y de que justamente su pico era el apropiado para capturarlo.

A medida que aumentaban sus observaciones, más se convencía de que las especies se transformaban. De regreso en Inglaterra, Darwin dedicó muchos años a estudiar estos cambios de especies. Hasta entonces, muy pocos creían que una especie pudiera sufrir transformaciones. Es más, nadie había encontrado una razón convincente para afirmarlo. Darwin tampoco.

Pero un día, Darwin, mientras «buscaba algo de distracción leyendo la obra de Malthus sobre la población», dio con la respuesta. Este clérigo inglés defendía que la población siempre crece más deprisa que los recursos alimenticios, de forma que siempre habrá alguien que muera de hambre. ¡Ahí estaba la clave! Todos los animales engendran más descendencia de la que puede vivir con los alimentos disponibles. Por tanto, algunos tienen que morir. ¿Cuáles? Aquellos que se adapten peor al medio en el que viven. A este mecanismo Darwin lo bautizó con el nombre de *selección natural*.

En 1844 se dispuso a contar al mundo los descubrimientos que durante cinco años a bordo del *Beagle* le habían conducido hasta el mecanismo que guía la evolución de las especies. Pero Darwin no era un hombre con demasiada prisa, y después de 14 años todavía no había terminado su libro. Sus amigos le decían que se apresurara, que alguien le iba, si no, a pisar la idea. Pero Darwin no aceleró y al final apareció ese alguien: Alfred Rusell Wallace.

Desde Borneo

Al contrario que Darwin, Wallace no tuvo mucha suerte a lo largo de su vida. Su padre era abogado, pero prefirió dejar de trabajar y vivir de una pequeña fortuna que había heredado. Cuando el dinero se terminó, ya era demasiado tarde para volver a su antiguo trabajo. Fundó una revista de arte y literatura, pero fracasó, y desde ese momento solo consiguió empleos eventuales como bibliotecario y profesor.

Los constantes devaneos de su padre hicieron que Wallace nunca recibiera una educación formal. Abandonó el colegio a los trece años para ayudar a su hermano mayor en el negocio de la agrimensura, aunque, eso sí, nunca dejó a un lado los libros. Leía abundantemente gracias al empleo ocasional de su padre como bibliotecario y a que pertenecía a un club del libro. En el transcurso de estas lecturas descubrió su interés por las matemáticas, la geología y, sobre todo, por la botánica. Tenía entonces ya veintiún años: leer los libros de viajes de los naturalistas Alexander von Humboldt y del propio Darwin espoleó su deseo de repetir esas hazañas.

En 1848 Wallace pudo finalmente cumplir su sueño. Ese año se embarcó a bordo del *Mischief* rumbo a Sudamérica. Durante más de cuatro años exploró el Amazonas y el río Negro, donde varias veces estuvo a punto de desaparecer sin dejar rastro. Y por si no fuera bastante con lo sufrido en las selvas sudamericanas, de regreso a Inglaterra su barco se incendió y perdió la mayor parte de la colección de animales y plantas que con tanto esfuerzo y sufrimiento había recogido. El pobre biólogo fue rescatado diez días después en un bote a la deriva.

Inasequible al desaliento, dos años más tarde del desastre volvía a la carga. Pero Sudamérica se había convertido por entonces en foco de atención de los naturalistas a la hora de recolectar especímenes, por lo que Wallace decidió marchar al ignoto archipiélago malayo. Durante ocho años recorrió más de 20 000 kilómetros repartidos entre las Molucas, Sumatra, Java, Nueva Guinea y muchas otras islas. La abundancia de sus aportaciones científicas le creó una excelente reputación como biólogo en su Inglaterra natal. Pero su mayor descubrimiento estaba aún por llegar.

En 1855, mientras se encontraba en Borneo, se le ocurrió la idea de que las especies debían cambiar con el tiempo. Tres años después llegó a la conclusión de que esos cambios se producen por selección natural, que él bautizó como la *supervivencia de los más aptos*. Curiosamente, también él llegó a esta conclusión siguiendo el mismo camino que Darwin: tras leer *Ensayo sobre los principios de la población* de Malthus.

En febrero de 1858, en una de las islas del archipiélago malayo, nuestro querido aventurero inglés, envuelto en una manta a la espera de que se le pasara el ataque de malaria, se disponía a escribir sus ideas acerca del origen de las especies, el problema que le había obsesionado durante once años. Una vez recuperado, Wallace, mucho más dinámico que el sosegado Darwin, se sentó, y en dos días terminaba el artículo titulado *Sobre la tendencia de las variedades a desviarse indefinidamente del tipo original*. Metió las páginas en un sobre y lo envió para que lo revisara el más famoso naturalista de entonces, Charles Darwin.

La sorpresa de Darwin fue mayúscula: lo que había escrito Wallace eran sus mismas ideas, algunas de ellas expresadas incluso de manera parecida. Agobiado, pensó mucho qué hacer con ese manuscrito. Al final decidió presentarlo ante la Linnean Society, pero sus amigos le convencieron de que hiciera él también lo propio, relatando sus investigaciones. Curiosamente, ambos artículos pasaron totalmente desapercibidos, hasta el punto de que el presidente de la sociedad escribiría en su memoria anual que 1858 había sido un año especialmente anodino en lo que a descubrimientos científicos se refería.

Sin embargo, al año siguiente estalló la bomba. Darwin terminó su esperado libro, que acabó por poner al hombre en el sitio que le corresponde en la naturaleza. El ser humano dejó de ser el centro de la creación, y eso, claro está, a algunos no les gustó.

La reunión de Oxford

La aparición de *El origen de las especies* levantó una enorme polvareda. Muchas críticas llovieron sobre el naturalista, un hombre que odiaba la polémica. Muy pocas podrían catalogarse como críticas constructivas. Gran parte fueron producto de una deficiente comprensión del libro, y las más llegaron de la pluma de aquellos que veían peligrar sus creencias religiosas.

Entre los críticos más vociferantes estaba el obispo anglicano de Oxford Samuel Wilberforce, conocido como *Soapy Sam* (Meloso Sam). En un artículo publicado anónimamente en la revista *London Quarterly Review* en julio de 1860, Wilberforce denunció el libro de Darwin como «absolutamente incompatible con la Palabra de Dios». Y continuaba [2]:

> *Los conceptos de supremacía derivada del hombre sobre la tierra, la capacidad humana de hablar, el don humano del razonamiento, la libre voluntad y la responsabilidad humanas, la caída y la redención del hombre, la Encarnación del Hijo Eterno, la presencia del Espíritu Eterno... son igual y absolutamente irreconciliables con la noción degradante de que quien fue creado a imagen de Dios y redimido por el Hijo Eterno tenga un origen animal.*

La fecha que pasará a la historia es el 30 de junio de 1860. Aquel día, en la reunión anual de la Asociación Británica para el Progreso de la Ciencia, celebrada en Oxford, se debatió públicamente el libro de Darwin. El autor no estaba presente; en su lugar se encontraba Thomas Henry Huxley, que más tarde se pondría el sobrenombre de *el bulldog de Darwin*.

En primer lugar tomó la palabra el obispo. Con brillante elocuencia y escaso respeto expuso sus ideas. Al finalizar su discurso se volvió hacia Huxley y, con tono condescendiente, le preguntó:

–¿Se considera usted descendiente de mono por parte de padre o de madre?

Entonces Huxley susurró a su vecino de asiento:

–El Señor lo ha puesto en mis manos.

Y con parsimonia se levantó, hizo una no menos lúcida defensa de las tesis de Darwin, miró a Wilberforce a los ojos y respondió:

–Si tuviera que elegir por antepasado entre un pobre mono y un hombre magníficamente dotado por la naturaleza y de gran influencia, que utiliza esos dones para desacreditar a quienes humildemente buscan la verdad, no dudaría ni un instante en inclinarme por el mono.

El impacto de estas palabras fue tal que una señora se desmayó en medio de la conmoción general. Al enterarse Darwin, con gran ironía, escribió a Huxley: «¿Es que no tienes respeto por los obispos? ¡Por Júpiter, no lo has hecho nada mal!».

Huidos del paraíso

Wilberforce no podía aceptar las implicaciones de las ideas de Darwin. Desde la noche de los tiempos nos hemos estado haciendo la eterna pregunta: ¿de dónde venimos? Y desde la noche de los tiempos hemos intentado responderla, con más ganas que acierto. Porque cuando nos interrogamos acerca de nuestras más profundas inquietudes buscamos no las respuestas correctas, sino aquellas que nos confortan. Muchas de estas respuestas nos pusieron en el centro del universo, algo bastante natural siendo nosotros quienes nos preguntábamos acerca de nuestros orígenes. Por supuesto, no íbamos a colocarnos en mal lugar.

A lo largo de la historia, todas las civilizaciones han aceptado y aceptan que la vida es algo milagroso y, como tal, que solo puede deberse a la acción divina. La creación de todas las especies ha sido simultánea, y Dios o los dioses nos han colocado sobre la Tierra como quien planta un geranio en una maceta. Una creencia que se ha mantenido hasta nuestros días. Prueba de ello es el famoso juicio contra un profesor de biología por haber violado la ley del Estado de Tennessee que prohibía la enseñanza en escuelas públicas de cualquier idea sobre el origen del hombre que estuviera en contradicción con la Biblia (o, mejor dicho, con la manera en la que los fundamentalistas interpretan la Biblia).

> *Tómese un maestro de escuela, un orador, un abogado de la defensa, un mono y la ley. Añádase la religión, los periodistas y a una ciudad queriendo atraer la industria. Mézclese todo junto y cocínese durante ocho días en un tribunal repleto de gente. Al terminar, se tiene el juicio Scopes que sucedió en Dayton, Tennessee* [3].

Todo comenzó el 10 de julio de 1925, cuando se sentó ante los tribunales al profesor de ciencias y entrenador de veinticuatro años John T. Scopes. Su delito: haber enseñado la teoría de la evolución a sus estudiantes. El fiscal fue William Jennings Bryan, por tres ocasiones candidato demócrata a la Presidencia de los Estados Unidos y líder de la cruzada fundamentalista que pretendía suprimir la teoría de Darwin de todas las escuelas del país.

El juicio fue seguido por el más influyente de los periodistas de la época, el cáustico y cínico Henry Louis Mencken, que llegó a Dayton con una máquina de escribir y cuatro botellas de whisky. Mencken se ganó la enemistad de todas las gentes de Dayton –les llamó "primates", "retrasados mentales", "palurdos", "bobos" y "pueblerinos"–, y también la de Bryan, un "burro redomado".

Había sido enviado a Dayton por el *Mercury* y el *Baltimore Sun*, de los cuales este último se ofreció a pagar parte del coste de la defensa, conducida por el más brillante abogado defensor de entonces, Clarence Darrow. Pero no hizo falta: Scopes fue el único cliente al que Darrow representó gratuitamente: en realidad, se ofreció a defenderle cuando se enteró de que Bryan iba a ejercer de fiscal.

Este juicio pasará a la historia de la abogacía por lo que *The New York Times* calificó como «la escena más asombrosa en la historia de los tribunales anglosajones». Darrow llamó como testigo de la defensa al propio Bryan en su calidad de experto en la Biblia. Al finalizar el interrogatorio, Darrow había acabado con Bryan. Un historiador escribió: «Como hombre y como leyenda, aquel día a Bryan le destruyó su propio testimonio» *.

Para nuestra desgracia, aquellos "palurdos" de Mencken aún siguen vociferando por una enseñanza igualitaria de la evolución con un engendro llamado "creacionismo científico". Porque hoy día aún hay gente que sigue defendiendo que la Biblia debe tomarse al pie de la letra, despreciando desde su prepotencia la capacidad del ser humano para comprender el universo que le rodea.

---

* Con el tiempo, este juicio se convirtió en obra de teatro, *La herencia del viento* (1950). Sus autores, Jerome Lawrence y Robert E. Lee, sacrificaron parte de la historia real para convertirla en un alegato a favor de la libertad intelectual y contra la era McCarthy. En 1960, el productor y director Stanley Kramer la llevó al cine, protagonizada por Spencer Tracy (Darrow), Fredric March (Bryan) y Gene Kelly (Mencken).

De monos y hombres

El hombre proviene del mono. Para muchos, esta es la idea central de la teoría de la evolución formulada por Charles Darwin. Nada hay más falso.

La verdadera idea no es que el mono sea un abuelo nuestro, sino que monos y humanos tuvimos hace mucho tiempo un antepasado común. Aún más, todas las especies de la Tierra, plantas incluidas, surgieron de un mismo tronco y fueron evolucionando para adaptarse a los diferentes ambientes en los que les tocó vivir.

Si observamos las evoluciones de los chimpancés en un circo o en la televisión, no podemos por menos que pensar que son casi humanos. No creamos que este pensamiento es nuevo o de nuestra propiedad. Por su parecido, humanos, simios y monos han sido emparentados a lo largo de la historia. Ya en Grecia y Roma se dieron cuenta de esta semejanza, un hecho que fue mencionado por Aristóteles y Galeno. De hecho, Galeno se dedicó a realizar disecciones de monos para comprender la anatomía humana. Los autores mayas del *Popol Vuh* creían que los monos eran el último experimento fallido que realizaron los dioses antes de que les saliera bien el ser humano. Porque, al parecer, los dioses, a pesar de que eran unos seres con buenas intenciones, no tenían mucha mano como artesanos. Debemos comprenderlo: es complicado fabricar hombres.

Muchos pueblos de África, América Central, América del Sur y del Subcontinente Indio pensaban también que los simios antropomorfos y los monos tenían alguna relación profunda con el hombre: eran aspirantes a hombres, hombres frustrados o degradados por algún tipo de transgresión de las leyes divinas, o incluso exiliados voluntarios que huyeron de la disciplina que impone la civilización. Algunos llegaron a afirmar que los monos son verdaderamente inteligentes y tienen capacidad para hablar; pero no lo demuestran porque saben que nosotros los pondríamos a trabajar de inmediato.

Fruslerías

Que la teoría de la evolución de las especies sea cierta es algo que no resulta fácil de aceptar para muchos de nosotros, sobre todo para aquellos que piensan que el hombre es el rey de la creación, que es algo especial y diferente al resto de los seres vivos. Claro que si una ameba tuviera conciencia y fuera capaz de reflexionar sobre su propia existencia, ¿no creería también que ella es algo especial?

Que bastantes personas, sobre todo aquellos que profesan algún tipo de fundamentalismo cristiano, no acepten que el ser humano comparta origen con los llamados seres inferiores es porque, simplemente, se creen superiores. ¿Por qué? Porque pensamos y hemos decidido que esa propiedad de nuestro cerebro define la superioridad. No hay duda de que si fuéramos los seres más rápidos sobre la Tierra, acabaríamos aduciendo la rapidez como muestra de superioridad.

Pero el problema de fondo es lo que el paleontólogo y excelente divulgador científico Stephen Jay Gould definía como el hecho más aterrador de la biología [4]:

> *Al terminar el pasado siglo sabíamos que la Tierra había resistido millones de años, y que la existencia humana no ocupaba más que el último microsegundo geológico de su historia, el último centímetro del kilómetro cósmico. Entonces la vida no puede, en ningún sentido, existir para nosotros o debido a nosotros. Quizá únicamente seamos una especie de accidente cósmico, una fruslería en el árbol de Navidad de la evolución.*

Quien expresó de manera impecable la idea de que es absurdo pensar que todo lo que existe se hizo para permitir la existencia del hombre fue Mark Twain. Tomando como analogía del mundo a la torre Eiffel, Twain escribió con su habitual fina ironía [5]:

> *Si la torre Eiffel representara la edad del mundo, la capa de pintura en el botón del remate de su cúspide representaría la parte que al hombre le corresponde de tal edad; y cualquiera se daría cuenta de que la capa de pintura del remate es la razón por la cual se construyó la torre.*

El monje y los guisantes

El gran hallazgo de Darwin y Wallace no fue descubrir que hombres y monos se parecen, sino el mecanismo por el cual las especies cambian: la selección natural. Las especies que mejor se adaptan al medio son las que sobreviven, pero ¿cómo se heredan esas características? Ninguno de los dos fue capaz de describir cómo pasaban de padres a hijos, y por eso la teoría de la evolución estaba coja. Una cojera que se curaría seis años después de la aparición de *El origen de las especies*.

En 1866 apareció un artículo en una oscura publicación*, escrito por un no menos oscuro sacerdote de un monasterio agustino (del cual llegaría a ser abad) en la entonces ciudad austriaca de Bruenn, hoy Brno, en Chequia. El oscuro monje del que hablamos era Gregor Johann Mendel, el padre de la genética.

Tan oscuro era que hoy no lo recordaríamos como tal si no hubiera sido por dos botánicos europeos, Carl Correns y Erich Tschermak. En 1900, estos descubrieron que su propio trabajo sobre la herencia había sido realizado 35 años antes por este monje en su pequeño huerto del convento**.

La idea esencial de Mendel era que las unidades de la herencia, lo que tiempo más tarde llamaríamos *genes*, se transmitían sin cambio, de generación en generación, y en cada una de ellas se redistribuían determinadas combinaciones de estas unidades.

Mendel era un aficionado a la jardinería y a las matemáticas. Durante ocho años se dedicó a cultivar guisantes y a autopolinizarlos con sumo cuidado. Comprobó que si plantaba semillas de guisantes enanos, solo crecían guisantes enanos, y estos solo daban guisantes enanos. Sin embargo, las plantas grandes de guisante no se comportaban así: unas daban siempre plantas grandes, pero otras, la mayoría, engendraban plantas enanas. Intrigado por este descubrimiento, empezó a realizar los experimentos que le llevarían a enunciar las leyes de la herencia.

Casi tan interesante como el hallazgo de Mendel, uno de los más importantes de la biología, es lo que el matemático Ronald A. Fisher descubrió en 1936. Tras reconstruir las investigaciones del sacerdote, Fisher descubrió que los datos eran, simplemente, demasiado buenos. Por ejemplo, donde Mendel esperaba encontrar proporciones de 2 a 1 obtenía experimentalmente 1,93 a 1 y 2,1 a 1. Este acuerdo entre teoría y experimento era demasiado bueno para ser verdad. Fisher concluyó[6]:

> *Un examen del nivel general de concordancia entre lo que Mendel esperaba encontrar y los resultados que obtuvo pone de manifiesto que tal concordancia*

---

* *Versuche über Pflanzen-Hybriden (Experimentos sobre hibridación en plantas)*, publicado en *Verhandlungen des Naturforschenden Vereines in Brünn (Transacciones de la Sociedad de Historia Natural de Brünn)*. Un año antes, más concretamente el 8 de febrero y el 8 de marzo de 1865, Mendel lo leyó en sendas reuniones de la sociedad.

** El redescubrimiento de las leyes de la herencia fue realizado por Carl Correns en Alemania, Hugo de Vries en Holanda y Erich von Tschermak-Seysenegg en Austria.

es mayor de la que podría esperarse en el mejor de los casos entre varios miles de repeticiones. Los datos han sido sin duda manipulados sistemáticamente y no tengo duda de que Mendel fue engañado por un auxiliar de jardinería.

El magnánimo Fisher echó la culpa a Joseph Marsh, el jardinero de Mendel, de haber contado justamente lo que su jefe esperaba. Ahora bien, quizá fuera el propio Mendel quien afinara sus propios resultados*.

Una enfermedad beneficiosa

La malaria es una enfermedad endémica entre casi la mitad de la población mundial. Millones de personas mueren cada año porque no reciben la medicación apropiada. Resulta tremendo pensar en la cantidad de dinero que se gasta en investigar nuevos fármacos para tratar enfermedades que afectan a un pequeñísimo porcentaje de la humanidad, mientras no se hace prácticamente nada por luchar contra la malaria. ¿Por qué? Porque la malaria no es una enfermedad del Primer Mundo. Todos somos iguales, pero unos son más iguales que otros.

La malaria no es solo el ejemplo perfecto de un mundo ruin. También es la demostración clara del funcionamiento de la selección natural. El microbio plasmodio, origen de la malaria, invade los glóbulos rojos y hace que se adhieran a las paredes de los vasos sanguíneos más pequeños. De este modo no llegan hasta el bazo, el único órgano del cuerpo capaz de matarlo. Pues bien, los pueblos de las zonas de África tropical donde la malaria es endémica poseen una inmunidad natural a esta enfermedad gracias a un defecto genético que modifica la estructura de la hemoglobina: los glóbulos rojos se tornan falciformes, parecidos a cruasanes. Además, están rodeados de filamentos microscópicos en forma de aguja, como las púas de un puerco espín. De este modo, los plasmodios quedan empalados en los glóbulos rojos, que pueden alcanzar perfectamente el bazo y someterse al proceso de desinfección.

---

* La idea de que Mendel falsificara sus resultados sigue sujeta a polémica. En 1968, el genetista H. Lamprecht, tras hacer sus propios experimentos de hibridación de guisantes, obtuvo resultados que en algunos casos se ajustaban aún más a los valores esperados que el propio Mendel. Por su parte, en 1983, el alemán F. Weiling señaló que el análisis de Fisher adolecía de ciertos errores estadísticos. Finalmente, J. Vollmann, tras simular en el ordenador estos experimentos, obtuvo resultados consistentes con lo hallado por Mendel.

El problema grave aparece cuando los genes responsables de esta malformación se heredan a la vez del padre y de la madre. Entonces el individuo padece un tipo de anemia llamada, a la sazón, anemia falciforme (o drepanocítica), que causa la muerte durante la infancia. Es el pago por sobrevivir a la malaria. Pero lo más interesante es que este defecto genético no se propaga en un entorno sin malaria. En el siglo XVII, los traficantes de esclavos holandeses llevaron negros de lo que hoy es Ghana a dos colonias de su país: Curaçao, en el Caribe, y Surinam, en Sudamérica. En Curaçao no hay malaria, pero en Surinam, sí. Trescientos años después, en Curaçao, los descendientes de aquellos esclavos no presentan prácticamente esa irregularidad en sus glóbulos rojos, mientras que en Surinam sigue siendo común.

Si la supervivencia implica sufrir la amenaza de graves formas de anemia para evitar una muerte segura, la elección de la naturaleza es clara. Pero cuando no hay ninguna ventaja en sufrir esa malformación de los glóbulos rojos, los genes responsables no se propagan.

Sexo

Los helechos actuales son básicamente iguales a los de hace cientos de millones de años. Lo mismo ocurre en el caso de los xifosuros (también conocidos como cacerolas de las Molucas), las tortugas marinas o los cocodrilos. Otras especies, en cambio, han evolucionado rápidamente. Un ejemplo es la nuestra, a la que acompañan el caballo o el elefante.

Esencialmente, las especies evolucionan porque se producen "errores" en la copia de la macromolécula base de la vida: el ADN. Sin embargo, si la evolución dependiera únicamente de las mutaciones, sería aburridamente lenta. La mayoría de los seres vivos descubrieron hace entre 1 700 y 1 500 millones de años un mecanismo maravilloso capaz de producir una gran variedad de combinaciones genéticas en cada generación: el sexo.

Además de mover el mundo, el sexo ha sido fuente de diversidad, pues con la reproducción sexual los genes de los padres se combinan y recombinan en cada generación, produciendo una configuración genética única. El sexo baraja las cartas del genoma y permite probar multitud de combinaciones que solo por mutación hubieran llevado millones de años. Claro que también tiene sus inconvenientes. El mayor es la pérdida de la inmortalidad. Si nos reprodujéramos asexualmente, con cada división produciríamos clones de nosotros mismos. Salvando las inesperadas y escasas mutaciones, seríamos como las bacterias, que se mantienen prácticamente tal como eran hace miles de millones de años. El sexo nos hace mortales.

Contando cromosomas

El gran logro científico del siglo XX es, sin lugar a dudas, la secuenciación del genoma humano, el libro que contiene la información necesaria para construir y mantener con vida a un ser humano.

El genoma está constituido por un número determinado de cromosomas que se encuentran, a su vez, encerrados en el núcleo de las células. Todos sabemos que el número de cromosomas que tienen todas las células de nuestro cuerpo (excepto nuestros espermatozoides, si somos hombres, u óvulos, si somos mujeres) es de 23 pares. O sea, 46 cromosomas.

Lo que ya no resulta tan conocido es que su simple conteo se hizo mal en un principio. La técnica, bastante simple, consiste en sacar una fotografía en el preciso instante de la división celular, justo el único momento en que los cromosomas se observan completamente separados. Y, después, contarlos. Una operación bien sencilla. Sin embargo, hasta mediados del siglo XX, la mejor estimación de la ciencia era de 48 *.

Fue el 22 de diciembre de 1955 cuando un joven nacido en Java, Joe Hin Tjio, experto en genética vegetal, descubrió lo evidente. Desde 1948, Tjio dirigía un equipo de trabajo de citogenética en Zaragoza (donde estuvo hasta 1959), pero en sus vacaciones marchaba a Suecia para investigar en el Instituto de Genética dirigido por Albert Levan.

Durante las vacaciones de Navidad, Tjio hizo su gran y casual descubrimiento. Estaba tratando de desarrollar nuevas técnicas para separar los cromosomas siguiendo las ideas de un profesor de la Universidad de Texas llamado Hsu. Aquel día trabajaba con tejido pulmonar de embriones humanos y, para su sorpresa, descubrió que

---

* Que es el número de cromosomas de los chimpancés. Si creyéramos en la sincronicidad de Jung, pensaríamos que el inconsciente colectivo de humanos y chimpancés nos está lanzando una curiosa señal...

solo teníamos 46, y no 48. Los contó una y otra vez, hasta asegurarse de que no era él quien había cometido el error.

Muy excitado, Tjio lo aireó a los cuatro vientos. Pero cuando quiso darlo a conocer al mundo entero a través de un artículo en una revista de prestigio, se tuvo que enfrentar a uno de los momentos más amargos de su vida investigadora. Existe la "tradición" en las universidades de que el director del laboratorio es quien encabeza la autoría de los artículos científicos que allí se producen, haya o no haya intervenido en la investigación. Al querer publicar su descubrimiento, Tjio tuvo que enfrentarse a esta tradición universitaria: su director, Levan, debía encabezar el artículo a pesar de no haber contribuido en nada a la investigación. Para colmo, en el momento del descubrimiento, Levan estaba de vacaciones.

Cuando regresó, Tjio le dijo que no iba a permitir que figurara él como primer autor:

–Si quiere ser autor, deberá hacer el trabajo.

El javanés llegó tan lejos que amenazó con tirarlo todo por la ventana. Levan le suplicó:

–No lo hagas. Pertenece a la ciencia.

Esto fue algo que dolió mucho a Tjio.

En el número del 26 de enero de 1956 de la revista *Hereditas* apareció un artículo titulado *El número de cromosomas del hombre*. Sus autores eran J. H. Tjio y A. Levan.

El gen egoísta

El fin de cualquier individuo vivo, ya sea animal o vegetal, es la supervivencia. Este ansia por sobrevivir se refleja en dos objetivos bien claros: intentar vivir el máximo tiempo posible e intentar reproducirse lo más posible.

Algunos científicos, como el zoólogo británico Richard Dawkins, van mucho más lejos en su apreciación de la naturaleza. Para ello, todos los seres vivos, seres humanos incluidos, son simples envoltorios para los genes, los verdaderos directores de orquesta del juego de la vida. Quienes importan son ellos, y lo que en último término busca el individuo es la propagación de sus genes.

Un ser vivo no es más que una máquina desarrollada durante millones de años de evolución para la mejor supervivencia de los dictadores genes, au-

tómatas programados a ciegas con el fin de perpetuar la existencia de los egoístas genes que albergamos en nuestras células [7].

La vida, tanto vegetal como animal y tanto social como individual, no es otra cosa que un antiquísimo, gigantesco y complejo conjunto de estrategias de supervivencia diseñadas por los genes a lo largo de su evolución con el único y exclusivo fin de perpetuar su propia existencia. Para ello diseñaron diferentes máquinas, nuestros cuerpos, para asegurar su supervivencia. El hambre, el egoísmo, la ira, el miedo, el amor y el altruismo no son más que respuestas ciegas destinadas a alcanzar ese objetivo [8]:

> *Defenderé la tesis de que la unidad fundamental de selección, y por tanto del egoísmo, no es la especie o el grupo, ni tan siquiera, estrictamente hablando, el individuo. Es el gen, la unidad de la herencia.*

Por supuesto, esta deprimente idea es discutible. A todos nos gusta pensar que somos algo más que máquinas biológicas. No sé si esto último es cierto, pero no puedo por menos que pensar que ese sentimiento tan arraigado puede ser producto de nuestro propio narcisismo, de nuestras ganas de ser diferentes. Y cuando decimos "diferentes" siempre queremos decir superiores; nadie pretende ser diferente siendo inferior.

¿Estamos convencidos de que las cucarachas son algo más que bichos y las rosas algo más que flores? ¿Por qué nosotros íbamos a ser distintos al resto? ¿Simplemente porque pensamos, porque somos conscientes de nuestra existencia? ¿Y por qué encumbramos esa propiedad nuestra y no, por ejemplo, la habilidad de las bacterias para sobrevivir en ambientes absolutamente hostiles? Decía Lewis Carroll que todos nosotros somos extremadamente pacientes con nuestra propia estupidez. Quizá en este caso nos creamos más que el resto de los seres vivos simplemente porque somos nosotros quienes nos estamos juzgando.

Ahora bien, que una idea sea deprimente para nosotros no quiere decir que no pueda ser cierta.

Ese egoísmo, consecuencia de nuestro afán por sobrevivir, debe entenderse sin ningún tipo de connotación moral. Por poner un ejemplo: prefiero comer yo el filete antes que dárselo a un extraño para que sobreviva él. El mismo Dawkins lo pone de manifiesto de manera aún más cruda [9]:

> Un feto humano, sin más sentimientos humanos que una ameba, goza de una reverencia y una protección legal que excede en gran medida a la que se le concede a un chimpancé adulto.

Una prueba de egoísmo genético.

En este caso, ¿cómo entendemos el comportamiento altruista de algunos animales sociales? Sencillamente porque en la mayoría de los casos son parientes y, por tanto, sus secuencias de ADN son muy parecidas. Ayudando a un hijo, hermano o primo se permite que individuos con un patrimonio genético semejante a nosotros sobrevivan. Y tenderemos a arriesgar más nuestras vidas cuanto mayor sea el ADN que compartamos. Esto es lo que se conoce como *selección de parentesco*.

Carl Sagan propone a quienes no estén muy convencidos de que gran parte de lo que llamamos altruismo funciona de este modo que respondan a esta simple pregunta: ¿serían capaces de acostarse y dormir profundamente sabiendo que sus hijos pasan frío en la intemperie, o tienen hambre o están terriblemente enfermos? Claro que no. Sin embargo, unos 40 000 niños mueren cada día en el mundo por falta de cobijo, hambre o enfermedad. El problema no es de difícil solución, pero hay otras necesidades que consideramos más apremiantes. Los niños siguen muriendo y nosotros dormimos con la conciencia tranquila: no son nuestros hijos.

Cooperación

Es posible que el lector, tras leer las líneas anteriores, se haya quedado con un amargo regusto en la boca: entonces, ¿todo se reduce a un comportamiento egoísta? No. La evolución de la vida en la Tierra aún no ha sido totalmente elucidada y todavía quedan motivos para la esperanza.

En el otro extremo del debate evolutivo se encuentra la microbióloga Lynn Margulis, conocida entre quienes se interesan por temas científicos por dos motivos: uno social y el otro investigador. El social es que estuvo casada con el famosísimo Carl Sagan. El aspecto científico es el que se encuentra vinculado al concepto de *simbiogénesis*.

Hace unos años, Margulis tuvo la feliz idea de plantear seriamente que uno de los motores de la evolución es la simbiosis entre especies que se encuentran en contacto. La simbiosis no es otra cosa que la "colaboración", dicho entre comillas y con muchas matizaciones, entre dos seres vivos de dos especies distintas porque se benefician mutuamente en su lucha por la supervivencia. Un ejemplo lo tenemos en los líquenes, simbiosis de un hongo y un alga.

Margulis propuso que un orgánulo presente en el interior de todas nuestras células y que es responsable, entre otras cosas, de la respiración celular (en definitiva, el lugar donde la célula utiliza el oxígeno para llevar a cabo las reacciones químicas que le permiten vivir), la *mitocondria,* es, en realidad, una bacteria que simbiotizó en las primeras épocas de la vida en la Tierra con las células primitivas. Las pruebas en que basó tal afirmación eran, en cierta medida, circunstanciales: las mitocondrias tienen el aspecto de bacterias y poseen un ADN distinto al de la célula en la que se encuentran.

Cuando Margulis lanzó esta atrevida hipótesis, la gran mayoría de los biólogos la criticaron. Hoy, aunque persisten algunas críticas, se acepta su interpretación. De hecho, no solo las mitocondrias tienen un origen simbiótico, sino también los cloroplastos, los orgánulos presentes en las células vegetales y responsables de la fotosíntesis. Si esta hipótesis está en lo cierto, nuestra visión de la evolución de la vida sobre la Tierra puede cambiar. Margulis arrebata el papel preponderante que la selección natural tiene como motor de la evolución biológica y se lo otorga a la simbiogénesis, un proceso por el cual, tras el asentamiento de una simbiosis, se produce la emergencia de tejido nuevo, de órganos nuevos, de un comportamiento nuevo.

La selección natural es absolutamente esencial, pero ¿de dónde viene la novedad, la innovación, en la evolución? No de la selección natural. Para Margulis, la selección natural es redactora, pero no autora. Cierto que hay mutaciones al azar, pero no son importantes a la hora de hablar de evolución. Las mutaciones refinan, pero no innovan. La fuente de innovación es la simbiogénesis.

Por otra parte, Margulis es, junto al británico James Lovelock, una de las teóricas de la llamada *hipótesis Gaia,* una hipótesis que ha sido deformada por diversos escritores hasta convertirla en una idea estúpida, donde se convierte a la naturaleza en una diosa a la que hay que reverenciar: la Madre Naturaleza. «La verdadera hipótesis Gaia nada tiene que ver con eso», afirma categóricamente Margulis.

> *Si la simbiosis es contacto físico entre organismos de especies diferentes, Gaia es simbiosis desde el punto de vista del espacio. No es más que una propiedad coligativa del conjunto de los organismos que viven en nuestro planeta* [10].

Nada más. Y nada menos.

Nosotros, los humanos

El lugar que ocupamos en el reino animal quedó más o menos bien establecido hace bastante tiempo. Es evidente que somos mamíferos y, de entre todos los grupos que lo componen, pertenecemos al de los primates, que es también el de los monos y los simios.

Con ellos compartimos rasgos de los que carecen la mayoría de los mamíferos, como uñas planas en los dedos en lugar de garras, manos prensiles y el pulgar oponible a los otros cuatro dedos. Tampoco resulta difícil situarnos dentro del grupo de los primates. Tenemos un parecido notablemente mayor con los simios –gibones, orangutanes, gorilas y chimpancés– que con los monos. Por mencionar un único rasgo diferenciador, los simios no tienen rabo y los monos sí.

Ahora bien, ¿de cuál de todos los simios estamos más cerca? Físicamente somos más semejantes a gorilas y chimpancés, con los que, por otro lado, mantenemos marcadas diferencias, como la postura erecta, el mayor tamaño cerebral o la menor cantidad de pelo. Sin embargo, esto no es suficiente. Necesitamos saber cuál es nuestro pariente más próximo utilizando criterios realmente objetivos. Estos nos han llegado de la mano de la biología molecular.

Al descubrir que ciertas moléculas, comunes a todas las especies y cuya estructura está determinada genéticamente, podían utilizarse como relojes, se puede calcular en qué punto de la historia dos especies empezaron a evolucionar separadamente. Estos "relojes moleculares" se aplicaron primero a las aves y poco después a los simios. La conclusión de la biología molecular fue que el gorila debió de separarse de nuestro árbol genealógico (o nosotros del suyo) hace unos diez millones de años, y los chimpancés, hace solo unos siete millones de años. Por tanto, los chimpancés son nuestro pariente más próximo. Como ha escrito el científico Jared Diamond, el pariente más próximo del chimpancé no es el gorila, sino el ser humano.

Cuando vayamos a un zoo, detengámonos un momento ante la jaula de los chimpancés: mirándoles a los ojos, quizá estaremos observando a un lejano pariente nuestro.

Los tres chimpancés

Si estudiamos las analogías y diferencias de nuestro patrimonio genético con monos y simios, descubriremos que los monos tienen el 93 % de la estructura de su ADN en común con simios y humanos. Solo diferimos de ellos en un 7 %. Una diferencia no muy grande para un grupo que se separó de nuestro árbol genealógico hace más de treinta millones de años.

Si nos comparamos con los simios, la diferencia se reduce aún más. Con los gibones nos diferenciamos en un 5 %, y con los orangutanes, en un 3,5 %. Los estudios anatómicos y la evidencia geográfica confirman las pruebas del ADN, pues tanto los gibones como los orangutanes se encuentran confinados, ya sea en forma de fósiles o de especímenes vivos, en el sudeste de Asia, mientras que los gorilas, los chimpancés actuales y los fósiles humanos más antiguos están concentrados en África. Con los gorilas, el siguiente simio del que nos separamos, compartimos el 97,7 % de nuestros genes, y con los chimpancés únicamente nos diferenciamos en poco más de un 1,5 %. Es bueno que asimilemos la trascendencia de estas cifras: nuestro patrimonio genético es idéntico al del chimpancé en un 98,4 %. Por ejemplo, la hemoglobina principal de la sangre humana, es decir, la proteína portadora del oxígeno que confiere a la sangre su característico color rojo, es idéntica en las 287 unidades que la componen a la hemoglobina de los chimpancés. Ciertamente, es muy pequeña la diferencia que nos hace humanos.

III
Ser humano

Decía el escritor irlandés Oscar Wilde que «lo menos frecuente en este mundo es vivir. La mayoría de la gente existe, eso es todo». Resulta irónico que, en cualquier conversación, hagamos gala de nuestro conocimiento de la naturaleza humana, cuando en realidad se trata de uno de los terrenos peor comprendidos. El escaso conocimiento que se destila de la sociología, la antropología y la psicología –unas ciencias tan jóvenes que hasta alguno piensa que realmente ni tan siquiera lo son– llega, en muchas ocasiones, a contradecir las creencias populares.

La ciencia nos recomienda un cierto ascetismo al obligarnos a pensar, a no dejarnos llevar por nuestras ideas más queridas, a poner a prueba hasta el más mínimo detalle. Esta exquisitez debe llevarse al máximo si queremos autoanalizarnos con las herramientas que tantos y tan buenos resultados han dado en física, química, geología, biología...

Mirando a nuestra historia, a cómo convicciones antes profundamente arraigadas hoy las consideramos peregrinas, podemos dar un paso más en la comprensión de nuestra mente. No sé si resulta difícil ser humano, pero quizá no somos mejores ni peores que los depredadores de los que hace muy poco tiempo huíamos. Somos parte del universo que se ha hecho consciente y reflexiona sobre sí mismo. Una característica del cerebro, producto de la evolución, que nos convierte en seres superiores. Pero, eso sí, nos da más quebraderos de cabeza.

8
EL MUNDO QUE HEMOS CREADO

> *Los hombres vulgares han inventado la vida de sociedad porque les es más fácil soportar a los demás que soportarse a sí mismos.*
>
> ARTHUR SCHOPENHAUER (1788-1860)
>
> *En la vida humana, solo unos pocos sueños se cumplen; la gran mayoría de los sueños se roncan.*
>
> ENRIQUE JARDIEL PONCELA (1901-1952)

OCTUBRE DE 1347. Doce galeras genovesas arriban al puerto de Messina, en Sicilia. De ellas desembarcan no solo los marinos y las mercancías que transportaban, sino también un invisible y terrorífico viajero. Tan terrible que, de haberlo sabido, las autoridades del puerto no hubieran dudado ni un solo instante en mandar los doce barcos y sus respectivas tripulaciones al fondo del mar. De esos barcos, de los que no se sabe muy bien de dónde venían, descendió la peste.

No es posible saber a ciencia cierta si este fantasmal y mortal pasajero bajó con las ratas y las pulgas, o si los desdichados marineros ya la sufrían al llegar al puerto. Lo único cierto es que en pocos días la plaga echó sus firmes raíces en la desdichada ciudad. Su destino estaba sellado.

Los ciudadanos de Messina no pudieron hacer otra cosa que obligar a los aciagos marineros a subir a sus barcos y zarpar del puerto rápidamente. Los ilusos sicilianos creyeron que así se librarían del mal. Craso error. Lo único que consiguieron fue que la peste, la muerte negra, se esparciera más rápidamente por todo el Mediterráneo.

Mientras tanto, con cientos de víctimas cada día y creyendo que el más mínimo contacto con un enfermo provocaba el contagio, el pánico cundió por toda la ciudad. Los pocos mandatarios que hubieran podido tomar algún tipo de medidas para, cuando menos, mitigar el peligro, estuvieron entre los primeros en morir. La gente de Messina huyó de su ciudad condenada hacia el interior de la isla, hacia los campos y los viñedos del sur de Sicilia. En su desesperación pensaban que el aislamiento les salvaría, pero lo que hicieron fue extender la muerte aún más.

Cuando las primeras víctimas llegaron a la cercana ciudad de Catania, las internaron en hospitales y fueron tratadas con un mimo exquisito. Pero cuando se dieron cuenta de la magnitud del desastre, se promulgaron unas estrictísimas leyes de inmigración. El temor era tal que ningún catano se atrevía ni tan siquiera a hablar con un mesino. De todos modos, ya era tarde: la muerte se había instalado apaciblemente en sus hogares. La peste se preparaba para saltar al continente.

Y nadie estaba a salvo.

Fecundidad medieval

Suele decirse que hoy tenemos menos hijos que antes. Es verdad. Al parecer, es una característica de las sociedades desarrolladas tener un menor número de hijos: el trabajo, la comodidad y el dinero son tres factores que influyen a la hora de decidir si queremos propagar nuestros genes.

Pero si nos remontamos al siglo XII, las familias numerosas e incluso numerosísimas eran un hecho habitual. Ahora bien, y a pesar de lo que pudiéramos pensar, el período de fecundidad de las mujeres de entonces era muy parecido al de las actuales. Si tenían más hijos en menos tiempo era porque era frecuente morir durante el parto o porque moría el marido, normalmente mucho mayor que la mujer, y las jóvenes viudas, salvo en la aristocracia, pocas veces volvían a casarse.

Sin embargo, el nacimiento del primer hijo parece que era relativamente tardío y a veces es bastante amplia la diferencia de edades entre el primero y el último de los hijos. Por ejemplo, Leonor de Aquitania, que se casó a los quince años con el futuro rey de Francia Luis VII, tuvo su primer hijo a los veintitrés años y el siguiente a los veintiocho. Después de 15 años de matrimonio, Luis VII la repudió y ella se casó con Enrique Plantagenet, diez años más joven (algo insólito, pues la diferencia de edad solía ser, como hoy, a la inversa), con el que tuvo ocho hijos: el primero con treinta y un años y el último con cuarenta y cinco. De modo que había una diferencia de veintidós años entre el primero de sus hijos y el último.

Por otro lado, la mortalidad infantil era muy elevada. Aproximadamente la tercera parte de los niños no superaban los cinco años, y un 10 % moría durante el primer mes de vida. Por este motivo, los niños eran bautizados al día siguiente de nacer. Entonces se les daba un nombre, el único que tendrían y por el que se les conocería toda su vida (de ahí lo de *nombre de pila*). Con frecuencia, el nombre era el de uno de sus padrinos o madrinas: al no existir el registro civil, era bueno que un buen número de personas recordasen ese acontecimiento. Lo que llamamos apellido no era entonces más que un apodo accesorio (un mote, un nombre de lugar o de oficio) y era personal del individuo, no de su familia, y no se heredaba.

Aumento de población

En 1995 éramos sobre la Tierra más de 5.600 millones de almas. Quizá no parezca demasiado, o quizá no sea un número alarmante, pero hagamos un pequeño ejercicio histórico.

Desde hace 50 000 años, cuando podemos considerar que ya sobre el planeta andaba y pateaba el hombre, hasta el año 1810, la población mundial no brincó nunca por encima de los 1 000 millones. Pero si tardamos en llegar a esa cifra casi 520 siglos, la verdad es que poco más de un siglo después, o sea, en 1925, alcanzamos ya los 2 000 millones. Y solo 30 años después, en 1955, llegábamos a 3 000 millones. Veintiún años después volvimos a añadir 1 000 millones más, y después bastaron solo diez años para volver a subir 1 000 millones...

El aumento incesante de población resulta un grave problema para la raza humana. Da igual que en los países desarrollados descienda la población. Todos navegamos en el mismo barco y este descenso se ve compensado, con mucho, por el imparable ascenso en las regiones menos favorecidas. «Si seguimos así –comentaba hace años Isaac Asimov–, para 2100 habrá sobre la Tierra 50 000 millones de seres humanos, 50 000 millones de bocas que alimentar, 50 000 millones de cuerpos que cobijar».

Asimov llevó estos cálculos al extremo: si la cantidad total de materia en el universo es de unos doscientos millones de millones de millones de millones de millones de millones de toneladas, y suponiendo que la raza humana es capaz de viajar por el espacio y convertir todos los planetas y estrellas en alimento, ¿cuánta población necesitaríamos para comernos todo el universo? Pues la bonita cifra de 4 000 millones de millones de millones de millones de millones de millones de personas.

Pero lo verdaderamente aterrador de este experimento mental es lo que viene ahora: el tiempo que necesitaríamos para alcanzar ese umbral. Suponiendo que seguimos creciendo al mismo ritmo que ahora, que conseguimos no reducir, sino simplemente estabilizar el aumento de población, solo necesitaríamos 3 500 años en conseguirlo. Sí, ha leído bien: en solo 3 500 años nos zamparíamos el universo. Eso quiere decir que necesitaremos menos tiempo en alcanzar el número de personas necesario para devorar todo el universo, del que necesitamos en su día para pasar de las pirámides a los rascacielos.

Frente a esto, solo hay dos soluciones: o elevamos el índice de mortalidad o reducimos la natalidad. Si nos olvidamos de todo y dejamos hacer a la naturaleza, la solución vendrá por sí sola.

Y ya sabemos que la naturaleza siempre ha resuelto estos problemas elevando el número de muertes.

Aprendiendo a hablar

Si alguna vez se pasean por el parque de El Retiro de Madrid, encontrarán un monumento erigido a un monje benedictino que nació en el Valladolid de 1520: Pedro Ponce de León. A pesar de ser fraile, su gran mérito no fue ningún importante tratado teológico, ni tampoco miles de almas cristianizadas allende los mares. Pedro Ponce debe ser recordado porque fue el primero que enseñó a hablar a los sordomudos.

Hasta entonces, todo el mundo aceptaba que los sordomudos eran inhábiles para el lenguaje racional. Lo había dicho Aristóteles y eso era casi palabra divina. Ponce demostró que no era así. Enseñó a hijos de grandes señores, sordos y mudos de nacimiento, a hablar, leer y escribir no solamente en castellano, sino también en latín y griego. Por supuesto, también les enseñó a rezar y a ayudar en misa. ¿El método? Hablar por medio del movimiento de los labios y el uso de signos manuales.

Hablar "con las manos" era algo muy común entre las órdenes religiosas cuyos integrantes habían hecho voto de silencio, como los benedictinos trapenses. Las horas de la comida eran un silencio sonoro. Los monjes hablaban entre ellos moviendo los dedos, las manos y los brazos, y se silbaban para llamar la atención de aquel a quien querían hablar. En el siglo XIII, el lenguaje de los signos era tan sofisticado que se llegaban a celebrar complicadas discusiones teológicas en silencio.

En 1607, un mercenario llamado Juan Pablo Bonet entraba al servicio de un señor castellano, Juan Fernández Velasco. En el castillo de este descubrió que al hijo sordo del señor y a su tío, que también era sordo, les estaban enseñando el lenguaje de signos de los monjes. Fascinado, Bonet decidió aprenderlo, y en 1620 publicó el primer libro sobre el lenguaje de los sordomudos: *Reducción de las letras y arte de enseñar a hablar a los mudos*. Era un manual con signos hechos con una mano y su difusión por Europa no se hizo esperar.

Bastantes años más tarde, hacia 1750, un joven sacerdote llamado Charles-Michel de L'Epée era privado de su posición eclesiástica por negarse a firmar una declaración contra los janseístas, que habían sido declarados herejes por el papado pues cuestionaban la autoridad de la Iglesia al defender, entre otras cosas, que la conversión al cristianismo ocurría solo si Dios quería. Una vez sucedida esta, toda catequesis era inútil pues sus efectos eran instantáneos. Al verse en la calle, L'Epée tuvo que buscar trabajo y lo encontró como profesor de religión de dos jóvenes hermanas sordas. Para poder comunicarse con ellas diseñó un sistema simple de signos. Entonces cayó en sus manos una copia del libro de Bonet, que usó para desarrollar su propio sistema. Fundó una escuela para sordos en París cuyo éxito fue total. Hasta el nuncio del Papa presenció cómo un estudiante respondía a 200 preguntas en tres idiomas diferentes.

Por cierto, si algún día se pasean por las plazas de Versalles, en una de ellas verán una estatua del abate L'Epée.

Reloj de agua

El agua, esa sustancia tan extraordinaria de la que ya hemos hablado, no solo es imprescindible para vivir: hubo una época en la que se la utilizó hasta para contabilizar el fluir del tiempo.

Los primeros relojes que inventamos los humanos fueron los de sol, que llevaban la cuenta de los momentos de luz tan esenciales para la supervivencia. Pero fue el agua la que permitió liberarnos de la tiranía del astro rey y contabilizar las ominosas horas de oscuridad.

El principal problema con el que se enfrentaron los primitivos relojes de agua era el mismo que para el resto de los relojes: la calibración de las horas. El concepto moderno de hora, que nosotros entendemos como el producto de dividir el día en veinticuatro partes iguales, no apareció hasta bien entrado el siglo XIV. Hasta entonces, la duración de la hora era variable, pues se tenía en cuenta el período de luz solar, y eso depende siempre de la época del año y de la localidad en la que se hace.

Por este motivo, los griegos utilizaban el reloj de agua, que ellos llamaban *clepsidra* –o sea, ladrón de agua, de la misma raíz de "cleptómano"–, no para marcar la hora, sino para controlar la duración de los alegatos en los tribunales. Los relojes que han sobrevivido al paso del tiempo nos descubren que su fluir duraba unos seis minutos.

Fueron los romanos quienes mejoraron los relojes de agua griegos, consiguiendo que marcaran la diferente duración de las horas en los distintos meses gracias a complicados métodos de calibración. Pero el uso cotidiano de los relojes de agua siguió correspondiendo a políticos y abogados. La medida de tiempo estándar era ahora de unos 20 minutos, el tiempo asignado a los abogados de ambas partes para sus alegaciones. Un abogado podía pedir al juez hasta seis clepsidras adicionales (unas dos horas) para presentar sus argumentos.

Claro que a veces las peticiones se disparaban. En cierta ocasión, un abogado llegó a pedir al juez dieciséis clepsidras, ¡cinco horas!; lo que demuestra que los abogados de entonces tenían ya la verborrea de los de ahora.

El año que perdimos diez días

Nuestra forma de contar las horas es relativamente reciente, y la de los años, aún más. Data de 1582, y el artífice del cambio fue el papa Gregorio XIII.

Hasta entonces, la Europa cristiana seguía el calendario promulgado por Julio Cesar, que a su vez lo había tomado prestado de los egipcios. Dicho año contaba con 365 días y cuarto, pero esta cifra no es una buena medida del año solar real: una vuelta completa alrededor del Sol le lleva a la Tierra 365 días, 5 horas, 48 minutos y 46 segundos; eso quiere decir que el año egipcio tiene 11 minutos y 14 segundos más que el año solar. Esta diferencia en tiempos de los faraones y los romanos no era excesivamente importante, pero con el paso de los años el error fue acumulándose hasta que, en 1582, el día del equinoccio de primavera, el 21 de marzo, estaba desplazado diez días, al 11 de marzo.

Entonces entró en acción Gregorio XIII, el Papa que será eternamente recordado por su pública acción de gracias de 1572 tras la vergonzosa matanza de protestantes del día de San Bartolomé. Diez años después de tan "piadosa" plegaria, Gregorio XIII promulgó que tras el 4 de octubre siguiera el 15 del mismo mes, de modo que, al año siguiente, el equinoccio de primavera cayera cuando tenía que caer, el 21 de marzo. Esta fecha era y es trascendental para la Iglesia, pues el equinoccio de primavera define la celebración más importante de la cristiandad: el aniversario de la muerte y resurrección de Jesús *.

Para impedir que este desfase volviera a suceder, el nuevo calendario, el "calendario gregoriano", suprimió el día bisiesto en los años que terminaran en centenas, a menos que fuesen divisibles por 400. La iglesia protestante se negó en principio a aceptar esta reforma porque venía de Roma, y no se convencieron de la necesidad de este cambio hasta casi doscientos años después, en el tardío 1752.

Naturalmente, cuando el papa Gregorio XIII decidió suprimir esos diez días de 1572, hubo muchas protestas. Por ejemplo, los criados exigieron su paga completa al final del mes reducido, algo a lo que sus amos se negaron, como muchos ciudadanos se negaron también a aceptar que sus vidas fueran acortadas por decreto papal.

---

* Para los cristianos occidentales, la Pascua se celebra el primer domingo después de la primera luna llena que aparece tras el 21 de marzo. Si la luna llena coincide con un domingo, la Pascua se celebra al domingo siguiente.

Haberlas, haylas

Europa vivió durante tres siglos, del XV al XVIII, una terrible pesadilla, el crimen más vil de la civilización occidental, la negación de todo cuanto ha defendido el hombre dotado de razón. Fue la época de los juicios por brujería. Sus anales son terribles y brutales: se ahogaron la honradez y la piedad y se aplaudieron las más grandes bestialidades. Nunca ha habido tantas personas equivocadas durante tanto tiempo.

De entonces ha sobrevivido un documento conmovedor. Una carta que un padre, acusado de brujo por sus amigos, pudo hacer llegar a su hija. Dice así [1]:

> *Entonces entró también el verdugo y me puso las empulgueras, con las manos atadas, de modo que me salió la sangre a chorros de las uñas y de todas partes, y durante cuatro semanas no he podido utilizar las manos. A continuación me desnudaron, me ataron las manos a la espalda y me colocaron en la estrapada. Me izaron ocho veces y me dejaron caer otras tantas y padecí dolores terribles. Cuando el verdugo me llevaba a la celda me dijo: «Señor, os ruego, por el amor de Dios, que conféseis algo, aunque sea mentira. Inventad algo, porque no podréis resistir el tormento, e incluso si lo soportáis, no quedaréis libre. Os torturarán hasta que admitáis que sois brujo. Hasta entonces no os dejarán en paz, como ocurre siempre».*

El pobre acusado tuvo que dar, bajo insufribles tormentos, los nombres de personas que supuestamente había visto en un aquelarre. «Vamos, viejo bribón –le espetó uno de los interrogadores–, dime, ¿no estaba allí también el canciller?». Así obtenían falsas acusaciones de los reos de brujería, denunciando a personas que no habían visto nunca.

De toda la carta, el último pasaje es lo más conmovedor que un padre puede escribir jamás a su hija [2]:

> *Y estos, hija mía, son mis actos y mi confesión, y por ellos voy a morir. Y es todo mentira e invención, pues me obligaron a hacerlo bajo la amenaza de someterme a suplicios aún peores de los ya padecidos. He tardado varios días en escribir esto. Tengo las manos destrozadas. Me encuentro en un estado lamentable.*
> *Buenas noches, querida hija, pues tu padre, Johannes Junius, no volverá a verte jamás.*

Brujos

«Escuchadme, jueces hambrientos de dinero y fiscales sedientos de sangre: las apariciones del diablo son mentira. Ya es hora de que los gobernantes designen mejores jueces y de que depositen su confianza en predicadores más moderados, pues entonces quedarán en ridículo el Diablo y sus engaños e ilusiones.»

Quien así se expresaba en pleno siglo XVII era Johann Meyfarth, un profesor luterano de teología de la ciudad de Erfurt que había presenciado cientos de procesos y ejecuciones por brujería. Meyfarth dijo que hubiera dado mil táleros por olvidar las torturas. Había visto pies desgarrados de las piernas, ojos sacados de sus órbitas, y a prisioneros quemados con azufre y aceite. Había visto a los verdugos colocar bolas ardientes de azufre en los genitales de una mujer mientras estaba atada en la estrapada, una forma de tortura muy corriente en la que se ataban los brazos del prisionero a la espalda con una cuerda que pendía de una polea y lo izaban en el aire. En muchas ocasiones también le colgaban pesos en los pies para separar los hombros de las articulaciones sin dejar señales de malos tratos. Y esa era solo una de las medidas más suaves que empleaban las autoridades civiles y la Inquisición.

Meyfarth había visto a los verdugos deleitarse con el sufrimiento de sus víctimas hasta que confesaban o morían. En este último caso, los jueces, en un supremo acto de cinismo, aseguraban que habían sido estranguladas por el diablo. Este teólogo puso de relieve las falacias en que incurrían los jueces para demostrar la culpabilidad de los acusados: si tenían mala reputación, eran brujos y por eso les iba como les iba; si tenían buena fama, tampoco cabía duda de que lo eran, pues ya se sabe que los brujos siempre intentan parecer virtuosos. Si se asustaban al arrestarlos, eran culpables; si se mostraban valientes, también, porque simulaban ser inocentes. Etcétera.

La muerte de la razón que significaron los juicios por brujería tiene su vertiente más dolorosa en esta declaración de alguien que había acusado, tras tres días de tortura, a la mujer de un ciudadano de conducta intachable. En el careo dijo:

–Jamás te he visto en un aquelarre, pero tuve que acusar a alguien para acabar con los tormentos. Se me ocurrió tu nombre porque cuando me llevaban a la cárcel nos encontramos y me dijiste que nunca hubieras creído una cosa así de mí. Te pido perdón, pero si volvieran a torturarme, volvería a acusarte.

Y los honrados jueces volvieron a hacerlo, para que reiterase los cargos y así poder acusar a la mujer del ciudadano honrado.

Salem

El año 1692 fue especialmente catastrófico para las colonias de Nueva Inglaterra, en la costa este de lo que serían los Estados Unidos. Los impuestos eran exorbitantes, el invierno era duro, los piratas atacaban a los comerciantes y la viruela causaba grandes estragos. Para aquellos hombres y mujeres, educados en el estrecho y rígido mundo evangélico, las desgracias de ese año eran debidas al demonio. Para los puritanos de Nueva Inglaterra, siempre en guardia contra demonios y brujas, no se podía poner en duda la existencia de lo sobrenatural. El clero administraba la ley de Dios y de los hombres en lo que podríamos considerar una teocracia invulnerable. En este mundo, y concretamente en un pueblecito llamado Salem, en Massachusetts, el diablo iba a obrar maravillas.

Todo comenzó cuando un grupo de jovencitas se reunían para escuchar las fantásticas historias de las Indias Occidentales que les contaba Tituba, la esclava del reverendo Samuel Parris. Los relatos de Tituba impresionaron a las más jóvenes del grupo: la hija del reverendo, Elisabeth, de nueve años, y su sobrina, Abigail Williams, de once. Entonces, ambas empezaron a sufrir ataques con sollozos y convulsiones, desafiando a padres y familiares con una actitud desobediente, anárquica e insubordinada. Sus ataques histéricos sirvieron de inspiración a las chicas de más edad: Ann Putnam, Elisabeth Hubbard, Mary Walcott, Mary Warren, Elisabeth Proctor, Mercy Lewis, Susan Sheldon y Elisabeth Booth, "las ocho perras brujas" (así las definiría un acusado durante el juicio).

Lo que comenzó como una travesura terminó en un juicio por brujería. Las chicas dijeron que unos espectros las atormentaban, convirtieron en chivos expiatorios a las personas que más antipatías despertaban en la comunidad y, cuando terminaron con ellas, extendieron la acusación al resto de los ciudadanos: nadie en Salem estaba a salvo. Los jueces que llevaron el caso estaban convencidos de la acción del demonio y utilizaron a las chicas como infalibles detectoras de brujería: a quien señalaban, lo acusaban. Sorprendentemente, no se ahorcó a ningún brujo confeso, solo se ajustició a quien lo negaba.

En un solo año se encausó a 31 personas, seis de los cuales eran hombres: todas fueron condenadas a muerte. Diecinueve fueron ahorcadas, dos murieron en prisión, una fue aplastada, dos lograron posponer la ejecución alegando estar embarazadas y al final consiguieron el indulto, otra escapó de la cárcel, cinco confesaron y salvaron su vida, y la pobre esclava Tituba fue encarcelada indefinidamente sin juicio.

Catorce años después, una de las "perras brujas", Ann Putnam, confesó que todo había sido una farsa. Una farsa, cómo no, orquestada por el demonio.

Caza de brujas

¿Quién no conoce la famosa "caza de brujas" que sufrió Estados Unidos a finales de los años cuarenta y en la década siguiente del siglo XX? De igual modo que durante la Edad Media se acusaba a gente inocente de brujería, el Comité para las Actividades Antiamericanas y el Subcomité del Senado para la Seguridad Interior de Joseph McCarthy persiguieron a simpatizantes del comunismo y obligaron a centenares de personas a identificar a supuestos antipatriotas. Aquellos que no daban nombres eran encarcelados por desacato al Congreso, y los que invocaban el derecho a no incriminarse a sí mismos eran llamados comunistas de la quinta enmienda. Ser citado para testificar era ya poner en peligro el puesto de trabajo –aunque no la vida, como sucediera con los brujos siglos atrás–. Esta vez no hubo tortura física, pero sí mental.

Los científicos fueron sometidos a un escrutinio particularmente intenso porque, como los políticos habían aprendido de la ciencia-ficción, podían estar en posesión de una fórmula secreta que permitiría a los comunistas destruir los Estados Unidos. Todos los profesores fueron cuidadosamente examinados en sus creencias y también se investigaron sus amistades, pues poseían un tremendo poder para malear las mentes de los jóvenes estudiantes. La Universidad de Washington purgó de las diferentes facultades a aquellos profesores que no estaban dispuestos a firmar juramentos de lealtad. Es más, bajo la infame ley Feinberg, todos los profesores del Estado de Nueva York fueron supervisados anualmente sobre su lealtad a los Estados Unidos, además de estar obligados a entregar una lista con todas las organizaciones a las que pertenecían. Y todo porque, según esa ley, «la diseminación de propaganda puede ser, y a menudo es, lo suficientemente sutil como para no ser detectada en las aulas».

Paranoia en estado puro. ¿Se imaginan a los profesores programando las mentes de sus alumnos para convertirlos en simples máquinas a merced del ogro comunista? La caída de los Estados Unidos estaba cerca...

En ningún momento de la historia el ser humano ha estado libre de ponerle un cerrojo a la razón. Si no estamos alerta, cualquiera de nosotros, en cualquier momento, puede acabar creyéndose la más loca de las locuras. No estaría de más recordar estas sabias palabras de un arzobispo del siglo IX:

> *El miserable mundo yace hoy bajo la tiranía de la estupidez. Los cristianos creen cosas tan absurdas que sería imposible hacérselas creer a los infieles.*

Hoy tenemos más tecnología, pero no por ello somos más cultos.

Librepensamiento

El ser humano se distingue del resto de los animales por su capacidad para pensar. Eso es, al menos, lo que uno podía leer en los libros de texto cuando iba al colegio.

Pero el sano ejercicio de la reflexión y la creación de ideas es algo peligroso si se enfrenta al lado oscuro de nuestra naturaleza: cuando unos pocos, que creen que sus ideas son las únicas buenas, pretenden imponerlas al resto. Y esto puede suceder en la religión, pero también en la política, y hasta en la moda. Muchos de nosotros las aceptamos no porque tengamos miedo o porque nos convenzan: las aceptamos por pura y simple pereza, porque es muy cómodo que otros piensen por nosotros. Por eso, cuando alguien intenta ejercer su título de animal racional con ideas que no comparten quienes detentan el poder, empieza la persecución.

Y si no, que se lo pregunten al pobre Vanini, un italiano carmelita que fue juzgado y condenado a muerte en uno de los procesos franceses más célebres a principios del siglo XVII. Vanini fue un viajero infatigable. Colgó los hábitos para serlo y, después de dar muchos tumbos, acabó afincándose en Toulouse. Allí se dedicó a impartir lecciones privadas en las que exponía sus osadas ideas, de claro corte panteísta. Pero cometió la imprudencia de hacerlo sin buscarse el apoyo y protección de algún poderoso personaje de la ciudad francesa. Consecuencia: fue acusado de ateísmo, con el agravante de proclamar a los cuatro vientos que no existía el alma y que la Virgen había mantenido relaciones sexuales.

Con tales declaraciones, Vanini había acaparado todos los boletos necesarios para convertirse en carne de cadalso. Y así fue. Dicen que al ser conducido a la hoguera gritó en italiano:

–¡Sepamos morir alegremente como un filósofo!

Y que apartó el crucifijo que le ofreían para que lo besase diciendo:

–¡Cristo tembló de miedo en su última hora, mientras que yo muero sin temor!

Como el querido lector puede comprender, palabras tan poco piadosas obligaron al verdugo a cortarle la lengua antes de quemarle.

Durante los dos siglos que siguieron a su muerte, numerosos escritores le dedicaron diversas lindezas. En 1840, Victor Cousin, ministro de Instrucción francés, lo acusó de culpable ante Dios y ante la moralidad: Vanini era, además de ateo, depravado y homosexual.

Castración

El último de los grandes cantantes *castrati*, Alessandro Moreschi, murió en 1922. Era conocido como *El Ángel de Roma*, y se conservan grabaciones de su voz única. En 1903, el Papa prohibió una "operación" que durante tres siglos se había estado realizando a chicos prepubescentes para que mantuvieran sus claras y prístinas voces muy por encima de lo que la naturaleza permitía. Su capacidad era tal que muchas veces, al terminar un aria, la audiencia gritaba: «¡Larga vida al Cuchillo!».

Esta práctica comenzó hacia 1600, cuando los responsables de los conservatorios, con el visto bueno de la Iglesia, decidieron que merecía la pena castrar a aquellos que poseían la mejor de las voces. No pocos murieron durante el cruel procedimiento, y de aquellos que sobrevivían, solo un uno por ciento terminaba teniendo la espectacular voz que se exigía a una estrella internacional de la ópera. Aun así, como estos hombres estaban espléndidamente pagados, muchas familias pobres entregaban a sus hijos a tan refinado rito, esperando salir así de su precaria situación.

Pero no se trataba de homosexuales. Paradójicamente, cuando actuaban como hombres poseían una voz más aguda y potente que la de las mujeres a las que se suponía debían seducir. Su registro era tal que muchos compositores, Mozart y Haendel incluidos, componían expresamente para ellos. Para aquellos que no triunfaban en la escena, su destino final era el coro de una iglesia. Todavía a finales del siglo xix, la capilla coral del Vaticano tenía 16 *castrati*.

El gran centro donde se hacían las escabechinas era Norcia, bien lejos de Roma. Los cirujanos que se ocupaban de convertir a los niños en increíbles cantantes de ópera estaban muy bien pagados y considerados socialmente. Esta práctica también se realizó durante siglos en Oriente y en Turquía, ya fuera la extirpación completa o solo la de los testículos. Desde el año 1100, en China se realizó no solo para alcanzar la perfección musical, sino también como medida punitiva. En su momento de mayor auge, el emperador tenía 3 000 eunucos sirviendo como esclavos en el palacio, y allí la práctica se mantuvo hasta bien entrado el siglo XX: el último eunuco chino de los días de la Ciudad Prohibida murió en un año tan cercano como 1997.

En la época del Imperio Turco, la mayoría de los chicos eran operados en un monasterio copto en el alto Egipto. Si salían bien parados (no olvidemos que el porcentaje de muerte era bastante elevado y la cura difícil), acababan sus vidas como guardianes del harén, donde las equivocaciones quirúrgicas les hacían tan populares como los cargos que se les imputaban.

Evidentemente, su intelecto no sufría la misma tremenda amputación que sus órganos sexuales. Si no, recuérdese la historia de Abelardo. A pesar de perder sus genitales como castigo por seducir, embarazar y casarse secretamente con su tutoriada Eloísa, nieta del canónigo de Notre-Dame, se convirtió en uno de los grandes filósofos escolásticos de su tiempo, allá por el siglo XII.

Sonría, por favor

Pocas cosas hay tan bonitas como una sonrisa. Mas, para nuestra sorpresa, las sonrisas no siempre han sido iguales. De hecho, la risa tal y como hoy la conocemos, con la boca abierta y mostrando los dientes, fue considerada una falta de educación y un signo de demencia hasta finales del siglo XVIII (y no es que hoy sea algo particularmente fino, desde luego). ¿Cómo llegamos a modificar nuestros hábitos hasta conseguir que una risa franca fuera admitida como saludable y bella?

La primera aparición en sociedad de la sonrisa abierta está datada con exactitud: todo sucedió en el año 1787, cuando la pintora francesa Madame Vigée LeBrun presentó un autorretrato en el que aparece riéndose con la boca abierta junto a su hija. Inmediatamente, los críticos de la época condenaron la imagen por atentar contra el buen gusto, subrayando además la inconveniencia de que la retratada, que enseñaba los dientes de forma impúdica, fuera una madre.

A pesar de todo, a partir de esta fecha, multitud de artistas comenzaron a elaborar retratos sonrientes. Entre las razones del cambio de actitud podrían quizá esconderse la transformación radical de la práctica de los dentistas durante este período y la aparición de una gran variedad de productos para la higiene y la cosmética bucal.

Efectivamente, durante la primera mitad del siglo XVIII desaparecieron los últimos "sacamuelas" que, en espectáculos multitudinarios al aire libre, ejecutaban de manera teatral sus intervenciones. En ese momento aparecieron los odontólogos científicos con un propósito más humano: intentar sanar los dientes y no solo arrancarlos. Y en ese mismo período, Francia lideró el desarrollo y la proliferación de productos para la higiene bucal: dientes de porcelana, dentaduras postizas, cepillos y pastas de dientes... Todo ello pudo contribuir a mejorar el aspecto de las sonrisas hasta hacerlas agradables y convenientes en público.

Menos mal.

Códigos españoles

El 26 de febrero de 1813 nacía Gustave Adolph Bergenroth en Marggrabowa, un lugar que en palabras de su biógrafo era «una insignificante ciudad en el más remoto y seco rincón de la Prusia del Este». Estudió en la Universidad de Königsberg, donde fue un personaje muy popular entre sus compañeros. Allí se dañó seriamente la muñeca derecha durante un duelo; una forma de pasar el tiempo muy prusiana.

Tras trabajar en Colonia y Berlín, embarcó en 1850 rumbo a California y, tiempo después, en septiembre de 1860, recaló en España. Más concretamente en Simancas, en la provincia de Valladolid. El motivo era bien simple: allí se encontraba (y se encuentra) el famosísimo Archivo General. El gobierno británico le había encargado que encontrara, listara y resumiera todos los documentos de Simancas relacionados con la historia inglesa.

Vivía en una especie de hotel, el Parador de la Luna. La Simancas de entonces fue descrita así por un amigo que fue a visitarlo[3]:

> *Es una colección de casuchas miserables, la mitad enterradas en el polvo y la arena. No hay ninguna buena casa allí. El lugar donde vivía Bergenroth*

pertenecía a la granja de un alguacil, con dos pisos, con todas las habitaciones enyesadas y los suelos de ladrillo. No hay ninguna chimenea en las habitaciones, y siendo el invierno muy crudo de noviembre a febrero y con las paredes tan llenas de agujeros, solo el profundo deseo de servir a la historia puede reconciliar a un hombre a vivir en tan duras condiciones.

Y no solo eso. También tuvo que aguantar el ruido de la plaza adonde daba su ventana, siempre poblada de carros tirados por burros, el sonsonete de una dulzaina que solo tocaba dos canciones, y al ama de la casa aporreando una guitarra.

En el Archivo General tampoco le acompañó la suerte. No solo tenía una cantidad inmensa de documentos para revisar (alrededor de 100 000 legajos de entre 10 a 100 documentos cada uno), sino que además contó con la "patriótica" oposición del archivero. Pese a todo, su trabajo fue inmejorable. Además de hallar los documentos, reconstruyó 19 nomenclatores criptográficos, cada uno de ellos con entre 2 000 y 3 000 elementos. Y todo en 10 meses, lo que significa que era capaz de descifrar un código secreto español cada dos semanas. De este modo, Bergenroth superó los logros de muchos criptoanalistas profesionales.

Este historiador, que legó al mundo su monumental *Calendarios de cartas, despachos y papeles de Estado relacionados con las negociaciones entre España e Inglaterra*, murió en 1869, nueve años después de su llegada a Simancas, de una fiebre que contrajo allí.

Operación Mincemeat

El 30 de abril de 1943, frente a la costa de Huelva, apareció el cadáver de un mayor de los marines británicos. Cuando se inspeccionaron sus bolsillos, se descubrieron papeles, cartas y documentos que demostraban, sin lugar a dudas, que se trataba de un correo. El oficial británico había sido enviado desde Londres al cuartel general del 18.º Ejército, entonces en Túnez. Al parecer, el avión del mayor había tenido un accidente y se había precipitado al mar.

Entre los documentos del difunto, las autoridades militares españolas descubrieron unos sobres sellados. Cuando consiguieron sacar las cartas de los sobres sin romper los sellos, vieron que portaba información vital para el futuro desarrollo de la guerra. Uno de estos importantísimos documentos era una carta del segundo jefe del Estado Mayor Central británico al general Alexander, lugarteniente de

Eisenhower en el norte de África. En ella se hacía una alusión muy clara a Grecia como posible punto de desembarco aliado para la invasión de Europa. Una alusión igualmente clara aparecía en otro de los documentos, de carácter más íntimo y personal, del almirante Mountbatten al comandante en jefe de las fuerzas aliadas en el Mediterráneo, el almirante Cunningham.

Tras el descubrimiento del cadáver, el agregado naval de la Embajada británica en Madrid comenzó a gestionar, cada vez con más apremio, la entrega de los restos y de todos los documentos que llevaba consigo. Los españoles dieron largas al asunto para permitir que los servicios secretos alemanes obtuvieran hasta el último detalle de este fantástico golpe de suerte. Después accedieron a las demandas británicas.

Desde entonces hay una tumba en Huelva que reza:

William Martin
Nacido el 19 de marzo de 1907
Muerto el 24 de abril de 1943
Hijo de John Glyndwyr Martin y de la difunta Antonia Martin, de Cardiff, Gales
Dulce et decorum est pro patria mori
RIP

Pero es la tumba de alguien que jamás existió.

En realidad, todo fue una estratagema ideada por el capitán de corbeta Ewen Montague, del servicio secreto británico. Su objetivo era convencer a los alemanes de que la invasión europea ocurriría en Grecia, que junto con Sicilia y Cerdeña era uno de los puntos más probables para el asalto. Por su situación estratégica, Sicilia era el lugar más creíble, pero los alemanes no fortificarían la isla si tenían información fiable de que los aliados desembarcarían en otro lugar. Y así ocurrió.

El mago que detuvo una revolución

Norte de África, 1856. Los morabitos mahometanos han sublevado al pueblo árabe contra el gobierno francés. El conflicto es peligroso: los morabitos habían conseguido convencer a sus compatriotas de que poseían poderes sobrenaturales y, por tanto, que la victoria estaba asegurada. Haciendo gala de una gran imaginación, los franceses enviaron al mago Robert Houdin para desacreditarlos. Houdin era el más famoso de todos los ilusionistas franceses, y gran parte de su repertorio se basaba en una aplicación inteligente de recientes descubrimientos científicos, como el electromagnetismo.

De entre los trucos que los morabitos utilizaban para convencer a sus compatriotas de sus poderes destacaba uno mediante el cual probaban que las armas de fuego no les hacían daño. Un día, Houdin, al pasar por una aldea, fue retado a un duelo por uno de ellos. El morabito, sacando dos pistolas, pidió disparar primero. Houdin protestó, pero al final accedió. El musulmán cargó las pistolas con pólvora, sacó un puñado de balas y le pidió que escogiese dos. Houdin tomó dos y cargó con ellas las pistolas, mientras el morabito vigilaba cuidadosamente cómo las cargaba. Ahora estaba seguro de la muerte del francés: apuntó escrupulosamente y disparó. Con una sonrisa, Robert Houdin mostró entonces la bala atrapada entre los dientes. Después tomó su pistola y dijo:

–Tú no puedes hacerme daño, pero mi habilidad es más peligrosa que la tuya; ¡mira!

Disparó contra una pared. La cal saltó, y en el lugar del impacto, una gota de sangre resbaló hacia el suelo.

¿Milagro? No, ilusionismo. Y como en todo ilusionismo, la solución siempre es increíblemente sencilla. Houdin tenía preparadas unas balas falsas hechas con cera y frotadas en grafito. En su interior hueco había depositado sangre extraída de su propio pulgar. Mediante un pase cambió las balas verdaderas que le ofrecía el morabito por dos falsas. Al introducir en la pistola del árabe la bala dirigida a él, la rompió con la baqueta, de modo que en el disparo lo que se oyó fue solo el estallido de la pólvora. La otra bala, introducida con cuidado en su pistola para no romperla, al impactar en la pared liberó la sangre que contenía.

Poco después, los musulmanes abandonaron las armas y la revuelta terminó.

El día que desapareció el canal de Suez

Jasper Maskelyne era el décimo descendiente de una famosa familia de ilusionistas. Cuando estalló la Segunda Guerra Mundial era uno de los más importantes magos británicos y, como tantos otros compatriotas, se alistó en el ejército. Le costó mucho convencer a los militares de que sus conocimientos mágicos podrían ser de utilidad en la guerra. Tras muchas discusiones consiguió que lo destinaran a la unidad de camuflaje de los Ingenieros Reales. Jasper Maskelyne trabajó muy duro para que le asignaran su propia unidad, y fue conocido en el ejército británico como el *mago guerrero*.

Por entonces, la situación en África era desesperada. Las fuerzas alemanas al mando de Rommel habían penetrado en Egipto y se acercaban a Alejandría. Su puerto era un enclave vital para las líneas de abastecimiento aliadas, y su funcionamiento debía asegurarse a toda costa; algo bastante difícil, pues los alemanes lo bombardeaban todas las noches. Entonces, el alto mando británico encargó a Maskelyne una misión que, dada su condición de mago, no debía resultarle muy complicada: hacer desaparecer el puerto de Alejandría.

Ahora bien, como camuflar el puerto era un trabajo imposible, a Jasper se le ocurrió cambiarlo de lugar. A pocos kilómetros de Alejandría localizó un lugar llamado Bahía Maryut cuyo perfil costero coincidía con el de la ciudad egipcia. Disponiendo las luces de idéntica manera a como se encontraban en Alejandría, construyó una réplica exacta de lo que los bombarderos alemanes veían desde el cielo. Las luces de Alejandría se apagaban todas las noches, y los aviones de la Luftwaffe lanzaban ahora sus bombas sobre Maryut.

Para completar la ilusión, Maskelyne apiló montones de escombros en el puerto verdadero, para que los aviones de reconocimiento alemanes pudieran fotografiar el efecto de sus "bombardeos". Incluso pudo convencer a sus superiores para que desplazaran los cañones antiaéreos de Alejandría al falso puerto, para que la ilusión fuese lo más real posible (una maniobra muy arriesgada, pues dejaba sin defensas al verdadero). Durante ocho noches, los alemanes estuvieron bombardeando un puerto que jamás existió.

El alto mando británico estaba impresionado. ¿Podría hacer lo mismo con el canal de Suez? Los alemanes solo tenían que atacar y hundir un barco en él para bloquearlo, dejando sin suministros a buena parte del ejército al mando del general Montgomery. Para conseguirlo, Jasper construyó entonces 24 inmensos ventiladores cuyas aspas eran espejos y los unió a los focos reflectores situados a lo largo del canal. Los ventiladores-espejo, girando a gran velocidad, creaban un fantástico y deslumbrador espectáculo de luces giratorias que cegaban a cualquier piloto que se acercara. La Luftwaffe intentó bombardear el canal bastantes veces, pero el ingenioso dispositivo ideado por Maskelyne se lo impedía. Ninguno de sus aviones fue capaz de atravesar la cortina de luz creada por el ilusionista inglés.

La bala atrapada

Suele decirse que el ilusionismo es la reina de las artes. El mago ofrece sorpresas y sonrisas, pero detrás de muchos de sus juegos se esconde ciencia y técnica. El mago, aparentemente, parece saltarse las leyes de la naturaleza, aunque en realidad las utiliza para hacernos creer que es capaz de hacerlo. Solo que, a veces, esa misma técnica puede provocar una desgracia. Eso ocurrió la tarde del 23 de marzo de 1918.

El teatro Wood Green Empire de Londres se encontraba repleto. El público estaba encantado con el *show* mágico que presenciaban. A mitad de función sonó un redoble. Un par de hombres armados con mosquetes salieron a escena. Al otro lado se encontraba el mago Chung Ling Soo sosteniendo un plato delante de su cuello. Los mosqueteros dispararon y el mago cayó al suelo, sangrando. La ilusión había terminado en tragedia. Y ese fue el final del más grande de los magos chinos.

Solo que no era chino. Su verdadero nombre era William Ellsworth Robinson y había nacido en Nueva York. El momento cumbre de su espectáculo era en efecto la bala detenida: se disparaban varias balas contra Soo que, aparentemente, él capturaba al vuelo y luego hacía caer sobre un plato. Hoy día, muy pocos magos realizan este juego. La razón es obvia: es muy peligroso.

La investigación policial descubrió el truco utilizado por Soo. Su mujer daba a examinar las balas a los espectadores y estos las marcaban para que quedaran completamente identificadas. Pero cuando ella volvía al escenario, secretamente las cambiaba por otras y entregaba las marcadas a su marido. Los mosquetes estaban preparados de forma que las balas nunca saliesen del cañón. Se escuchaba una explosión y se veía un destello de luz, momento que aprovechaba Soo para dejar caer las balas en su poder sobre el plato. La ilusión era completa.

Pero esa fatídica noche, aunque Soo había utilizado la técnica para impedir el disparo de las verdaderas balas en los mosquetes, un fenómeno natural inevitable, la corrosión, provocó el fallo del mecanismo, y William Robinson, el gran Chung Ling Soo, murió por su arte.

Resistente al fuego

El fuego quema. Esto es algo que aprendemos desde pequeñitos. Con todo, desde la más remota antigüedad, algunos han sido incapaces de resistirse a sus peligrosos encantos y han sido capaces de tocar el fuego sin quemarse.

Los sacerdotes de Diana, en Castabala, Capadocia, caminaban sobre hierro al rojo vivo, y los herpi, un pueblo etrusco, caminaban sobre rescoldos. «Para mí –decía el gran mago Harry Houdini–, la parte "asombrosa" de esta historia no es la hazaña en sí, sino que el secreto fuera conocido en una época tan temprana, que se sitúa hacia el 500 ó 1000 a.C.».

El mayor comedor de fuego de la historia fue el español Xavier Chabert, conocido en el mundo del espectáculo como *El Verdadero Fenómeno Incombustible Ivan Ivanitz Chabert*. Sus proezas eran de las de quitar la respiración. En 1828, Chabert ofreció una de sus habituales representaciones en el Argyle Rooms de Londres. Según el *Mirror*, primero se deleitó con un buen plato de fósforo, traído por algunos espectadores, bañado en una solución de arsénico y ácido oxálico. Le siguieron unas cuantas cucharadas de aceite hirviendo, y terminó lavándose con plomo fundido. Finalmente, el *côupe de grace*: se introdujo con un plato de carne cruda en un horno de panadero del que no salió hasta que la carne estuvo en su punto.

La técnica para resistir el fuego mediante el uso de ciertos compuestos ya fue descrita por Alberto Magno en su obra *De Mirabilibus Mundi*. El libro *Hocus Pocus* de 1763 también explica una receta, y en 1827, el ayudante del primer artista europeo que triunfó con actuaciones de este estilo, Richardson, desveló su secreto. Aquí se lo ofrecemos, por si es usted lo suficientemente valiente para intentarlo (aunque recuerde que de valientes están los cementerios llenos...) [4]:

> *Todo consiste en frotarse las manos y lavarse la boca, labios, lengua, dientes y otras partes del cuerpo que vayan a estar en contacto con el fuego con alcohol de fósforo puro. Este cauteriza la epidermis o piel superior, hasta que la hace tan dura y densa como el cuero; cada vez que se realiza el experimento, se hace más fácil. Pero si, tras realizarlo en muchas ocasiones, la piel creciera tan callosa y áspera que fuera un problema, debe lavarse las partes afectadas con agua muy caliente, o vino caliente, que se llevará la epidermis arrugada.*

Un tesoro peculiar

En el invierno que dio paso al año 1947, tres pastores de la tribu beduina de los ta-amireh pasaban el tiempo mirando cómo sus cabras saltaban alegremente y con agilidad por los riscos situados al sur de unas antiguas ruinas en la orilla noroccidental del mar Muerto. Estas eran unas ruinas que habían intrigado precedentemente a los arqueólogos, pero desde mediados del siglo XIX se las consideraba poco interesantes. Quizá se trataba, decían, de una fortaleza romana de poca importancia.

A un kilómetro y medio al sur de estas ruinas se encuentra un lugar llamado Khalil Musa, donde los beduinos solían llevar a abrevar a sus animales. Después, y como desde tiempos inmemoriales han estado haciendo los pastores, las dejaban triscar por los riscos. Empezaba a hacerse tarde y uno de los beduinos, Muhammed Ahmed el-Hamed, subió ágilmente por las escarpadas laderas. Entonces vio algo que le llamó la atención: dos pequeñas aberturas, como bocas de una cueva. Arrojó una piedra a su interior y escuchó el sonido de una vasija al romperse. ¿Podría tratarse de un tesoro escondido? Muy excitado, llamó a gritos a sus primos, que esperaban abajo. Mientras estos subían, él miró dentro, pero no pudo ver nada. La entrada era muy estrecha y seguramente les costaría mucho colarse en el interior. Los tres se prometieron que al día siguiente regresarían para una inspección más detallada. Era ya muy tarde y tenían que encerrar a las cabras.

Pero al día siguiente no pudo ser, y Muhammed tuvo que esperar dos días para poder regresar al lugar donde había escuchado canturrear a su tesoro. Al amanecer, dejó durmiendo a sus primos, llegó hasta la entrada de la cueva y se deslizó dentro. Una vez allí descubrió entre los escombros diversas vasijas. Metió la mano en una de ellas... pero estaba vacía. Nervioso, retiró la tapa de otra vasija y metió la mano: tampoco había nada. Hasta nueve jarras destapó, y lo único que encontró fue tierra. Desilusionado, agarró cuatro bultos envueltos en tela y cuero, enmohecidos por el paso del tiempo, y volvió a su casa.

Lo que Muhammed había encontrado era un tesoro, pero no el que él esperaba. Lo que el joven beduino tuvo entre sus manos era el *Gran Rollo de Isaías*, el *Comentario a Habacuc* y el *Manual de Disciplina*, los primeros de una larga serie de manuscritos y trozos de manuscritos que serían conocidos tiempo después como *los manuscritos del mar Muerto*, el principal descubrimiento de documentos realizado en el siglo XX.

Voynich

En 1912, un anticuario norteamericano llamado Wilfrid M. Voynich encontraba un viejo manuscrito en un antiguo convento jesuita llamado Villa Mondragone, en el pueblecito italiano de Frascati. Era un volumen de 15 por 27 centímetros, sin cubierta y del que hoy se han perdido unas 28 páginas. El texto, iluminado de azul, amarillo, rojo, castaño y verde, presenta mujeres desnudas, diagramas, plantas imaginarias y una escritura que parece medieval vulgar. Sin embargo, está escrito en una clave que, aunque aparentemente simple, nadie ha descubierto todavía.

Según comprobó el propio Voynich, su autor pudo ser el filósofo y científico del siglo XIII Roger Bacon. Tres siglos después, el texto pasó por las manos del también filósofo, astrólogo y espía inglés John Dee, un hombre que, siguiendo la mejor tradición de las películas de terror, dedicaba parte de su tiempo a invocar a los muertos. Este extraño personaje incluso afirmaba haber entrado en contacto con unos seres inmateriales que llamó *ángeles*. Estos le transmitieron unos supuestos conocimientos superiores en una lengua totalmente extraña que él bautizó con el nombre de *enoquiana*. La mayor parte de sus notas han desaparecido, lo que ha contribuido a aumentar el misterio. Unir Voynich con Dee es un cóctel que pocos escritores sensacionalistas pueden evitar, y ha convertido el manuscrito en fuente inagotable de imaginativas especulaciones.

A mediados del siglo XVI, alguien, no se sabe muy bien quién, lo llevó a Praga, a la corte de Rodolfo II de Bohemia, un rey muy interesado en la ciencia y en la alquimia, que quizá creyese que el manuscrito contenía algún misterioso secreto. Allí estuvo en posesión del director del laboratorio alquímico del emperador, y más tarde pasó a manos de su médico personal. Nadie sabe adónde fue a parar a continuación ni quién lo tuvo en su poder. Lo cierto es que el manuscrito Voynich vuelve a aparecer el 19 de agosto de 1666, cuando el rector de la Universidad de Praga lo envía al jesuita y criptógrafo Atanasius Kircher, que no logra descifrarlo. Después lo estudia un checo llamado Johannes Tepenecz, que tampoco lo consigue. Hastiado, lo entrega a una biblioteca jesuita. Después, el manuscrito desaparece hasta 1912, cuando Voynich lo descubre en el interior de unos viejos baúles en los sótanos de Villa Mondragone.

Voynich lo llevó a Estados Unidos, donde diversos estudiosos lo analizaron sin éxito. En 1919, el criptógrafo W. R. Newbold, de la Universidad de Pensilvania, se puso también manos a la obra y, dos años después, afirmó haber descubierto una clave que, curiosamente, dijo haber perdido. William F. Friedman, considerado el mejor criptoanalista de todos los tiempos, se ocupó del asunto en la década de los cincuenta. Para él se trataba de un mensaje cifrado en una lengua totalmente artificial.

Tras la muerte de Voynich, en 1930, sus herederos vendieron el manuscrito a un librero llamado Kraus. En la actualidad se encuentra en la Biblioteca de Libros Raros Beinecke de la Universidad de Yale, y una copia del mismo, en la colección de manuscritos de la Biblioteca del Museo Británico.

Sigue siendo "el manuscrito más misterioso del mundo".

Mala suerte

El ingeniero Enemon Kawaguki era uno de los muchos trabajadores de la inmensa fábrica de Mitsubishi. A sus 40 años, nunca había dejado de practicar deporte, y en la empresa era conocido por su gran vitalidad.

Una mañana de 1945, Kawaguki se encontraba en su despacho cuando escuchó el ruido de un avión. Sin duda era un bombardero americano. El ingeniero japonés se retrasó en su camino al refugio. Y entonces sucedió. Un resplandor cegador le tumbó y perdió el sentido. Cuando recobró la consciencia, se encontró desnudo, en una fábrica desierta y entre llamas altísimas. Kawaguki estaba herido a causa de un hierro que le había golpeado y una teja que le hizo una brecha en la espalda. Su fábrica estaba situada en Hiroshima, a cinco kilómetros del centro de la explosión de la bomba atómica, y cuando notó que se levantaba un viento candente, corrió, primero hacia el mar y después hacia el río que rodeaba su ahora destruida fábrica. Lo cruzó a nado sólo para descubrir que allí también había llegado el infierno. Estuvo bastante tiempo en el agua y al final subió a una colina. Desde allí descubrió un paisaje desolador: toda la ciudad estaba arrasada y envuelta en llamas. Agotado, se durmió. Habían pasado seis horas desde la explosión.

Se despertó a las cinco de la tarde. El dolor de las quemaduras se le había calmado un poco. Se acercó a una estación cercana, montó en un vagón y se acurrucó donde pudo. Despertó dos días después sin recordar nada. Estaba en un tren que avanzaba despacio y donde las enfermeras cuidaban a heridos más graves que él.

Al final, el tren se detuvo en la estación de una gran ciudad. Kawaguki bajó por su propio pie y se dirigió hacia el centro. Mientras caminaba en dirección al mar escuchó los motores de un avión. Levantó los ojos al cielo e instintivamente se arrojó al fango de la cuneta. Y todo volvió a empezar: el resplandor, el hongo atómico, la desolación y la muerte. Esta vez, el ingeniero estaba a cuatro kilómetros del centro de la segunda explosión, en Nagasaki.

Durante años, este brillante técnico vagó como un desesperado, incapaz de concentrarse, dejándose llevar, con un terror indescriptible a que algún día volviese a aparecer un B-29 en el cielo. Murió de cáncer en 1957. Un número, el 163641, le identificaba como uno de los muchos irradiados que perecieron en la cama de un hospital.

La solución final

¿Qué lleva a un ser humano a anular sus sentimientos, a eliminar de su conciencia la responsabilidad moral por cometer actos repulsivos contra otros seres humanos? La psicología lo tiene bastante complicado, y para entenderlo tiene que echar mano de aquellos testimonios que nos iluminan sobre tan aberrante comportamiento.

Uno de estos ejemplos fue Adolf Eichmann, el *contable del exterminio* de la Alemania nazi. En el famoso juicio de Nuremberg, uno de los acusados comentó de él:

–Dije a Eichmann: «Dios quiera que nuestros enemigos no tengan nunca la posibilidad de hacer lo mismo con el pueblo alemán». Por toda respuesta, Eichmann me dijo que no fuera sentimental. Era una orden del Führer y debía ser cumplida.

Según este acusado, Eichmann le dijo que se suicidaría si Alemania perdía la guerra. Y añadió:

–Saltaré riendo a la tumba porque la idea de tener sobre mi conciencia cinco millones de personas es fuente de especial satisfacción.

Eichmann no cumpliría su promesa. Huyó, y al final fue detenido en Argentina en 1960. Conducido a Israel, en una semana fue juzgado y condenado a morir en la horca. Sus últimas palabras fueron:

–En breve, señores, nos volveremos a ver. Este es el destino de todos los hombres. Vivan Alemania, Argentina y Austria. No las olvidaré.

Sus cenizas fueron dispersadas en el Mediterráneo.

Otro de los responsables de la infame *solución final* fue Otto Ohlendorf, jefe de uno de los cuatro *einsatzgruppen* que acompañaron al ejército alemán en la invasión de Rusia para colaborar en la ejecución de la solución final. Su misión: asesinar judíos y comisarios políticos soviéticos. A la pregunta de uno de los jueces del tribunal de Nuremberg sobre por qué asesinaban niños, Ohlendorf contestó:

–La orden era que la población judía debía ser enteramente exterminada.

–¿Todos los niños judíos fueron exterminados? –preguntó el juez ruso.

–Sí.

Ohlendorf evocó ante el tribunal, con precisión e indiferencia, todos los macabros detalles de las ejecuciones confiadas a su grupo, sin revelar ningún tipo de emoción. Ohlendorf, como tantos otros, pertenecía al ominoso y absorbente universo nazi, en el que no se permitía que se dudara, ni siquiera un instante, en acatar la orden de eliminar a un pueblo entero de la faz de la Tierra.

El síndrome de Estocolmo

En 1973, dos ladrones entraban en un banco de Estocolmo y retenían a cuatro de sus empleados, tres mujeres y un hombre. Durante cinco días, las seis personas estuvieron confinadas en una caja de seguridad de 16 metros por 4 y 2,5 metros de altura. A lo largo de todo ese tiempo, los ladrones estuvieron amenazando continuamente a sus cautivos.

A medida que pasaba el tiempo, una situación extraña empezó a suceder: los secuestrados empezaban a sentir algo especial por sus captores, y viceversa, los ladrones comenzaban a sentirse muy ligados a quienes mantenían retenidos. Uno de ellos, un tal Jan-Erik Olsson, permitió que las mujeres llamaran a sus familias, enjugó las lágrimas de una de ellas, Elisabeth, y le entregó una bala de su arma a otra, Kristin, para convencerle de su buena fe.

Para impresionar a las autoridades, Olsson planeó un gesto dramático: disparar al único hombre retenido, Sven Safstrom. Pero en lugar de matarle, Olsson le dijo que solo iba a dispararle en la pierna. El propio Safstrom, tiempo después, comentó:

–Todo lo que recuerdo es que pensé lo considerado que fue por decirme que solo iba a dispararme en la pierna.

Los ladrones dejaban ir solas al baño a dos de las rehenes. A pesar de que pasaban junto a la policía y a pocos pasos de su libertad, siempre regresaron adonde los secuestradores. Aún más. Cuando un policía, entre susurros, preguntó a una de ellas "¿cuántos son los secuestradores?", esta no contestó; creía que con ello traicionaba a los ladrones. Al final, la policía pudo hacer unos agujeros en la pared y lanzar dentro bombas de humo. Cuando escucharon el grito de que entregaran las armas y dejaran salir a los secuestrados, estos, temiendo que en cuanto salieran la policía abatiría a tiros a sus captores, decidieron salir junto a ellos. Después, las secuestradas se despidieron de ellos con besos, y el hombre les dio la mano. Un año después, una de las empleadas y su marido visitaron a uno de los ladrones en la cárcel. Él no le pidió perdón y, según ella, no tenía ninguna razón para hacerlo.

La enorme publicidad de este caso hizo que a partir de entonces se acuñara un nuevo término psicológico: el síndrome de Estocolmo.

La pifia de los americanos

Hace poco he leído una de esas pifias graciosas que suceden en nuestra civilización tecnológica y que nos enseñan mucho acerca del comportamiento del ser humano. En este caso, en lo relativo al orgullo.

La anécdota, sucedida en octubre de 1995, narra la conversación de radio entre un buque de la armada estadounidense y las autoridades costeras canadienses. Tras la detección de lo que aparentemente era un barco de la flota canadiense, el buque de la US Navy entró en contacto con él y le dijo:

–Por favor, cambien su curso 15 grados al Norte a fin de evitar colisión.

A lo que los canadienses respondieron:

–Recomendamos que USTED cambie SU curso 15 grados al Sur a fin de evitar colisión.

A lo que el barco norteamericano contestó en un tono más airado:

–Les habla el capitán de un buque de la armada de los Estados Unidos. Repito, cambien su curso.

Y los canadienses, erre que erre, respondieron:

−No, repetimos: ustedes deben cambiar su curso.

El capitán norteamericano, es de suponer que visiblemente enfadado, les dirigió la siguiente arenga:

−Este es el portaaviones *Abraham Lincoln*, el segundo buque en tamaño de la flota de los Estados Unidos de América en el Atlántico. Nos acompañan tres destructores, tres cruceros y numerosos buques de apoyo. Demando que usted cambie su curso 15 grados al Norte o tomaremos las medidas para garantizar la seguridad de este buque.

Los canadienses, con gran parsimonia, replicaron:

−Esto es un faro. Ustedes deciden.

No sé si será cierta o si se trata de una leyenda urbana, pero posee la virtud de arrancarte una sonrisa.

9
Es difícil ser humano

> ¿Qué tiene que hacer una tortuga para vivir?
> ¡Ser tortuga!
> ¿Qué tiene que hacer un gato para vivir?
> ¡Ser gato!
> ¿Qué tiene que hacer un tipo para vivir?
> ¡Ser albañil, abogado, tornero, oficinista o qué se yo!
> ¿Por qué tenía que tocarnos a los humanos el estúpido
> papel de ser animales superiores?
>
> MIGUELITO (personaje de *Mafalda*, de Quino)

> Evitar la Muerte
> Lleva demasiado tiempo, y demasiado cuidado,
> Cuando, al final de todo,
> La Muerte coge a todos desprevenidos.
>
> POEMA ANÓNIMO irlandés del siglo X

LA NICOTINA ES UNA DROGA. Es legal, fácil de conseguir, nada dolorosa de administrar y no causa cáncer. Pero hay un inconveniente. Para fijarla en nuestro organismo fumamos tabaco, y su humo es peligroso.

La nicotina viene de la planta *Nicotiana tabacum*, la planta del tabaco, y debe su nombre al embajador francés en Portugal Jean Nicot, que envió unas semillas a París en 1550. Es primo distante del ácido nicotínico, más conocido como la vitamina niacina o B3, que se obtiene al tratar la nicotina con ácido nítrico. La nicotina puede ser un veneno mortal: de hecho, el sulfato de nicotina ha sido utilizado como un poderoso insecticida.

Fumar es el camino mas rápido para fijar la nicotina en nuestro organismo: una calada, se inhala y actúa en escasos segundos. De los pulmones pasa luego a la sangre, y de ahí directamente al cerebro. Pero sus efectos duran poco. Las investigaciones muestran que a pesar de tener en nuestro organismo una vida media de dos horas, su nivel en el cerebro decae con mayor rapidez. Mientras dormimos, los niveles de nicotina caen estrepitosamente y perdemos parte de nuestra tolerancia a ella. Por eso a muchos fumadores el primer cigarrillo del día es el que mejor les sabe.

Comparada gramo a gramo con la cocaína, la nicotina es 100 veces más adictiva. Su toxicidad es evidente si fumamos por primera vez un cigarrillo: ingerida, inspirada o absorbida por la piel, produce vómitos, diarrea y convulsiones. El límite mortal para un adulto se encuentra en 60 miligramos, dos gotitas de nicotina pura. Un paquete diario de 20 cigarrillos proporciona, de media, la mitad de la dosis letal. Evidentemente, no toda se absorbe, pero la mayoría sí.

Por si esto fuera poco, el investigador Martin Jarvis, del Imperial Cancer Research Fund Health Behaviour Unit del University College de Londres, ha descubierto que aquellos que fuman cigarrillos "bajos en nicotina" realmente inhalan ocho veces más de lo indicado en el paquete. Y el resto de los cigarrillos contiene todavía una vez y media más. A la luz de los resultados de este estudio, una cosa está clara: la manera estándar de determinar los niveles de nicotina y alquitrán no está relacionada con lo que realmente se fuma.

Bancos de esperma

Hace unos años, un empresario tuvo una idea brillante: pedir a las personas más inteligentes de la Tierra que le vendieran sus espermatozoides. De este modo, aquellas mujeres o parejas que quisieran podrían comprar unos cuantos de esos espermatozoides para concebir a un hijo supuestamente inteligente. El negocio se basaba en el supuesto de que padres inteligentes dan, por sistema, hijos inteligentes. El asunto, al parecer, no fue un gran negocio, a pesar de que muchas mujeres y parejas apostaron por ello. Al parecer no conocían estas palabras de François Jacob, premio Nobel de Medicina:

Algunos han alabado el uso de esperma congelado de donantes cuidadosamente seleccionados. Algunos incluso elogiaron el esperma de los ganadores de los premios Nobel. Solo quien no conoce a los premios Nobel querría reproducirlos de esa manera.

Un par de décadas después se intenta vender por Internet óvulos de modelos (modelos de pasarela). En este caso, el negocio está más justificado, porque el aspecto físico sí está definido totalmente por los genes. Lo que no es seguro, como cualquiera puede comprobar con solo echar un vistazo a su alrededor, es que padres guapos tengan hijos guapos. ¿Quién no conoce a una pareja que, siendo de lo más normal, tienen un hijo o una hija de los de quitarse el sombrero?

El problema con ambos casos es que nos gusta tener las cosas controladas, y eso de no poder ni elegir el sexo de nuestros hijos nos inquieta. También creemos que si nuestros hijos son muy inteligentes o muy guapos, tendrán una vida más fácil. Lo que ya no parece preocuparnos demasiado es que, guapo o listo, nuestro querido hijo acabe siendo un cretino integral. Vender óvulos o espermatozoides de buenas personas no es negocio.

No pensemos que este interés por tener hijos más guapos es producto de nuestra época de inseminación *in vitro*. También nuestros bisabuelos lo tenían. Cuentan que el cínico escritor inglés George Bernard Shaw se enfrentó con este dilema. Él nunca había sido lo que podría llamarse un hombre atractivo. Cuando ya era un hombre de edad, una hermosa joven, de la que tampoco podría decirse que fuera una prometedora candidata para el Premio Nobel, se le acercó, y con voz dulce le dijo que le gustaría tener un hijo suyo. ¿La razón? Bien sencilla. Así tendrían un hijo con la belleza sin par de la madre y la tremenda inteligencia del padre. No hace falta decir que a la anónima belleza eso le pareció una idea brillante; en cambio, el cínico escritor echó abajo sus pretensiones: dijo que no. El impecable razonamiento de Bernard Shaw fue como para grabarlo en piedra:

–Mi querida señora, ¿y qué pasaría si sacase mi belleza y su inteligencia?

Métodos anticonceptivos

Nada hay nuevo bajo el sol. Por ejemplo, en lo de poner medios para no tener hijos. La marcha atrás o *coitus interruptus* ya aparece mencionada tanto en el libro del Génesis como en el Corán. En el Egipto de 1850 a.c., según menciona el *papiro de Kahun*, se empleaban pesarios vaginales confeccionados con estiércol de cocodrilo. Ciertamente, un dispositivo de este estilo debía ser efectivo, siempre y cuando la pobre mujer sobreviviera a la infección. Y, desde luego, el efecto disuasorio estaba asegurado: con el hedor que debía emanar aquello, pocos se arriesgarían a poner su miembro viril en semejante orificio... Otro método más higiénico, mencionado en el *papiro de Ebers*, era el uso de tampones con plumón embebido en jugo de acacia fermentada.

En la Roma del siglo II, un médico griego de nombre Soranos proponía el empleo de tampones vaginales de lana empapada en aceite ácido, goma de cedro, miel, granada y pulpa de higo. Su pretensión era bien clara: precintar el acceso a los espermatozoides.

En el siglo XVI, Falopio (el mismo de las trompas) describió el empleo de una vaina de lino protectora del pene en lo que podemos considerar la primera descripción conocida de un preservativo. Lo curioso es que él no la mencionó como método anticonceptivo, sino como forma de prevenir las enfermedades venéreas.

Ya en el siglo XIX se utilizaron supositorios de manteca de cacao como método anticonceptivo, y un médico de nombre Knowlton proponía aplicar en la vagina sulfato de cinc justo después del coito. A comienzos del siglo XX, el médico alemán Richter sugirió el uso del intestino del gusano de seda como dispositivo intrauterino: era el primer DIU. Para fijarlo al útero, un compatriota suyo planteó el uso de un alambre de plata colocado alrededor del intestino del gusano.

Introspección

Una de las grandes máximas del pensamiento de todos los tiempos dice «conócete a ti mismo». Todos sabemos que eso no es fácil, pero que si uno lleva a cabo una poderosa labor de introspección, acabará lográndolo. Y como premio por intentarlo, pensamos que si nos conocemos seremos más felices.

Por suerte, la moderna psicología ha descubierto que esto no es así. No solo no es cierto que se es más feliz si uno se conoce, sino que hacerse una imagen embellecida de uno mismo es fundamental para poseer una cierta salud mental. Sabemos que tenemos nuestras cosas buenas y nuestras cosas malas, pero cuando nos miramos al espejo preferimos ver nuestra cara más agradable. En diferentes experimentos, los sujetos psíquicamente sanos se consideran mejor descritos con adjetivos con connotaciones positivas que negativas, de igual modo que a lo largo de la vida recuerdan los éxitos, mientras que los fracasos se olvidan con extremada facilidad (de ahí, quizá, venga lo de tropezar dos veces en la misma piedra). Otra tendencia bastante común es la de considerarse responsable de las acciones que han salido bien, mientras que de las que han salido mal la culpa la han tenido un cúmulo de circunstancias.

Por si esto fuera poco, las personas psíquicamente normales viven convencidas de que en una serie de aspectos son superiores al resto. Un ejemplo claro lo tenemos en los conductores de vehículos. En diferentes encuestas, nueve de cada diez conductores se consideran mejores que la media. O cuando se nos propone que estimemos nuestra inteligencia. Invariablemente nos creemos más inteligentes de lo que somos. Un dato curioso: el psicólogo David A. Dunning, de la Universidad de Cornell, ha descubierto que los incompetentes, además de no estar a la altura de lo que exige su profesión, ni siquiera saben lo incompetentes que son. En una serie de juegos de lógica encontró que quienes más dudaban de sus aciertos o que se infravaloraban sacaban mejor puntuación que quienes se creían los mejores del grupo.

Y es que, en general, como dice el psicólogo alemán Rolf Degen[1],

> *La necesidad de controlar las condiciones de la propia existencia está muy arraigada en el espíritu humano. Hasta el punto de que es capaz de engañar a la razón y hacerle creer que controla situaciones donde solo existe azar o que realmente están controladas por fuerzas que no puede dominar.*

En definitiva, que nos gusta ver las cosas y a nosotros mismos no como son, sino como nos gustaría que fueran.

Henry Mnemonic

A mediados del siglo XX, los investigadores del cerebro habían renunciado a buscar el lugar donde se encuentra la memoria. La razón, un hombre: Karl Lashley, el padre de la psicología fisiológica moderna y uno de los investigadores del cerebro más influyentes de la primera mitad del siglo XX. Tras numerosas investigaciones con ratas,

Lashley había llegado a la conclusión de que la memoria no dependía de un mecanismo particular, sino que se encontraba distribuida de manera dispersa por todo el cerebro.

En 1953, por obra y gracia de otro hombre, todo cambió. El causante esta vez fue un joven que padecía un caso de epilepsia aguda. Miles de neurólogos y psicólogos lo conocen por sus iniciales: H. M. Sufría terribles ataques epilépticos desde los dieciséis años y fue operado cuando tenía veintisiete, después de que los médicos comprobaran, impotentes, que ninguna medicación podía controlar los ataques. El último recurso, drástico y terrible, consistía en extirparle la parte del tejido cerebral que contenía los puntos o focos principales de la enfermedad. En su caso, le cercenaron amplias zonas de sus dos lóbulos temporales.

Médicamente la operación fue un éxito; a partir de entonces pudieron controlarle los ataques epilépticos con anticonvulsivos. Pero el precio que pagó fue perder la capacidad para crear recuerdos explícitos conscientes a largo plazo. Dicho más sencillamente, H. M. perdió lo que comúnmente llamamos memoria. Dos investigadores de la memoria, Neal Cohen y Howard Eichenbaum, resumían en 1993 con estas palabras el estado de H. M.[2]:

> *Hoy día, tras casi 40 años desde la operación, H. M. no conoce su edad o la fecha actual; no sabe dónde vive; no conoce el hecho de que sus padres han muerto hace mucho tiempo, y no sabe nada de su propia vida.*

Otro investigador, Larry Squire, añadió[3]:

> *Su incapacidad para aprender cosas nuevas es tan grave que precisa atención constante. No aprende nombres ni reconoce los rostros de las personas que ve cada día. Habiendo envejecido desde que fue sometido a la operación, no reconoce la fotografía de sí mismo.*

H. M., un hombre afable y más inteligente que la media, es el paciente que más y mejor ha sido estudiado por la neurología. Pero nunca sabrá lo mucho que ha hecho por ella. ¿Pueden imaginarse lo que significa vivir sin recordar nada de tu propia vida, ni siquiera a ti mismo?

Recuerdos

Exposición Aeronáutica de Farnborough (Inglaterra), 1952. Ante unos 100 000 espectadores, un caza a reacción se desintegra durante un picado. Deseosas de esclarecer el accidente, las autoridades pidieron a los testigos oculares de la catástrofe que dieran su versión de los hechos. Una vez analizados los miles de informes recibidos, la sorpresa que los expertos se llevaron fue mayúscula: solo *una carta* fue de cierta utilidad, y únicamente media docena de personas vieron más o menos correctamente la secuencia de los hechos. La mayoría de los testigos vieron la secuencia del accidente al revés, llenaron el resto con su imaginación, y prefirieron las teorías a los informes.

Lo que este suceso demuestra de modo indiscutible es que el ser humano recuerda muy mal lo que observa, sobre todo cuando se enfrenta a un hecho que se sale de lo común: un robo, un asesinato, una extraña luz en el cielo... Suceden demasiadas cosas de las cuales no se es totalmente consciente, simplemente porque no se puede estar atento a todo y no es posible conocer *a priori* a qué detalles se debe estar especialmente alerta.

Aquí es donde surge el problema. Cuando a veces se señala este hecho, muchos entienden que se está dudando de la palabra de los testigos. No es eso. De lo que se está dudando no es de su observación, sino de la *calidad* de esta y, sobre todo, de la interpretación que hacen. Habitualmente concedemos a los testimonios de personas sinceras y honradas un valor que no tienen. Un viejo ilusionista, el padre Heredia, lo expresó muy claramente [4]:

> *El testimonio humano es criterio de verdad cuando el que lo da no solo dice lo que cree que es verdad, sino cuando lo que cree que es cierto coincide con la verdad objetiva. Si una persona confunde la impresión que recibió con lo que pasó realmente, siendo cosa diversa, su testimonio no vale nada.*

Al identificar erróneamente el objeto observado, el cerebro cree ver el tipo de acciones y movimientos que se supone debe hacer y en realidad no hace. De esta manera se construyen pseudomisterios.

La siguiente mistificación viene cuando debemos recordar lo ocurrido. La memoria humana no funciona como una casete: fabrica, inventa y adapta los recuerdos a nuestras creencias y deseos. Por eso, cualquier suceso insólito se hace más enigmático si pasa el tiempo necesario. El abogado J. W. Ehrlich deja bien claro el valor del testimonio humano al hablar del valor de los testigos oculares en un juicio [5]:

> *Su testimonio es un informe de sus creencias como resultado de su reacción a un suceso. La observación y la memoria no son procesos mecánicos. Un*

testigo ocular no reproduce necesariamente de manera correcta lo visto y oído... Llenamos los vacíos de nuestras observaciones. Nuestra imaginación inconsciente inserta cosas que no observamos.

En definitiva, que con demasiada frecuencia vemos lo que queremos ver.

¿Confiamos en nuestros sentidos?

Imagínese que le invitan a participar en un sencillo experimento de psicología. Se encuentra en una sala con cinco personas más. Por la puerta entra el psicólogo encargado de la prueba, que lleva en la mano unas pocas cartulinas. Según explica, va a mostrar una serie de parejas de cartas. En una de las cartas de cada par hay una línea vertical; en la otra hay tres líneas verticales, una de ellas claramente de la misma longitud que la línea de la primera carta. Estas tres líneas están numeradas, y cada uno de los presentes deberá indicar cuál de las tres líneas es la idéntica.

Empieza la prueba. Todo parece ir bien. La línea que a usted le parece correcta es también la que el resto elige. Poco a poco va tomando confianza. Pero, de repente, todos cambian y eligen una que usted apostaría que no es la correcta. Es curioso. Todos la ven igual menos usted. ¿Será que le falla la vista? No. Mejor pensar que el resto se equivoca. Sigue la prueba, y al rato sucede otra vez lo mismo: la que todo el mundo señala como correcta a usted no se lo parece. «Aquí hay algo que no funciona», piensa para sus adentros. «¿Será que no veo bien?». Demasiadas dudas. Así que en pocos segundos decide, a pesar de lo que le dicen sus sentidos, cambiar su voto y coincidir con el resto. Y así va pasando la prueba. En unas está de acuerdo con el resto y en otras pocas, aunque usted no cree que sea esa la respuesta correcta, dice lo que dicen los demás.

Pero lo que no sabe es que se trata de un experimento diseñado para usted. Usted, y no el grupo entero, es el conejillo de indias. El psicólogo había acordado con el resto de los asistentes que, en ciertas cartas, todos señalarían la recta equivocada a la izquierda de la correcta.

Este experimento fue realizado por el psicólogo Solomon Asch, y con él demostró que, enfrentados al dilema de «¿He de responder lo que veo con mis ojos o de acuerdo con el grupo?», el 75 % de la gente elegía de acuerdo con el grupo.

Las conclusiones son inapelables: no es cierto que el común de los mortales tenga más fe en sus sentidos que en lo que dicen los demás. Esto es algo que debería hacernos pensar un poco.

Cuanto más complicado...

Dos personas, que llamaremos *A* y *B*, están dispuestas a enfrentarse a un sencillo experimento. Se les va a enseñar un mismo conjunto de microfotografías histológicas de tejidos sanos y enfermos. Ellos tendrán que decidir si esa fotografía es la de un tejido sano o la de uno enfermo, y ustedes, los experimentadores, les contestarán de la siguiente manera: a la persona *A* le dirán la verdad si ha acertado o no. A la *B* le contestarán en función de lo que diga *A*. O sea, que si de una determinada fotografía *A* dice que es sana, ustedes tomarán esta respuesta como la correcta, independientemente de que lo sea, y así le contestarán a *B*. Por ejemplo: *A* dice que es un tejido sano, aunque en verdad es enfermo; entonces a *B*, en lugar de decirle que se trata de un tejido enfermo, le dirán lo que ha dicho *A*: que es sano.

Al finalizar la prueba se descubre que *A* aprende a distinguir si la célula está sana o enferma en un 80 % de las veces. Lo curioso es que *B* también ha encontrado una explicación, una forma de distinguir entre lo que él cree que son células sanas y enfermas. Pero lo mejor viene cuando ustedes dejan que *A* y *B* hablen entre ellos y se cuenten su método. *A*, en lugar de ver lo absurdo de los planteamientos de *B*, los percibe como más elaborados, mucho más pensados, le cree y piensa que sus ideas son incorrectas.

¿Qué ha sucedido? *B*, frente a una serie de indicaciones aleatorias, ha construido una explicación absolutamente rebuscada para poder dar cuenta de lo que ustedes le han ido diciendo. Como se trata de una explicación mucho más elaborada, los mecanismos mentales de *A* hacen que se crea las ideas de *B*.

Este experimento, realizado por un grupo de psicólogos, demuestra que, por algún oscuro motivo grabado en nuestro cerebro, solemos dar por buenas las explicaciones más rebuscadas. Por eso tenemos la manía de pensar que si al leer un texto no lo entendemos, entonces es que está diciendo algo muy profundo. Aunque lo más probable es que tenga la profundidad de un charco.

Mitridatización

Hacia el año 100 a.c. llegaba al trono de Ponto, un reino situado en la costa turca del mar Negro (llamado en aquel entonces Ponto Euxino), el rey Mitrídates VI. Para ello había intrigado contra su padre, asesinó a su hermano y encarceló a su madre. Con semejante bagaje no es de extrañar que Mitrídates estuviera convencido de que tarde o temprano alguien no dudaría en matarle.

En concreto, sospechaba que le envenenarían, por lo que hizo que sus médicos le administrasen dosis pequeñísimas de todos los brebajes mortales conocidos en su época. El trabajo de los médicos fue tan bueno que Mitrídates llegó a ser inmune a venenos que habrían liquidado a un caballo.

Hoy sabemos que esta inmunidad es debida a la acción del hígado. Al someterlo reiteradamente a pequeñas dosis de veneno, el hígado aprende a defender el organismo del ataque de esas sustancias tóxicas, filtrando la sangre sin dañar sus propias células. A este proceso se le llama todavía hoy *mitridatización*, en honor a este rey.

Por otra parte, Mitrídates tenía razón en temer que lo envenenaran. El envenenamiento ha sido una de las formas más comunes de asesinato. En la Francia del siglo XVII, el jefe de policía de Luis XIV descubrió que los nobles de la época utilizaban los servicios de brujos y curanderos no solo para proveerse de filtros de amor, sino también para adquirir venenos. El tribunal especial creado para investigar el caso extendió 319 órdenes de arresto, realizó 865 interrogatorios y condenó a muerte a 36 personas. Todos los acusados, salvo una que fue quemada, fueron decapitados.

¿Y qué ocurrió con nuestro rey Mitrídates? El pobre tuvo mala fortuna. Vivió temiendo que sus súbditos lo envenenaran, y murió apuñalado por un soldado. Una forma más común, aunque menos elegante, de morir asesinado.

Una nueva plaga

A finales de 1979, dos médicos californianos, Joel Weisman y Michael Gottlieb, se enfrentaron a una extraña enfermedad. Los afectados presentaban fiebre, adelgazamiento, y unas escandalosamente bajas defensas inmunitarias asociadas a un aumento de tamaño de los ganglios linfáticos: lo que los médicos llaman una linfoadenopatía persistente.

Inmediatamente informaron al Centro para el Control de Enfermedades de Atlanta, el centro epidemiológico más grande del mundo, y se montó un equipo de investigación bajo la dirección del doctor James Curran. Muy pronto aparecieron nuevos casos, que se cebaban en la amplia comunidad de homosexuales de California. En el Centro de Control estaban desconcertados: «Es un problema muy serio de salud pública; 184 personas han muerto». Antes de finales de 1981, el equipo de Curran se convenció de que se trataba de una enfermedad infecciosa que se transmitía muy probablemente por vía sexual.

Al año siguiente, más concretamente el 13 de agosto de 1982, la prestigiosa revista *Science* publicaba un comentario titulado *Una nueva enfermedad desconcierta a los médicos*. Por entonces se manejaban ya muchos nombres diferentes: neumonía gay, cáncer gay (cáncer rosa) e incluso peste gay; pero en ambientes mucho más doctos se comenzaba a difundir una sigla, GRID, del inglés *Deficiencia Inmunitaria Relacionada Gay*. En cualquier caso, todos los nombres contenían la palabra *gay*, para enfatizar que se trataba de una enfermedad propia y exclusiva de los homosexuales. Para colmo, desde algunos ambientes ultraconservadores se hablaba incluso de castigo divino.

Esto hizo que la lucha científica contra esta enfermedad se llevara a las calles: las siglas GRID constituían un insulto para la comunidad de 17 millones de homosexuales hombres y mujeres que vivían en Estados Unidos. El tiempo les dio la razón: la nueva enfermedad apareció también en el primer paciente heterosexual, un padre de familia de 59 años, en Denver, Colorado. Era hemofílico y evidentemente se había infectado por una transfusión de sangre. Esto demostraba de un modo tremendo que la enfermedad no entendía de tendencias sexuales: podía atacar a cualquiera y se transmitía como la hepatitis.

Su nombre cambió entonces, para convertirse en *Síndrome de Inmunodeficiencia Adquirida*, SIDA.

Sida y conspiraciones

El sida es hoy la enfermedad más temida del mundo moderno. La palabra sida está asociada a otra palabra terrible: muerte. Tan tremenda combinación, unida a la dificultad por descubrir una cura para la enfermedad y al deseo de encontrar a alguien a quien poder echar la culpa, ha hecho nacer todo tipo de especulaciones, afirmaciones gratuitas y acusaciones.

El ser humano, que en sus momentos más débiles se vuelve obsesivamente conspiranoico, ha encontrado a quién señalar con el dedo. Pero, claro, tiene que ser otro humano, y no un pobre mono africano o algo tan intangible como la propia naturaleza.

Los primeros acusados son los científicos e investigadores que, con cabezonería e intransigencia, están empeñados en decir que el sida es causado por un virus, el VIH. Según unos pocos, eso tiene que ser rematadamente falso. Si no, ¿por qué no se ha acabado ya con la enfermedad? Únicamente unos pocos, tratados como apestados por la intolerante y obstinada ciencia oficial, saben que no es así, pero no consiguen dinero suficiente para subvencionar sus investigaciones. Unas investigaciones que, dicho sea de paso, seguramente resolverían el problema.

Por supuesto, también tienen su parte de culpa el gobierno y ciertos grupos de poder. Así, y teniendo en mente que el colectivo de afroamericanos en los Estados Unidos es uno de los más castigados por la enfermedad, los líderes negros afirman a los cuatro vientos que detrás del sida está el gobierno. Por ejemplo, el cómico Bill Cosby ha dicho que el sida comenzó por obra y gracia de un grupo de personas que querían acabar con aquellos a los que odian. También el director de cine Spike Lee decía, en un anuncio de la marca Benetton, que el sida era una enfermedad creada por el gobierno.

Llevando la conspiración al límite, un ex funcionario municipal de Chicago llamado Steven Cokely escribió incluso que el sida fue inyectado en niños negros por médicos judíos como parte de un complot para hacerse con el control del mundo (como se ve, el contubernio judío no fue propiedad exclusiva del nazismo o del franquismo...).

Escuchando todas estas diatribas, búsqueda de chivos expiatorios y acusaciones, a uno sólo le queda recordar aquellas palabras que el médico griego Hipócrates dijo de la epilepsia (llamada por entonces la "enfermedad sagrada"):

> *Me parece que la llamada enfermedad sagrada no es más divina que cualquier otra. Tiene una causa natural, al igual que las restantes enfermedades. Los hombres creen que es divina porque no la entienden.*

Elegir pareja

¿Existen criterios universales de belleza y atractivo sexual aceptados por pueblos aparentemente tan distintos como los chinos, los españoles y los samoanos? Para cualquiera, la respuesta evidente es no. En ese caso, ¿en qué nos basamos para escoger a nuestros compañeros sexuales y a nuestros cónyuges? ¿Por qué a algunos hombres les gustan las rubias de generosos pechos, y a algunas mujeres, los hombres de anchos hombros? El ideal de pareja que persigue una persona es un ejemplo de las denominadas *imágenes de búsqueda*, una representación mental con la que comparamos los objetos y personas que nos rodean para poder reconocerlos rápidamente.

Los psicólogos han encontrado que lo primero que tenemos en cuenta es, como cabía esperar, la raza, las ideas religiosas, el estatus socioeconómico, la edad y la ideología política. Tampoco resulta sorprendente descubrir que aspectos como la extroversión, la pulcritud o la inteligencia también juegan un papel importante en la elección de pareja.

De los estudios realizados se deduce que, en cambio, no concedemos tanta importancia a las características corporales cuando tratamos de buscar pareja, aunque, claro está, sí se tienen en cuenta. Ahora bien, ¿en qué nos fijamos exactamente? La respuesta es sorprendentemente simple: por término medio, los cónyuges suelen parecerse ligera pero significativamente en ciertos rasgos físicos. Por ejemplo, se ha encontrado, estudiando pueblos tan dispares como los estadounidenses de Michigan y los africanos del Chad, que además de semejanzas en el color de los ojos, del pelo, la altura o el peso, también influyen la anchura de la nariz, la longitud de los lóbulos de las orejas y del dedo medio, el contorno de la cintura y la distancia entre los ojos. Y no solo eso, también tendemos a emparejarnos con aquel que se parece a nuestro progenitor, hermano o amigo íntimo de la infancia del sexo opuesto.

La próxima vez que asista a una fiesta, vaya armado con una cinta métrica y dedíquese a medir la longitud del dedo medio de las parejas asistentes. Claro que también puede encontrarse con incompatibilidad, no ya de caracteres, sino en la longitud del lóbulo de la oreja. No se preocupe. Al fin y al cabo, la personalidad influye bastante más que la distancia entre los ojos.

Ligar

Una de las mejores comedias de situación de la historia de la televisión ha sido sin duda *Cheers*. Toda la acción de esta serie transcurría en un bar de Boston, y sus protagonistas eran una pintoresca panda de perdedores. En las primeras temporadas podíamos encontrarnos con el personaje de Diana, una de las dos camareras del local, interpretada por Shelley Long, una mujer pedante que perseguía el ideal romántico en las relaciones de pareja. Contrapuesta a ella estaba el personaje de Ted Danson, Sam Mallone, un inveterado ligón con una lista de conquistas más larga que la de los reyes godos. En clave de humor, ambos personajes representan las dos estrategias sexuales presentes en hombres y mujeres: las esporádicas y las estables. Y a nadie se le escapa que las relaciones esporádicas son más importantes para los hombres que para las mujeres.

Decidido a descubrir cuáles eran los comportamientos sexuales de hombres y mujeres, el psicólogo de la Universidad de Michigan David M. Buss descubrió que esta idea era cierta. Los estudiantes universitarios encuestados debían responder describiendo el grado de interés con el cual buscaban una cita de una noche o de un pequeño rollo, y una cita con el objetivo de alcanzar una relación estable. Mientras que no había ninguna diferencia sustancial entre los dos sexos a la hora de buscar relaciones estables, sí la hubo, y bastante marcada, en lo que se refería a las relaciones esporádicas. A la pregunta de cuál sería el número de relaciones que, para un determinado espacio de tiempo, considerarían deseable, los hombres puntuaron siempre por encima de las mujeres. Por ejemplo, en dos años, a los hombres les parecía que, en media, ocho compañeros sexuales estarían bien, mientras que a las mujeres en promedio les parecía que uno. En el curso de una vida, a los hombres les parecía suficiente haber tenido, en media, 18 compañeros sexuales, mientras que para las mujeres no salían más de cuatro o cinco.

Por su parte, dos investigadores de la Universidad de Hawai, Russell Clark y Elaine Hatfield, realizaron un experimento de lo más curioso. Un hombre y una mujer atractivos se acercarían a diversos estudiantes y, tras una breve introducción, les harían una de estas tres preguntas: ¿Te gustaría salir conmigo hoy? ¿Quieres venir a mi apartamento esta noche? ¿Quieres acostarte conmigo esta noche? De las mujeres a las que se acercó el chico, la mitad accedieron a salir con él, el 6 % consintió en ir a su apartamento, y ninguna respondió que sí a la propuesta directa de sexo. Es más, muchas de ellas lo consideraron un insulto. Con los hombres, como todos podemos imaginar, fue completamente distinto. Pero también diferente a lo que podríamos esperar. La mitad accedió a la cita, el 69 % dijo que sí a la cita en el apartamento y el 75 % dijo que sí al sexo. Muchos de ellos consideraron un halago que una mujer atractiva les propusiera acostarse nada más conocerse. Pero lo que ya nos revuelve todos los esquemas es que aquellos que dijeron que no al sexo lo hicieron, en su mayoría, porque ya habían quedado con su pareja o porque tenían un compromiso ineludible esa tarde.

Estos psicólogos también preguntaron sobre el grado deseable de experiencia sexual de la pareja tanto en relaciones esporádicas como en relaciones estables. Como era de esperar, ambos sexos consideraron importante que su pareja para una noche tuviera experiencia. Y no solo eso. A los hombres no les gustaba quedar con mujeres que carecieran de experiencia y que no tuvieran iniciativa sexual o que fueran remilgadas. En el caso de una cita loca, a los hombres la promiscuidad no les hace mucha gracia, aunque no les repele. Eso sí, en ningún momento la consideran deseable en quien va a convertirse en su compañera. En el caso de las mujeres, la experiencia la valoran muy positivamente en las relaciones esporádicas, pero en ningún caso, ni para una noche ni para toda la vida, ven con buenos ojos la promiscuidad. En el caso de relaciones estables, al hombre le disgusta la falta de iniciativa sexual y los remilgos, aunque menos que para el caso de relaciones esporádicas. Y, como no podía ser de otro modo, a la hora de escoger pareja, al hombre le parece oportuno que su futura compañera no sea experimentada...

Otro resultado interesante se obtuvo cuando se preguntó a los estudiantes universitarios cuándo, después de conocer a una persona a la que calificarían de atractiva, considerarían apropiado tener relaciones sexuales con ella. El rango de tiempo que se les daba iba desde una hora hasta cinco años. Ambos sexos puntuaron igual (esto es, probablemente sí) en la columna "después de 5 años de conocerla". Pero a medida que se iba acortando el período de tiempo, la puntuación de los hombres se iba alejando de la de las mujeres. Así, si a la persona en cuestión la hubiesen conocido solo una semana antes, la mayoría de los hombres pensaban que ya podían tener relaciones sexuales, mientras que las mujeres lo consideraban algo bastante improbable.

De este mismo trabajo se deduce que, en el caso de relaciones esporádicas, a las mujeres les gusta que el hombre gaste su dinero en ellas, y son más reacias a mantener este tipo de relación con un hombre que en ese momento tenga pareja. En definitiva, el estudio confirma algo que todo el mundo sabe: que la mujer es más selectiva que el hombre a la hora de escoger con quién pasar la noche. En opinión de estos psicólogos, esto sucede porque, mientras el hombre lo ve como simple diversión, la mujer utiliza las relaciones esporádicas como medio para evaluar posibles compañeros estables.

Pero lo bueno queda para el final. En este trabajo descubrieron que las mujeres consideraban muy importante que su futuro compañero tuviera una posición económica saludable. Y bastante más que en el caso contrario: al hombre no le parecía tan importante. Estos resultados los obtuvieron en 36 de los 37 países sujetos a estudio. ¿Y saben en cuál sucedía lo contrario, en dónde para el hombre era más importante saber si, como decía mi abuela, esa chica "tiene tierras"? Aquí, en España.

Orgasmo

¿Se han preguntado alguna vez por qué existe el orgasmo? Observado con tranquilidad, el orgasmo, la sensación de placer provocada por el acto sexual, parece algo inútil desde un punto de vista biológico, esto es, del mero hecho de transmitir los genes a futuras generaciones. Los mamíferos, y no solo el ser humano, muestran un marcado interés por el sexo, hasta el punto de que son capaces de emplear casi todas sus energías en ello, lo que prueba que les resulta gratificante. Sin embargo, los científicos son muy reticentes a usar la palabra orgasmo cuando estudian las relaciones sexuales entre animales. Para verificar que este se produce, deberían preguntarlo, y, por desgracia, los animales no responden cuando les preguntas.

Pero los científicos que se ocupan de la reproducción animal, una especie de *voyeurs* del sexo animal, han observado entre los machos las pautas básicas asociadas al orgasmo: movimientos característicos, eyaculación y un período refractario. Además del placer, los machos tienen buenas razones para experimentar el orgasmo y lo que lo acompaña: sin orgasmo no hay eyaculación, y sin eyaculación no hay hijos.

Ante las hembras, en cambio, los científicos guardan un cauto silencio. No hay forma de saberlo, incluso entre las mujeres, pues estas no siempre evidencian los clásicos movimientos musculares que se dan durante el orgasmo. Y lo que resulta más vejatorio: al contrario que los machos, las hembras no necesitan del orgasmo para concebir. La única forma de saber si la mujer ha tenido un orgasmo es preguntando. Por eso, la cuestión de si el resto de las hembras animales tienen orgasmos se ha convertido en materia de debate científico. Para la mayoría es evidente que sí lo tienen, pues no tiene sentido que sea propiedad exclusiva de la mitad de la especie, aunque para ellas no sea algo esencial en la reproducción. Otros señalan que una hembra con orgasmos tiene más probabilidad de concebir que otra que no los tenga, pues durante la época de celo buscará apareamientos repetidos que le causen placer.

Sea como fuere, entre los humanos una cosa es clara: lejos queda el día en que a las jóvenes esposas les decían que el sexo era un asunto sin importancia y les aconsejaban que durante la noche de bodas lo que debían hacer era recostarse y pensar en Inglaterra.

Priapismo

Rompernos un hueso es uno de los accidentes más molestos que pueden ocurrirnos. Inmovilización y reposo a la espera de que vuelva a soldarse es lo que la humanidad ha estado realizando desde tiempos inmemoriales. Ahora bien, ¿se puede acelerar el proceso de curación?

Algunos científicos han pensado utilizar corrientes eléctricas para acelerar la consolidación de las fracturas. Los primeros en experimentar con ellas fueron los soviéticos, allá por los años sesenta y setenta, e inmediatamente después los españoles, que también hemos sido pioneros en experimentar con campos magnéticos. En particular, en nuestro país un grupo catalán utilizó campos magnéticos para tratar roturas en las extremidades inferiores. Al final, sus resultados no fueron estadísticamente significativos, pero observaron un curiosísimo efecto secundario en los varones: se producía un priapismo de unas dos horas de duración.

Es posible que algunos de ustedes se pregunten qué es eso del priapismo. Se trata de un término médico que toma su nombre del de un dios menor griego, Príapo. Este era hijo de Afrodita y de Dionisio, aunque otras versiones lo relacionan con Hermes. Ligado a la horticultura y la fertilidad, era el protector de rebaños y jardines.

Príapo era un dios grotesco, con cuernos y orejas de macho cabrío y con un falo siempre en erección. Lo cual no era una suerte, porque por castigo de Hera era tan descomunal que no le permitía mantener relaciones sexuales. La sociedad griega consideró que el pobre Príapo también tenía derecho al placer sexual, por lo que le arrogó el dudoso título de inventor de la masturbación.

Ahora ya pueden hacerse una idea de lo que es el priapismo y comprender por qué los enfermos de sexo masculino se resistían a abandonar el tratamiento para la consolidación de las fracturas con campos magnéticos. Lo que extraña es que, viendo estos resultados, no haya aparecido en nuestro creativo país algún cantamañanas vendiendo calzoncillos magnéticos o algo por el estilo. No cuesta nada imaginarse a muchos hombres tirando el Viagra por la ventana y atándose un par de imanes en ciertas partes sensibles...

Bostezos

Lo primero que hace un bebé cuando llega al mundo es llorar. Lo segundo, más o menos a los cinco minutos de nacer, es bostezar. Desde ese momento, el bostezo no nos abandonará jamás. Bostezamos cuando tenemos sueño, cuando nos aburrimos, cuando tenemos hambre, cuando alguien lo hace a nuestro lado... y a veces sin motivo aparente.

Los animales también bostezan. Gatos, ratas, aves, peces tropicales y hasta batracios han sido sorprendidos bostezando. Muchos carnívoros bostezan, mientras que los herbívoros lo hacen en raras ocasiones. Lo que no está tan claro es por qué bostezamos o cuáles son las causas que lo disparan. Para averiguarlo, algunos científicos han dedicado parte de su tiempo a observar a la gente, y han descubierto que bostezamos más durante la primera hora después de despertarnos, seguida de la inmediatamente anterior a echarnos a dormir. ¿Estará relacionado con el hecho de desperezarse?

Puede ser, pero seguramente no es este el único motivo para bostezar. Ciertos animales lo hacen cuando se acerca un momento importante del día o algo que requiere toda su atención. Leones y mandriles bostezan cuando llega la hora de la comida, y un pez tropical conocido como el luchador de Siam casi nunca bosteza solo, pero basta con mostrarle otro ejemplar de su misma especie para que su ritmo de bostezos se multiplique por 300. Y si se dispone a luchar, bosteza aún más.

Por contra, los humanos bostezamos cuando nos falta estímulo, cuando nos aburrimos. Aunque esto no siempre es cierto: también bostezamos bastante si nos enfrentamos a situaciones de estrés: es el caso de los estudiantes antes de un examen, o de los atletas antes de comenzar una prueba.

Lo más difícil de explicar, sin embargo, es su aspecto contagioso. Basta con ver a alguien bostezar o pensar en ello para ponernos a hacerlo como descosidos. También sobre esto se está investigando, y tarde o temprano algún científico nos dará una explicación que no nos haga bostezar.

IV
Ingenio

Un científico es capaz de explicar sus investigaciones, pero le resulta imposible manifestar lo que siente cuando en el curso de su trabajo descubre un detalle, una regularidad en la naturaleza; cuando, como decía Pasteur, «levanta una esquina del velo con el que Dios ha cubierto su obra». Es una sensación emocionante, profundamente sentida, muy personal... Al tratar de explicarla escuchas cosas tan impropias a lo que se supone que es una mente analítica como que «la naturaleza te busca... y sabe a quién busca». Robert Musil lo expresó de manera más poética: «No es cierto que el científico vaya en busca de la verdad. Esta va en busca de él. Es algo de lo cual sufre».

La ciencia tiene una fama extraña en nuestra sociedad. Se reclama al científico que dé la información exacta y oportuna de aquello que se le pregunta; se le pide la verdad. Pero en ningún lugar encontraremos más "podría" y "quizá", más condicionales, que ojeando una revista científica. El científico sabe que lo que hoy es cierto mañana puede que no lo sea. Por eso no hay persona en el mundo que sea más capaz de mudar de opinión, pero tampoco la hay que pida más pruebas para hacerlo. El científico no es una veleta que cambia de dirección según sopla el viento. Sabe que el poco conocimiento que atesora ha costado un gran esfuerzo, y exige que se le den razones convincentes para cambiarlo.

Los científicos se enfrentan diariamente al misterio. Y eso marca una vida.

10
POETAS DE LA NATURALEZA

Los verdaderos hombres de acción de nuestro tiempo, aquellos que transforman el mundo, no son los políticos ni los estadistas, sino los científicos. Desafortunadamente, la poesía no puede ensalzarlos, porque sus actos se ocupan de las cosas, no de las personas, y son, por tanto, mudos. Cuando me encuentro en compañía de científicos, me siento como un mísero vicario que se ha extraviado por error en un salón de recepciones repleto de duques.

WYSTAN HUGH AUDEN (1907-1973)
Poeta británico

En ciencia, la fama le llega al hombre que convence al mundo, no a quien primero se le ocurrió la idea.

SIR FRANCIS DARWIN (1848-1925)
Botánico, hijo de Charles Darwin

EL FÍSICO ALEMÁN MAX PLANCK pasará a la historia por dos motivos: uno, por haber lanzado la primera piedra que rompería el delicado cristal de la física clásica, la física de toda la vida (por lo menos, de toda la vida desde Galileo). Gracias a él nació una nueva visión del mundo que abrió las puertas a la electrónica, al láser y a la estructura íntima de la materia. El segundo motivo, porque si quisiéramos otorgar un premio a la persona más desgraciada del siglo XX, él sería uno de los favoritos para llevarse este nada preciado galardón.

En 1887 se casó con Marie Merck, con quien tuvo cuatro hijos: dos gemelas y dos niños. El primer golpe llegó en octubre de 1909, cuando murió su esposa. En mayo de 1916 moría su hijo mayor, Karl, en la batalla de Verdún. Justo al año siguiente moría su hija Grete al dar a luz a un hijo. Su hermana gemela Emma se ocupó del bebé y dos años después, en enero de 1919, se casaba con su cuñado viudo. Pero la felicidad no es el estado natural del ser humano (y menos todavía en el caso de la familia Planck), y en noviembre de ese mismo año, a la pobre Emma le esperaba el mismo triste final que a su hermana. No resulta extraño entonces que Max Planck escribiera: «¡Ha habido momentos en los que he dudado del valor de la propia vida!».

Su único hijo vivo, Erwin, murió ejecutado en enero de 1945, al ser considerado culpable de traición por haber participado en el fallido intento de asesinato de Hitler en la Guarida del Lobo. Un complot en el que no participó.

Al año de quedarse viudo, Planck se había casado con Marga von Hoesslin, sobrina de su primera mujer y 25 años más joven que él. Fue ella quien le infundió las fuerzas necesarias para seguir viviendo a pesar de ver cómo iban muriendo sus hijos.

En los últimos días de la Segunda Guerra Mundial, el anciano Planck y su mujer Marga vagaron por los bosques cercanos al Elba, durmiendo donde podían. Fue allí donde soldados norteamericanos encontraron al padre de la física cuántica.

Mártires de la radiactividad

El genial Albert Einstein dijo una vez: «Si supiera lo que estoy haciendo, no lo llamaría "investigación", ¿verdad?». Cuando estudias algo desconocido, no sabes lo que vas a encontrar. Y a veces lo que encuentras no es algo que se pueda considerar agradable.

Marie Curie, una de las tres personas en el mundo que (para eterna desesperación de los machistas más acérrimos) ha recibido dos premios Nobel de ciencia, uno en física y otro en química (los otros fueron John Bordeen, con dos de física, y Frederick Sanger, con dos de química), sufrió en sus carnes las consecuencias de su amor por la investigación científica. Marie, junto con su marido Pierre, dedicó su vida a investigar la radiactividad, un fenómeno de la naturaleza que por aquella época, a finales del siglo XIX, era objeto de un animado debate científico. Todos sabemos hoy que es un fenómeno de tremendos efectos nocivos sobre los seres vivos.

Pero tanto Marie como Pierre lo desconocían, y se encontraron severamente expuestos a elementos radiactivos como el uranio, el polonio o el radio. Pierre tuvo la suerte de no tener que sufrir los terribles padecimientos que le esperan a quien ha sido irradiado durante mucho tiempo, pues murió víctima de un accidente de tráfico. La pobre Marie Curie se llevó la peor parte: primero, llorar la muerte de quien fuera su colega, amigo y marido; segundo, soportar las consecuencias a largo plazo de su trabajo.

Sus últimos años fueron especialmente dolorosos. Entre 1923 y 1930 sufrió varias operaciones de cataratas, en 1932 se agudizaron sus lesiones en las manos, y finalmente, en 1934, una anemia perniciosa se la llevó de este mundo. Similar suerte corrió su hija Irene, que murió de leucemia en 1956. Había estado expuesta a altas dosis de radiaciones ionizantes desde los dieciséis años, cuando trabajaba en hospitales y viajaba con su madre en vehículos que transportaban los aparatos de rayos X por los campos de batalla de la Primera Guerra Mundial.

Irene continuó las investigaciones de su madre, descubriendo la radiactividad artificial, por lo que también fue galardonada, junto a su marido, con el Premio Nobel.

A veces, los frutos de la ciencia no son tan dulces como pensaba Aristóteles...

Un oscuro oficinista

En 1902 se fundó en la ciudad suiza de Berna la Academia Olympia. Era una sociedad peculiar. Estaba compuesta por solo tres miembros. Los nombres de dos de ellos no les sonarán nada: Maurice Solovine y Conrad Habicht. Sin embargo, al último lo reconocerán enseguida: Albert Einstein.

Habicht estudiaba matemáticas para poder llegar a ser profesor en un colegio, y ya conocía a Einstein de tiempo atrás. Solovine entró a formar parte del estrecho círculo de amistades del genial físico por haber respondido a un anuncio suyo en el que ofrecía unas clases de física por tres francos suizos la hora.

Los tres jóvenes inquietos se reunían por las noches para discutir y estudiar filosofía y física. Un día, Solovine, que era rumano, comentó que en cierta ocasión había comido caviar en casa de sus padres. Así que en uno de los cumpleaños de Einstein, Solovine y Habicht se gastaron bastante dinero y llevaron a casa del alemán un caviar muy caro. Esa noche le tocaba hablar a Einstein sobre el principio de inercia de Galileo. Tan ensimismado estaba con su disertación que se comió todo el caviar sin darse ni siquiera cuenta de lo que estaba comiendo.

En 1905, Solovine y Habicht se marcharon de Berna y la academia se disolvió, pero no dejaron de estar en contacto. En la primavera de ese año, Einstein enviaba una carta a Habicht donde le explicaba su plan de investigación para 1905. Un programa de trabajo que establecería las bases de la física del siglo XX. La carta dice así:

Te prometo cuatro trabajos. El primero trata de las características de la radiación y energía de la luz, y es muy revolucionario. El segundo trabajo es la determinación del verdadero tamaño del átomo a partir de la difusión y viscosidad de soluciones diluidas de sustancias neutras. El tercero demuestra que, considerando la teoría molecular del calor, los cuerpos en suspensión en un fluido y de dimensiones de una milésima de milímetro deben experimentar un movimiento desordenado producido por la agitación térmica, y este movimiento se puede medir. Es el movimiento de pequeñas partículas que ha sido observado por fisiólogos y denominado por ellos movimiento browniano. El cuarto trabajo, todavía en estado inicial, es sobre la electrodinámica de los cuerpos en movimiento, empleando una modificación de la teoría del espacio y el tiempo, y la parte puramente cinemática seguro que te interesará.

Estos eran los proyectos de un joven físico totalmente desconocido y empleado en una oscura oficina de patentes. Cuatro trabajos que revolucionarían al mundo.

El sueño americano

En el invierno de 1932, Abraham Fexner estaba en California a la caza de talentos. Con el dinero de los millonarios hermanos Bamberger había fundado, junto a un lago en los bosques cercanos a la ciudad de Princeton, en Nueva Jersey, un Instituto dedicado a la investigación pura. Y fue durante ese invierno cuando un profesor del Instituto Tecnológico de California, el famoso Caltech, le sugirió que fuese a hablar con Einstein, que casualmente estaba en aquel momento viviendo allí.

En aquella época, Einstein era ya una figura mundialmente venerada. Cuando en 1919 se demostró que su predicción de que la gravedad del Sol curvaba la trayectoria de los rayos de luz, el mundo se volvió loco. Se dio su nombre a niños y a puros, y el London Palladium le pidió que se asomara a su escenario durante tres semanas, fijándose él mismo el sueldo. Cuando Einstein entró en la casa del conocido biólogo Haldane, su hija, al verlo, se desmayó. Los medios de comunicación tildaban las teorías de Einstein como los logros más importantes del pensamiento humano, y sus ecuaciones aparecían en la primera página de los periódicos. Algo que ningún otro científico ha conseguido, ni siquiera el más grande de toda la historia, Isaac Newton.

Einstein era reverenciado como a un dios, aunque él mismo era la esencia de la modestia y la amabilidad. «Yo hablo de la misma manera con todo el mundo, ya sea basurero o rector de universidad». Claro que también tenía su ego. Una vez envió un artículo a la revista científica *Physical Review*. El editor tuvo la osadía de hacer lo que siempre se hace en este tipo de publicaciones: enviar el artículo a otros científicos para que lo revisaran y esperar a que dictaminaran si era o no interesante su publicación. Esto no gustó nada a Albert Einstein, de modo que nunca más volvió a enviar sus artículos a esa revista.

Einstein era el candidato perfecto para el Instituto de Estudios Avanzados estadounidense. Cuando Fexner le propuso la idea de convertirse en el primer profesor del instituto, se sintió tentado. Pero las universidades de Oxford, Jerusalén, Madrid, París y Leiden le ofrecían también toda clase de honores y puestos con tal de que el gigante de la física fuera a su universidad. Al final, sin embargo, aceptó la propuesta de Fexner.

El 17 de octubre de 1933, Einstein, en compañía de su mujer, Elsa; su secretaria, Helen Dukas, y su ayudante, Walther Mayer, llegaba a Nueva York. Como dijo el físico Paul Langevin, «es un acontecimiento tan importante como podría serlo la mudanza del Vaticano al Nuevo Mundo. El Papa de la física se ha mudado de casa y los Estados Unidos se han convertido en el centro mundial de las ciencias naturales».

El hombre que supo por qué brillan las estrellas

Hans Albrecht Bethe nació el 2 de julio de 1906 en Estrasburgo, entonces perteneciente a Alemania. Hijo de un profesor de fisiología, fue un niño sensible que escapaba de la soledad gracias a los cuentos de hadas y los números. Su amor por estos últimos se convirtió en pasión, hasta tal punto que memorizaba de manera compulsiva horarios de trenes y listas de embarque. Durante su adolescencia se debatió entre las matemáticas y la física, hasta que finalmente se olvidó de las primeras porque «parecían demostrar cosas que eran obvias». Esto no debe sorprendernos: la habilidad matemática de Bethe es legendaria. De él se cuenta que trabajaba durante horas sentado en una mesa, con un montón de páginas en blanco a un lado y un montón de folios terminados al otro, mientras llenaba una hoja de cálculos con infinita tranquilidad, sin hacer ninguna corrección. Cuando un día su amigo Victor Weisskopf le preguntó cuánto tardaría en hacer ciertos cálculos, Bethe le contestó:

–Tardaría tres días, pero ia ti te costaría tres semanas!

Según confesó Weisskopf, efectivamente, a él le costó tres semanas.

En 1928 obtuvo su doctorado en física teórica bajo la dirección de Arnold Sommerfeld, y tras pasar por las universidades de Frankfurt y Stuttgart, acabó de *privatdozent* de la Universidad de Múnich a la edad de veinticuatro años. Mientras, en Alemania, el ambiente antisemita se iba haciendo cada vez más agobiante. A Einstein se le recomendó, por su propia seguridad, que no hiciera apariciones públicas; Sommerfeld rompió una pizarra en clase al descubrir que alguien había escrito «¡Malditos judíos!» en ella, y Bethe se encontró dando clases a alumnos que portaban esvásticas. Con la llegada de Hitler al poder se promulgó una ley por la que se prohibía desempeñar cargos públicos a judíos y a hijos o nietos de judíos. Bethe no se consideraba tal, pero su madre lo era y perdió su empleo. Como muchos otros, dejó su país, marchó a Inglaterra y finalmente recaló en Estados Unidos, más concretamente en Cornell, en febrero de 1935.

Durante los cuatro años siguientes fue labrándose una excelente reputación como físico nuclear, en gran parte motivada por tres monumentales artículos publicados en *Reviews of Modern Physics*, conocidos desde entonces como "la Biblia de Bethe" y, sobre todo, por sus exquisitos y detallados cálculos sobre las reacciones nucleares en el interior de las estrellas.

Durante la Segunda Guerra Mundial oyó hablar del proyecto de construcción de la bomba atómica: «Lo consideraba algo tan remoto que me negué completamente a tener nada que ver con ella». Sin embargo, estaba deseoso de contribuir en la lucha contra los nazis, sobre todo tras la caída de Francia. De modo que en 1942, cuando Robert Oppenheimer reunió en Berkeley a un grupo de excelentes físicos para preparar el diseño de la bomba, Bethe aceptó la invitación. Junto con su esposa, Rose –hija de un antiguo profesor suyo y con la que se casó en 1939–, cruzaron en coche todo Estados Unidos, desde Cornell a California, deteniéndose en Chicago para recoger a su gran amigo Teller y a su mujer, Mici. Cuando Bethe vio la pila atómica construida por Fermi se convenció de que quizá la bomba podría funcionar. No obstante, la profunda amistad entre los dos físicos se resintió. Oppenheimer había llamado a Bethe para que dirigiera la división teórica en Los Álamos (quizá el cargo más importante dentro de aquel lugar «que recordaba a un campo de concentración», según la mujer judía de Fermi) y Teller estaba molesto porque pensaba que ese cargo debía haber sido para él. La tensión entre ambos aumentó cuando Teller, que se suponía dirigía el grupo encargado de los cálculos de la implosión, empezó a concentrarse en la viabilidad de una bomba de hidrógeno.

Al terminar la guerra, Bethe –que se ganó en Los Álamos el sobrenombre de "El Buque de Guerra"– regresó a Cornell. En agosto de 1949, los soviéticos hicieron su primera prueba nuclear y Teller le pidió que volviera para trabajar en la bomba H *. Bethe se negó, y desde entonces es un esforzado defensor de la paz, oponiéndose en los sesenta al Sistema de Misiles Antibalísticos (ABM), en los

---

* Resulta curioso descubrir que Edward Teller y sus discípulos de esa fábrica de bombas nucleares que era el Laboratorio Livermore tenían una visión milenarista del futuro del mundo. Durante 50 años, Teller se dedicó sin vacilar a lo que se ha descrito como «una dedicación religiosa a las armas termonucleares» (no resulta extraño que fuera él uno de los valedores del tan infame como inútil programa de la Guerra de las Galaxias de Ronald Reagan). Siguiendo el espíritu del proyecto Manhattan, el secretismo era impresionante. Ingenieros y científicos, aislados del mundo exterior, guiados por un conjunto muy peculiar de costumbres, usuarios de un lenguaje privado y de unas experiencias muy exclusivas, desarrollaron un ambiente muy similar al de un monasterio. El proceso de selección se hacía entre las mejores mentes de las facultades líderes del país, como el MIT y el Caltech. Lo llevaba a cabo la Fundación Hertz, establecida por el creador de esa empresa de alquiler de coches y dirigida por Teller. Una vez dentro, a los llamados "hijos o nietos de Teller" se les habituaba a cumplir las normas imperantes en la comunidad atómica de Livermore mediante la disuasión, la disciplina y estableciendo nuevos vínculos afectivos producto del aislamiento. Podría decirse que era una secta tecnoatómica. No es de extrañar que desarrollaran una visión apocalíptica del futuro: sus conversaciones favoritas discurrían siempre sobre la extinción mundial.

ochenta al programa de la Guerra de la Galaxias, y en los noventa dirigiendo una carta al presidente Clinton exhortándole a detener, no solo todas las pruebas nucleares, sino todos «los cálculos e ideas destinados a producir nuevos tipos de armas nucleares». Hoy, este casi centenario físico todavía sigue en Cornell.

Von Neumann, simplemente genio

El Día de los Inocentes, el 28 de diciembre de 1903, nacía en Budapest John Von Neumann, el genio que con su trabajo nos introdujo a todos en el mundo de los ordenadores, los robots y la inteligencia artificial.

Neumann era un fuera de serie, y con razón se le ha llamado el hombre más inteligente del siglo XX. A los seis años dividía mentalmente dos números de ocho cifras, y bromeaba con su padre en griego clásico. Dos años más tarde ya sabía cálculo y recitaba una página de la guía de teléfonos de Budapest entera, con sus nombres, apellidos y números de teléfono. En una ocasión, al ver que su madre dejaba de coser y, abstraída, miraba al cielo, Neumann le preguntó:

–Madre, ¿qué estás calculando?

El joven John se matriculó en la Universidad de Budapest, que utilizaba como centro de operaciones para viajar a Berlín y escuchar a Einstein hablar de mecánica estadística, a Zúrich para participar en el programa de ingeniería química de su prestigioso Instituto Politécnico, y a Gotinga, donde estudiaba con el famoso matemático David Hilbert. Con veintidós años, Von Neumann coronó esta febril actividad con dos títulos: un diploma del Politécnico de Zúrich en ingeniería química y un doctorado *summa cum laude* en matemáticas por la Universidad de Budapest.

Como corresponde a los genios, a sus veintiséis años, Von Neumann era una figura resplandeciente en el panorama científico mundial. En el otoño de 1929, Oswald Veblen, del departamento de matemáticas de la Universidad de Princeton, le invitó a dar unas conferencias «sobre algún aspecto de la mecánica cuántica». Neumann aceptó, y después de pasar un tiempo allí llegó a la conclusión de que los Estados Unidos y él estaban hechos el uno para el otro.

Quizá lo que más llame la atención a quienes piensan que los científicos son unos seres aburridos sea la profunda devoción de Von Neumann por dar fiestas. Un viejo amigo suyo recordaba[1]:

Lo que se cuenta de sus fiestas no es exageración. Eran fantásticas. Von Neumann era una persona tremendamente ingeniosa, lleno de vida, más gordo que yo. Sabía divertirse.

Siguiendo la tradición, Neumann fue un genio distraído. En cierta ocasión salió de su casa de Princeton porque tenía una cita en Nueva York. A mitad de camino se detuvo y llamó a su mujer:

–Oye, ¿para qué tengo que ir yo a Nueva York?

John von Neumann se interesó prácticamente por todo. Mientras fue profesor en el Instituto de Estudios Avanzados de Princeton se dedicó a investigar en meteorología, física cuántica, ayudó en la construcción de la bomba atómica, desarrolló la teoría de juegos –clave en la economía–, puso las bases teóricas para desarrollar el ordenador, y jugó un destacado papel en la política norteamericana cuando se le eligió como miembro de la Comisión para la Energía Atómica.

Se dice que Neumann pudo servir como modelo del doctor Strangelove, el genio loco interpretado por Peter Sellers en la película de Stanley Kubrick *¿Teléfono rojo? Volamos hacia Moscú*. La verdad es que fue una de las cabezas pensantes que aclararon a los ciudadanos norteamericanos lo que eran la bomba atómica y los rusos, y se declaró un esforzado garante del conocido refrán «quien golpea primero, golpea dos veces». Para él lo mejor era atacar primero a la Unión Soviética.

Cuando conocía a alguien en alguna reunión o en una de las muchas fiestas que ofrecía en su casa una vez a la semana, derrochaba encanto, y era capaz de abrumar a sus interlocutores manteniendo una conversación en cuatro idiomas diferentes. Pero quien quisiera conocerle mejor se enfrentaba ante un muro impenetrable. Adicto al trabajo, no podía decirse que fuera una persona sensible: sus sentimientos, si los tuvo, los ocultó bajo varias toneladas de hielo. En Princeton se decía que Neumann era un semidiós que había hecho un estudio detallado de los seres humanos y los imitaba a la perfección. Claro que su elección fue imitar a un ser humano rico, pues gracias a su genio amasó una considerable fortuna. A este semidiós le encantaban la ropa cara, los chistes verdes, los buenos vinos, los coches rápidos, la comida mexicana y, evidentemente, las mujeres.

Neumann tenía una memoria fotográfica. Una vez le pidieron que recitara el principio de la novela de Dickens *Historia de dos ciu-*

dades y comenzó, sin más, a recitar el primer capítulo. Después de un cuarto de hora le tuvieron que decir que podía parar. Asistir a sus seminarios era toda una prueba de rapidez a la hora de tomar notas. Escribía todas sus ecuaciones con letra pequeña y apretujada en un recuadro de no más de medio metro en una esquina de la pizarra. Escribía una fórmula y la borraba, luego otra y la borraba, y así todo el tiempo que duraba su charla. Los asistentes a sus seminarios lo llamaban "demostración por borradura". En 1957, a los 53 años, el genial Neumann moría víctima del cáncer.

Zeldovich, genio y juerga

Yakov Boris Zeldovich era un científico corto de estatura y bastante vehemente. Había nacido en Minsk en 1914. La guerra civil rusa cerró las escuelas y los niños se quedaron sin instrucción. Zeldovich, más aún que el resto, pues era judío. Preocupados por el futuro, sus padres le procuraron un profesor particular y, al cumplir 12 años, Zeldovich decidió que de mayor sería científico. Aún más, quería ser químico.

A pesar de sus esfuerzos, no pudo ingresar en la escuela secundaria ni en la universidad, pero sí consiguió ser contratado como ayudante de laboratorio en un centro de curioso nombre: Instituto de Tratamiento de Minerales Útiles. Cuando tenía diecisiete años le enviaron con un recado al Instituto Técnico Físico de Leningrado. Su brillantez innata y su locuacidad cautivaron a los científicos de ese instituto, quienes se maravillaron al ver cómo un joven imberbe era capaz de mantener una conversación erudita y profunda sobre química. Tan sorprendidos quedaron que le invitaron a volver. Para conseguir que trabajara en el Instituto de Leningrado tuvieron que recurrir a una trapacería: *cambiaron a esta joven promesa por una bomba de vacío.*

Zeldovich hizo gala de una capacidad sin igual. Absorbía conocimientos como las esponjas absorben agua. En cinco años obtuvo el título equivalente a nuestro doctorado. Se especializó en el comportamiento de los gases, en particular la combustión, y esto le llevó a ser captado para la construcción de la bomba atómica. Junto con el famoso Sajarov fue uno de los padres de la bomba de hidrógeno soviética. Recibió la Orden de Lenin, y por tres veces fue nombrado Héroe del Trabajo Socialista. Medallas que, según confesó, solo se ponía para poder beber tranquilamente en las tabernas de Moscú:

con ello lograba que la policía, famosa por su duro trato a los borrachos, le dejara en paz.

De la bomba atómica saltó a la cosmología, campo en el que Zeldovich pronto se convirtió en uno de los más importantes pensadores; no en balde se le ha llamado el "Einstein de la cosmología". Dos fuerzas irresistibles dirigían su vida: la física y divertirse hasta que su cuerpo no aguantara más. En Zeldovich eso era decir mucho. Con sesenta años era capaz de nadar dos horas, jugar al tenis, levantar pesas, danzar alrededor de una bailarina de *striptease* y levantarse todos los días a las cinco de la mañana para resolver problemas de cosmología en la pizarra colgada en el salón de su casa. Porque a las seis llamaba por teléfono a sus estudiantes para ver si habían resuelto los problemas que les había planteado el día anterior.

Cavendish, el solitario obsesivo

En 1731 nacía en Niza Henry Cavendish. Hijo de un lord inglés, estudió ciencias en la Universidad de Cambridge, pero la abandonó antes de acabar sus estudios por su completa falta de interés hacia las formalidades convencionales.

Cavendish tenía un carácter excéntrico y despistado. Vivió toda su vida como un recluso: detestaba la compañía de otros hombres y le aterrorizaba la de las mujeres, hasta tal punto que tenía prohibido a sus sirvientas cruzarse con él por los pasillos. Únicamente se comunicaba con ellas mediante notas escritas.

A un personaje tan huraño e introvertido solo le quedan dos salidas: el suicidio o una obsesión compulsiva. A Cavendish le salvó su obsesión por la ciencia, por experimentar. Su devoción era tal que en sus experimentos sobre la electricidad medía la intensidad de la corriente por la gravedad de las descargas que sufría; es decir, se usaba a sí mismo como amperímetro.

Además de sus trabajos sobre la electricidad, Cavendish fue el primero en descomponer el agua en oxígeno e hidrógeno. Consecuente con su personalidad, no le importaba en absoluto la fama, y apenas se preocupaba porque el resto de los científicos conocieran el resultado de sus investigaciones. Vivía por y para la ciencia en total soledad, esa misma soledad que había asumido como opción de vida. Incluso cuando su salud se quebró, exigió morir como había vivido, solo.

Cavendish, de quien únicamente tras su muerte se conocieron sus trabajos gracias a los apuntes que dejó, pasará a la posteridad por realizar uno de los experimentos más delicados y concienzudos de la historia: medir el valor de la constante de la gravitación universal. Lo hizo cuando tenía ya cerca de setenta años. Su intención era medir la atracción gravitatoria directa entre dos cuerpos.

Para ello suspendió de un hilo una barra de hierro, en cuyos extremos colgó sendas bolitas de plomo. Entonces aproximó dos bolas más grandes, también de plomo, a las dos pequeñas. La forma de hacerlo no fue alineándolas, sino bajo un cierto ángulo que provocase la torsión del hilo que sostenía la barra. Midiendo esta sutil y casi imperceptible torsión pudo deducir el valor de la fuerza gravitatoria con que se atraían, y a partir de ella pudo calcular, por primera vez en la historia, la masa y la densidad de la Tierra.

Darwin y el matrimonio

A finales de 1837, Charles Darwin se sentaba solemnemente ante una hoja de papel. No, no nos imaginemos que se disponía a comenzar la gran obra de su vida y por la que ha sido y será tan admirado como vilipendiado. El motivo era otro mucho más mundano, pero no menos importante: quería decidir si debía casarse.

Sobre aquella hoja empezó a escribir las ventajas y los inconvenientes del matrimonio. Entre las ventajas enumeraba: «Los hijos –constante compañía (amistad en la vejez)–, el placer de la música y de la conversación femenina, buena para la salud». Frente a ello oponía «una terrible pérdida de tiempo» por culpa de la obligatoria e inexcusable vida social, tanto con las amistades como por tener que hacer visitas y recibir a los familiares, los gastos y la preocupación de los hijos, y estar atado a una casa.

Al final, el bueno de Darwin se dejó llevar por sus sentimientos y escribió [2]:

> *Dios mío, es insoportable pensar en pasarse toda la vida como una abeja obrera, trabajando, trabajando, y sin hacer nada más. No, no, eso no puede ser. Imagínate lo que puede ser pasarse el día entero solo en el sucio y ennegrecido Londres. Piensa solo en una esposa buena y cariñosa sentada en un sofá, con la chimenea encendida, y libros y quizá música... Cásate, cásate, cásate.*

Ahora bien, tras convencerse de que debía casarse, tenía que encontrar con quién. Y esa quién fue Emma Wedgwood, una de las hijas de su tío Josiah. El 11 de noviembre de 1838 pidió su mano, que le fue concedida.

Darwin no podía haber encontrado una esposa más adecuada a sus intereses. Emma era una mujer atractiva e inteligente, de carácter decidido y capaz. A su regreso a Londres, Darwin se puso a buscar casa y adquirió una sin consultar con quien sería su futura esposa: algo impensable tanto entonces como hoy. El 29 de enero de 1839 se casó. Justo cinco días antes había sido nombrado miembro de la institución científica más prestigiosa de Gran Bretaña: la Royal Society. Tras la celebración se instalaron en Londres: no hubo luna de miel, porque había que seguir trabajando.

Y aunque se amaron intensamente, los dos sufrieron por sus irreconciliables diferencias religiosas. En una carta que le escribió Emma antes de casarse le suplicaba que abandonase su manía de «no creerse nada hasta que esté demostrado». Darwin dijo que era una carta preciosa y escribió en el sobre:

> *Cuando esté muerto, quiero que sepas cuántas veces la he besado y he llorado sobre ella* [3].

Louis Pasteur, el hombre

El nombre de Louis Pasteur ha pasado a la historia por haber descubierto, entre otras cosas, la vacuna contra la rabia. Héroe nacional en Francia, su nombre es sinónimo de genio, más aún: de sabio. Como a todos los genios, se le ha ensalzado hasta convertirlo en un mito. Y, ya se sabe, los héroes son héroes, no seres humanos. ¿Qué ha sido del Pasteur hombre? ¿Qué ha sido de sus sentimientos? En sus cartas privadas podemos descubrirlo.

A Pasteur no se le puede comprender lejos de su laboratorio, su «diminuto templo de la experimentación». Las relaciones de Pasteur con los demás estaban supeditadas a su trabajo. Esa era su pasión. «Nada hay fuera de él que me incite y entusiasme», decía, pues «el trabajo es lo que define al ser humano». Pero Louis Pasteur no era solo trabajo. Educado y sensible, recibió un fuerte golpe cuando, al poco de doctorarse con una tesis sobre el ácido tartárico, su madre murió. Al final de una dura lucha, cuando su investigación le reportaba el ansiado reconocimiento científico, justo en aquellos momentos de júbilo le llegó la noticia: su madre había sufrido una apoplejía. A las pocas horas moría. Muy unido a ella, durante semanas

Pasteur se encerró en un mutismo total y dejó de investigar. Su mayor dolor fue no poder despedirse: «Cuando llegué, ya no estaba entre nosotros». Pero ella sí lo hizo. En su última carta, quizá viendo cerca su final, la madre de Pasteur había escrito: «Que nada te cause pena. En la vida no hay más que quimeras. Adiós, mi querido hijo».

Además de su madre y sus hermanas, la otra mujer de su vida fue Marie. Su matrimonio se desenvolvió como la mayoría de los de la época. Ella fue la compañera fiel, sin objetivos propios, y su gran admiradora. En la carta de pedida de mano a su suegro, Pasteur escribió [4]:

> Mi familia está en posición desahogada, pero sin fortuna... Y en cuanto a mí, estoy decidido a dejar íntegramente a mis hermanas todo lo que me corresponde en herencia. No tengo, pues, ninguna fortuna.

Pero, con una gran confianza en sí mismo, añadió: «Todo lo que poseo es una buena salud, un buen corazón y una posición en la Universidad».

Con esto y mucha voluntad («la voluntad, hermanas mías, es fundamental») se forja un genio, más aún: un sabio.

El desdichado Alfred Nobel

Alfred Nobel, el inventor de la dinamita, fue un científico excéntrico y millonario, que dejó su enorme fortuna para que fuera utilizada como fuente de los famosos premios que llevan su nombre. ¿Por qué no heredaron ese dinero sus familiares?

Nobel nunca se casó. A la brillantez de su carrera científica no le acompañó una dichosa vida personal. Tuvo una pobre salud y sufrió de continuas depresiones. Vivió de manera tan sombría y reservada que, al morir en 1896, nadie sabía a ciencia cierta si alguna vez había mantenido relaciones con una mujer. Por eso no es de extrañar que corriese el rumor de que era homosexual.

Sin embargo, hubo tres mujeres que se cruzaron en la vida de Nobel. La primera fue una chica que conoció en París cuando tenía dieciocho años. Los poemas de juventud de Nobel hablan de una chica buena y bonita que le entregó su corazón, inundándole de una gran felicidad. Pero la muerte prematura de su amor le sumió en una amarga desilusión que le marcaría de por vida.

Cuando tenía cuarenta y tres años, de nuevo en París, se enamoró de la secretaria que contrató durante su estancia allí, Berta Kinsky. Berta era una encantadora joven de una noble pero empobrecida familia austriaca, y estaba enamorada de un joven aristócrata cuya familia se oponía a su matrimonio. Ajeno a todo, Nobel le preguntó si su corazón estaba ocupado, y ella le respondió que sí. Nueva desilusión. No obstante, mantuvieron una larga amistad, y Berta, militante pacifista, tuvo una fuerte influencia sobre él. Quizá por ello Nobel creara el Premio de la Paz, que Berta recibió en 1905.

Al marcharse Berta de París para casarse con su prometido, una tercera mujer entró en la vida de Nobel. Fue en Viena, un día que fue a comprar unas flores para la mujer de un amigo. Esta vez, Cupido acertó de lleno en el corazón de Alfred, quien se enamoró perdidamente de Sofie Hess, una belleza veinteañera procedente de una humilde familia trabajadora. La correspondencia entre ambos ha revelado una turbulenta historia de amor entre un hombre inteligente, culto, rico y disciplinado, cuyo mayor anhelo era disfrutar de un hogar apacible, y una joven encantadora, hermosa, rebelde y maleducada, con el único deseo de pasar por la vida disfrutándola al máximo.

Nobel compró a Sofie un apartamento en París y una mansión cerca de Viena. Los continuos viajes de Nobel por el mundo debido a sus negocios no eran compatibles con el ardiente carácter de su joven compañera. Tales ausencias dejaban abierta la puerta de su alcoba a toda una cohorte de jóvenes pretendientes y vividores. Al final, Sofie le confesó que esperaba un hijo de un oficial húngaro. Nobel, que había estado cegado por el amor, recobró ahora súbitamente la vista. Herido y abatido, decidió no volver a verla nunca más, pero le concedió una generosa renta vitalicia. Sofie se casó, aunque no vivió con su joven oficial, e intentó extorsionar a Nobel hasta el día de su muerte. Incluso entonces no se dio por satisfecha: amenazó con hacer públicas las cartas de Nobel si no se le entregaba más dinero del que aparecía en el testamento. Al final, Sofie cedió todas las cartas a cambio de continuar recibiendo la renta de Nobel.

Messier, el hurón de los cometas

Charles Messier era un astrónomo enamorado de los cometas. Nacido en 1730, toda la pasión de este francés era cazar cometas con su telescopio. El problema es que en el cielo, además de estrellas, hay nebulosas, cúmulos de estrellas y galaxias que por su aspecto difuso pueden inducir a error. Si no se conoce su situación, pueden hacer creer que se está observando un cometa cuando en realidad se trata de una nube de gas muy lejana.

Para evitar estos errores y no perder el tiempo persiguiendo quimeras, Messier se empeñó en la búsqueda y localización de todos aquellos objetos celestes que podrían hacerse pasar por sus bienamados cometas. De este modo nació el hoy clásico catálogo de Messier, u objetos Messier, en el que se designan mediante una M mayúscula y un número detrás. Por ejemplo, tras M42 se encuentra la hermosa nebulosa de Orión, visible a simple vista como un punto difuso en el cielo. Por ironías del destino, hoy este catálogo lo usan millones de astrónomos aficionados en todo el mundo para observar las nebulosas, galaxias y cúmulos de estrellas que tanto molestaban a Messier.

En 1784 publicó su catálogo con 103 de esas manchas borrosas del cielo. Todas ellas sin ningún interés para el francés, que solo tenía ojos para los cometas. Su pasión era tan grande que Luis XIV le llamaba "el hurón de los cometas".

Una noche, con su esposa a punto de morir, renunció a observar el cielo como era su costumbre y se mantuvo junto al lecho de su mujer moribunda. Y, mira por dónde, esa misma noche se descubrió un cometa que él sin duda, de haber estado vigilante, habría "cazado".

Poco después, un conocido le presentó sus condolencias por la irreparable pérdida. Agradecido, Messier le confió lo mucho que le había trastornado que se le escapara lo que hubiera sido su decimotercer cometa descubierto. Uno puede imaginarse la sorpresa del visitante y el embarazoso silencio subsiguiente. Solo entonces Messier se dio cuenta de a lo que en realidad se estaba refiriendo el amable visitante. Y agregó:

–¡Ah! La pobre mujer.

El baile del telescopio

William Herschel debe ser considerado como el más grande astrónomo aficionado y constructor de telescopios que jamás haya existido. Era músico de profesión, pero su gran pasión era la astronomía. Durante toda su vida se dedicó a elaborar centenares de espejos, hasta que en 1786 alcanzó la cota más alta de su carrera: la construcción del telescopio reflector más grande de su tiempo, cuyo espejo principal tenía 1,22 metros de diámetro.

Este tipo de telescopios, cuya parte principal no es una lente (como en los clásicos anteojos), sino un espejo, fue inventado por Isaac Newton. El objetivo de Newton era reducir el problema que todos los telescopios de lente o refractores tenían: la aberración cromática. Todos sabemos que la luz cambia su dirección de propagación al pasar de un medio a otro de diferente densidad. Ahora bien, lo curioso es que los diferentes colores se refractan, cambian su dirección, en distinta cantidad. Así, el color azul cambia más su dirección que el rojo. De esta forma, al pasar la luz por el vidrio de las lentes, los diferentes colores alcanzan la retina del observador en diferentes lugares y se observa una aberración cromática. Esto no ocurre cuando la luz se refleja en un espejo, y por ello Newton decidió construir un telescopio reflector.

Pero volvamos a Herschel. El colosal telescopio, con una longitud cercana a la decena de metros, debía presentar una visión increíble. El tubo, unido a un poste de madera por numerosas cuerdas y poleas, se movía con mucho esfuerzo. Por el diseño habitual de este tipo de telescopios, el astrónomo debía colocarse en un balcón suspendido a gran altura a la entrada del tubo. La dificultad y el riesgo de las observaciones nocturnas de Herschel son evidentes. A pesar de ello, desde allí, y tras ejercer como un paciente contador de estrellas, Herschel dibujó el primer plano de la galaxia en la que vivimos.

Sobre este telescopio circularon diversos rumores. Uno de ellos estaba relacionado con el día de su inauguración, lo que los astrónomos llaman la primera luz del telescopio. Según contaban, Herschel había dado en esa ocasión una fiesta, y los invitados habían bailado en el interior del tubo del telescopio. Algo muy arriesgado y poco probable, sabiendo que debajo tenía que estar el mimado espejo del músico. La verdad es que los autores del rumor se equivocaron de Herschel. La fiesta se dio, en efecto, pero en una cantina, y fue organizada por otro Herschel, de oficio cervecero. Ese baile sí tuvo lugar en el interior de una inmensa tinaja que tenía en su bodega.

Mausoleo astronómico

En 1796 nacía en Pensilvania James Lick. Tras casi veinte años dedicados a construir cofres y pianolas en América del Sur, regresó a los Estados Unidos y se instaló en San Francisco a mediados del siglo XIX. Llevaba unas cuantas monedas en el bolsillo, pero llegó a la dorada California en el momento preciso. Justo en aquella época, la fiebre del oro se instaló confortablemente en las mentes de muchos norteamericanos deseosos de convertirse en millonarios de repente. Lick, con mucho ojo, se dedicó a comprar por precios irrisorios terrenos en los alrededores de San Francisco. Sus propietarios, contagiados por la fiebre dorada, los vendían a muy bajo precio para poder adquirir el material necesario para marcharse a buscar oro.

Pocos años más tarde, Lick revendió esos mismos terrenos a sus antiguos propietarios, que volvían enriquecidos con el oro y querían reconstruir sus casas. Eso sí, a un precio cien veces mayor. San Francisco empezó a expandirse, y Lick aumentó su ya considerable fortuna.

A pesar de ser inmensamente rico, Lick vivía como un hombre solitario y pobre. Viendo cercana su muerte, decidió usar parte de su fortuna en la construcción de un grandioso e imponente monumento funerario. Deseaba dejar algo que le inmortalizase. Al principio pensó en una pirámide, pero alguien le convenció para que mejor destinase su dinero a una empresa menos faraónica y que sirviera para algo más que para ser contemplado: por ejemplo, construir un observatorio astronómico. Pero no un observatorio cualquiera, sino el más grande y potente jamás construido.

Y el observatorio Lick se construyó. Fue erigido en el monte Hamilton, en California, y en él se instaló un telescopio refractor con un objetivo de 91 centímetros de apertura. Se inauguró en 1888 y el cuerpo de James Lick, fallecido 12 años antes, fue transportado hasta allí y enterrado en el pilar que es la base del telescopio. Hay una sencilla placa con la siguiente inscripción: «Aquí reposa el cuerpo de James Lick».

El astrónomo filósofo

Georg Wilhelm Friedrich Hegel está considerado como uno de los filósofos más importantes de la historia del pensamiento. Ahora bien, nadie está libre de meter la pata, y Hegel no fue una excepción.

En el primer año del siglo XIX, Hegel presentaba su habilitación para obtener el empleo de lector en la Universidad de Jena. El título de su tesis era *Disertación filosófica sobre las órbitas de los planetas*. En ella, Hegel sostenía que en el sistema solar no podía haber más de siete cuerpos girando alrededor del Sol; evidentemente, los siete que se conocían entonces: Mercurio, Venus, la Tierra, Marte, Júpiter, Saturno y el último, Urano, descubierto en 1781. A lo largo de las páginas de su tesis, lo único que se podía encontrar en apoyo de esta afirmación eran puros postulados filosóficos e ideas preconcebidas.

Hegel la defendió el 27 de agosto de 1801. Para su desgracia, el italiano Giuseppe Piazzi, director del observatorio de Palermo, había descubierto ocho meses atrás, concretamente el día 1 de enero, una estrella que parecía moverse respecto a las otras. Dos días después confirmaba su descubrimiento: la estrella en cuestión era otro cuerpo del sistema solar. La noticia del descubrimiento de Piazzi corrió como la pólvora, pues suponía la confirmación de una ley empírica llamada ley de Titius. Esta ley, formulada años antes, era una fórmula matemática con la que se podía calcular la distancia de los planetas al Sol*.

Cuando Piazzi descubrió su planeta, todo el mundo esperaba con los dedos cruzados a que se calculara su órbita. ¿Seguiría funcionando la ley de Titius? Así fue. El nuevo cuerpo celeste fue bautizado con el nombre de Ceres. Era demasiado pequeño para ser un planeta como los demás, por lo que al principio lo llamaron *planetillo*. Hoy sabemos que se trata de uno de los miles de cuerpos que componen el famoso cinturón de asteroides situado entre Marte y Júpiter.

La noticia del descubrimiento de Ceres estaba en boca de todos los astrónomos alemanes, pero el joven Hegel no era astrónomo, sino filósofo, y ocho meses después del descubrimiento, mientras defendía su tesis, Hegel aún no se había enterado. El duque de Sajonia, Ernst von Sachsen-Gotha, envió por aquellas fechas a su astrónomo Franz von Zach un ejemplar de la tesis de Hegel con la siguiente leyenda escrita de su puño y letra: «Monumento a la locura del siglo XIX».

Por suerte para Hegel, ese mismo año publicaba el primero de una famosa serie de artículos con los que se confirmó como una de las mejores mentes en el campo de la filosofía. La astronomía no hubiera sido lo suyo.

---

* Ver $D = (N + 4)/10$, pág. 47.

El arriesgado oficio de astrónomo

Cada 105 ó 121 años, eso depende, podemos observar desde la Tierra el paso de Venus por delante del Sol. Los astrónomos lo llaman un tránsito de Venus, y solo puede suceder entre el 1 y el 8 de junio o entre el 4 y el 9 de diciembre. Además, si cierto año vemos un tránsito, ocho años más tarde sucederá otro. Después deberemos esperar más de cien años para que se vuelva a repetir el fenómeno.

Este acontecimiento astronómico ha sido de gran importancia en la astronomía. En 1761, numerosos astrónomos marcharon a diferentes lugares del mundo para poder establecer una red de observación lo más extensa posible. Uno de estos astrónomos era Guillaume Le Gentil, miembro de la Academia de Ciencias francesa.

En marzo de 1760, Le Gentil embarcó con dirección a la India. En previsión de la duración del viaje, los riesgos y la necesidad de encontrar un buen emplazamiento para colocar sus instrumentos, Le Gentil fue cauto y salió con 15 meses de adelanto. Mientras tanto, estallaba la guerra entre Francia e Inglaterra por el dominio colonial de la India. Cuando el barco en que viajaba Le Gentil avistó la costa india, los ingleses ya habían tomado el puerto al que se dirigía y tuvieron que dar la vuelta y dirigirse para refugiarse a la lejana isla Mauricio.

El 6 de junio de 1761, mientras Venus pasaba delante del Sol, Le Gentil seguía viajando. Pero en lugar de regresar, decidió esperar a que se repitiese el tránsito ocho años más tarde, en 1769. Se estableció en Madagascar y, aprovechando una invitación, zarpó rumbo a Filipinas. Le Gentil preparó sus instrumentos. Entonces le llegó la noticia de que la guerra había terminado con victoria británica. Restablecida la calma, Le Gentil desmontó su observatorio y volvió a la India, adonde llegó el 27 de marzo de 1768. Tenía todo un año por delante para prepararse.

Por fin llegó el ansiado día, el 4 de junio. Le Gentil estaba tan nervioso que no durmió nada la noche anterior. Pero al amanecer del día señalado, unas oscuras nubes apuntaron por el horizonte, y Le Gentil esta vez sólo pudo ver nubes de tormenta mientras Venus volvía a pasar por delante del Sol. Ahora ya no podía esperar al siguiente tránsito, que sucedería 105 años más tarde: desmontó de nuevo su observatorio y puso proa hacia París.

El regreso fue muy accidentado: tormentas y corsarios retrasaron el viaje, llegando a Francia en octubre de 1771, casi 12 años después de su partida. En casa, mientras tanto, nadie había tenido noticias suyas; ninguno de sus informes y cartas habían llegado por culpa de la guerra, las tormentas y los piratas. Para ellos, Le Gentil estaba oficialmente muerto. Sus herederos incluso se habían apropiado de sus bienes, y su sillón en la Academia de Ciencias había sido ocupado por otro científico. Naturalmente, Le Gentil impugnó su defunción, pero tanto por las dificultades legales como por la oposición de sus herederos a que se le reconociera vivo, durante los 21 años que aún estuvo sobre el planeta no consiguió que la justicia le reconociera que todavía respiraba.

Portero de un mundo microscópico

Anton van Leeuwenhoek nació en la ciudad holandesa de Delf en 1632. Su padre murió cuando él tenía dieciséis años, y Leeuwenhoek tuvo que dejar la escuela y emplearse como dependiente de una pañería. Años más tarde consiguió un puesto de ujier en el ayuntamiento de su ciudad.

Pero la verdadera pasión de Leeuwenhoek era fabricar pequeñas lentes de vidrio, pulir diminutas lentes casi perfectas. Algunas de ellas tenían solo tres milímetros de ancho, pero con una capacidad de aumento de unas 200 veces. En ese tiempo, todo el mundo sabía que las lentes aumentaban el tamaño aparente de las cosas, pero la mayoría de los científicos utilizaban lentes bastante mediocres, en nada parecidas a las excelentes de Leeuwenhoek.

Montadas sobre soportes de cobre, oro o plata, Leeuwenhoek pasaba las horas muertas observando con aquellas lentes todo lo que caía en sus manos: insectos, gotas de agua, raspaduras de diente, trocitos de carne, cabellos, semillas... También observó capilares vivos, los minúsculos vasos que conectan las arterias con las venas, y que habían sido descubiertos cuatro años antes. Leeuwenhoek fue el primero en observar cómo la sangre pasaba por ellos, y en descubrir los glóbulos rojos. Su mayor hallazgo lo hizo en 1683, cuando observó las bacterias. Por desgracia, su tamaño estaba por debajo del poder de resolución de sus lentes, y no pudo darse cuenta de la importancia de lo que había observado.

Leuwenhoek escribía largas cartas a la sociedad científica más importante de entonces, la Royal Society. Pero al ser un desconocido en el círculo de la ciencia europea, sus cartas pasaron totalmente desapercibidas. A nadie se le ocurrió comprobar siquiera las observaciones del portero holandés. Hasta que un día el físico Robert Hooke, uno de los mayores científicos experimentales de la historia, decidió construir un microscopio siguiendo las indicaciones de Leeuwenhoek y, cuando aplicó el ojo al ocular, descubrió lo que las cartas decían que encontraría. Ya no había ninguna duda.

Leeuwenhoek fue nombrado miembro de la sociedad en 1680. De este modo, un ordenanza sin estudios, que jamás en su vida abandonó Delf, se convirtió en el científico extranjero más famoso de la Royal Society.

Hunter, el robacadáveres

Cuando se está enfermo, lo menos que uno quiere es que le ingresen en un hospital. Y menos aún, pasar por el quirófano.

La cirugía es algo terrible, pero antes lo era aún más, cuando todavía no se conocía la anestesia. Fue en el siglo XVIII cuando la cirugía se elevó a la categoría de medicina profesional gracias a John Hunter, hijo de un caballero escocés y el menor de 10 hermanos.

De espíritu curioso, en 1748 John abandonó Escocia para ponerse a las órdenes de su hermano William, un médico muy reputado de Londres. Su trabajo consistía en preparar las disecciones anatómicas para las clases de su hermano, tarea en la que descubrió tener una habilidad innata con el escalpelo. Tras un año de duro entrenamiento adquirió la preparación necesaria para realizar operaciones quirúrgicas y supervisar a los alumnos de su hermano.

Por aquella época existía una profunda división social entre el médico, un hombre con estudios, y el cirujano, un simple artesano que adquiría la experiencia necesaria con la práctica. Hunter se pasó 11 años aprendiendo anatomía. El material necesario lo conseguía como cualquier otro médico: haciendo tratos con los ladrones de cadáveres, que robaban los cuerpos recién enterrados.

En 1760 ingresó en el ejército como cirujano, y allí demostró que podían evitarse las amputaciones –práctica habitual en las guerras– si las heridas de bala se trataban adecuadamente. Su esfuerzo y dedicación se vieron recompensados al ser nombrado en 1790 cirujano general e inspector general de hospitales.

Durante todo ese tiempo, Hunter había desarrollado una gran pasión por el coleccionismo de animales muertos y otras rarezas. Su obsesión era tal que intentó conseguir el cadáver del irlandés Charles Byrne, conocido como O'Brien, un gigante que en vida midió 2 metros y 43 centímetros. Precisamente O'Brien había pedido que lanzaran su cuerpo al Támesis en un ataúd de plomo para que no cayera en manos de Hunter. No lo logró. Hunter pagó 500 libras a la funeraria y robó el cadáver. Y se cuenta que lo hizo llevar desnudo en su propio carruaje, para que no pudieran acusarle de robar ropaje funerario.

Viruela

La era de las vacunas comenzó el 14 de mayo de 1796 de la mano de Edward Jenner, un médico rural inglés. Jenner desarrolló la primera vacuna segura de la historia contra la viruela, una enfermedad mortal conocida desde tiempos inmemoriales.

Muchas civilizaciones antiguas sabían que podían protegerse de la viruela introduciendo en la sangre una pequeña cantidad de material infectado extraído de una víctima. Pero esta solución era un paseo por la cuerda floja: bastaba un pequeño aumento en la cantidad inyectada o una muestra especialmente virulenta para provocar la enfermedad que quería evitarse.

La aportación decisiva de Jenner fue darse cuenta de que personas en contacto continuo con vacas no desarrollaban la enfermedad. Estas contraían la llamada viruela de las vacas o viruela vacuna (una enfermedad parecida a la viruela, pero más suave y en absoluto mortal), lo que les confería una protección contra la fatal viruela humana.

Jenner decidió infectar a un niño de ocho años, llamado James Phipps, con material infectado proveniente de la llaga de la mano de una ordeñadora, Sarah Nelmes. El chaval contrajo la viruela vacuna y luego se recuperó. Dos meses después le inoculó la viruela humana. Por suerte para él, para Jenner y para el mundo entero, no apareció la enfermedad. Jenner había demostrado que era posible protegernos de manera segura contra enfermedades víricas a través de otros virus menos peligrosos.

Evidentemente, ni él ni nadie sabía entonces lo que eran los virus ni cuál era el origen de la viruela. Y aunque es bueno reconocer el mérito de Jenner, también debe ser recordado Benjamin Jesty. Este criador de cabras en Gran Bretaña, después de haber contraído la viruela vacuna, la inoculó a sus dos hijos. De esta forma, la familia Jesty permaneció inmune a la viruela humana durante 15 años.

Si se piensa fríamente, no se puede decir que el experimento de Jenner fuera de los moralmente impecables. Claro que si en el caso del inglés esto es así, ¿qué pensar de nosotros mismos, los españoles? Hoy día, llevar una vacuna a otros lugares es muy fácil: se coge la ampolla donde se encuentra el preciado medicamento y la llevamos, en el bolsillo o en una neverita, hasta donde queramos. Pero ¿y en aquellos tiempos? El médico español Francisco Balmis, responsable de difundir las ideas de Jenner por todo el reino, escribió un proyecto para el rey Carlos IV titulado *Derrotero que debe seguirse para la propagación de la vacuna en los dominios de su Majestad en América*. El proyecto fue aceptado (uno de los hijos del rey había muerto de viruela) y a Balmis se le encargó la dirección de la Real Expedición Filantrópica de la Vacuna, consistente en llevar a 18 niños, evidentemente incluseros, que habían sido expuestos a la enfermedad. Cada semana, a dos de ellos se les inoculaba con el líquido extraído la semana anterior de las pústulas de sus compañeros de viaje. De este modo, Balmis pudo recorrer Hispanoamérica, Filipinas, Cantón y Macao vacunando a la población. ¡Y de los pobres niños expósitos ya nadie se acuerda hoy!*

Tuberculosis

El 24 de marzo de 1882 se celebró en una pequeña sala de la Sociedad de Fisiología de Berlín una reunión trascendental. Allí estaban los más ilustres científicos luchadores contra las enfermedades de Alemania. Y entre ellos, el más ilustre de todos: Rudolph Virchow.

Todo estaba dispuesto para escuchar la disertación de un hombrecillo arrugado y con gafas que, con paso cansino, se acercaba al estrado. Desde allí leyó con voz temblorosa las notas que había garrapateado en unas cuantas cuartillas. Con una modestia admirable, Robert Koch, que tal era su nombre, expuso ante la brillante audiencia la sencilla historia del descubrimiento del invisible microbio que mataba a una persona de cada siete que morían. Sin ningún tipo de inflexión de voz típica de los grandes oradores, dijo que los médicos del mundo entero debían conocer todos los hábitos del bacilo de la tuberculosis, el más pequeño y más salvaje enemigo del ser humano.

---

* Al menos la Corona se portó bien con ellos: recibieron protección real y educación hasta su mayoría de edad.

Al terminar, este pequeño gran hombre, que había empezado a interesarse por el mundo de los seres diminutos porque su mujer le regaló para su vigésimo octavo cumpleaños un microscopio, se sentó a la espera del inevitable debate y discusiones que este tipo de reuniones suelen tener. De hecho, esperaba un duro ataque. Tiempo atrás, el gran Virchow se había burlado del pobre Koch y de sus bacilos patógenos.

Sin embargo, esta vez sucedió lo impensable. Nadie se levantó para discutir sus descubrimientos. No se escuchó ni una réplica. Entonces, los ojos de los allí reunidos se volvieron hacia Virchow, el káiser de la ciencia alemana, aquel que con un simple fruncir de cejas era capaz de arruinar cualquier idea sobre las enfermedades. Pero Virchow ni dijo ni hizo nada. Simplemente se levantó, se puso el sombrero y salió de la estancia. Koch había demostrado que los microbios son nuestros más mortales enemigos.

El mundo entero se revolucionó. Científicos de todas partes viajaron hasta Berlín para verle, y pudieron escuchar de la boca de Koch, ante las alabanzas, este simple comentario: «Este descubrimiento que he hecho no tiene, después de todo, demasiada importancia».

Frotis

En 1962 moría Nicholas Papanicolau. La revista *Medical World News* escribió en esa ocasión [5]:

> Hace 25 años, el cáncer de útero era el mayor asesino de mujeres americanas; hoy día, según la Sociedad de Cáncer Americana, 180 000 mujeres están "bien, vivas y curadas" cinco años después del tratamiento, principalmente como resultado del test de frotis.

El test de frotis de Papanicolau, también conocido como "raspado", fue ideado por este médico de origen griego en 1923, cuando investigaba los cambios celulares que se observaban en el tejido vaginal de las cobayas durante las distintas etapas de su ciclo de reproducción. Para comparar sus resultados con el ciclo menstrual de la mujer, Papanicolau se dispuso a realizar un estudio sistemático de la biología celular del fluido vaginal humano. Entre las muestras había la de una mujer con cáncer de útero. Papanicolau se dio cuenta de que había algo anormal en la muestra obtenida mediante raspado en el cuello del útero. Cinco años más tarde había desarrollado una manera eficaz de detectar este tipo de cáncer.

Papanicolau era hijo de un médico y, como manda la tradición, estudió medicina en la Universidad de Atenas. Como le atraía más la investigación que la práctica médica, marchó a Alemania para realizar su doctorado, que obtuvo en 1910. Durante la guerra, que interrumpió su carrera científica, conoció a griegos emigrados a los Estados Unidos que le hablaron maravillas de las oportunidades que ofrecía esa nueva tierra de promisión. Así que hizo las maletas y se marchó con su mujer para hacer realidad el sueño americano.

Trabajó sólo un día como vendedor de alfombras, pues enseguida un profesor de zoología de la Universidad de Columbia, Thomas Morgan, le recomendó para una plaza a media jornada en el departamento de patología del hospital de Nueva York, afiliado a la Universidad de Cornell. De ahí saltó a la universidad, donde permanecería casi medio siglo.

Su pasión por el trabajo fue su vida. Papanicolau trabajaba 14 horas al día seis días y medio a la semana, tanto en su laboratorio de Cornell como en su casa, ayudado por su mujer. Sólo se fue de vacaciones una vez en 41 años. Cuando sus amigos le preguntaban por qué no descansaba, invariablemente respondía:

–El trabajo es demasiado interesante y ¡queda tanto por hacer!

La gran familia

Nunca a lo largo de la historia de las matemáticas ha existido una familia con tantos matemáticos famosos como la familia Bernoulli. Originarios de los Países Bajos, habían huido de allí en 1583 por temor a los ejércitos españoles que hacia 1576 desataron su furia en aquel lugar. Al final se asentaron en la ciudad suiza de Basilea, donde floreció toda una saga matemática de Bernoulli. En total fueron trece los componentes de esta familia que entregaron sus vidas a las matemáticas, distribuidos en seis generaciones. Dan ganas de pensar que debían llevarlo en los genes.

El primero en alcanzar una posición de prestigio fue Jacques (1654-1705), que heredó su interés por el razonamiento abstracto de su padre y fundador de la dinastía, Nicolaus Bernoulli (1623-1708). Este nació y murió en Basilea, y su interés se centró en lo que hoy se conoce como el cálculo infinitesimal. Fue él quien, en 1690, sugirió a Leibniz que utilizara el nombre de *integral* para esa operación que desde entonces tortura a los estudiantes de bachillerato.

Nicolaus tenía planes bien diferentes para sus hijos, y trató por todos los medios de que ninguno de ellos se hiciera matemático. Vana ilusión. Jacques había sido destinado para la carrera eclesiástica, y Johann (o Jean), el más joven (1667-1748), tenía que haberse convertido en comerciante o médico; pero siguiendo la senda marcada por su padre, Johann leyó su tesis doctoral sobre la fermentación y la efervescencia en 1690, y al año siguiente se interesó de tal modo por el cálculo diferencial e integral que decidió también él abandonarlo todo por las matemáticas.

En 1692, Johann vivió en París, donde ejerció de maestro del joven marqués de L'Hospital. Firmó con él un pacto según el cual se comprometía a enviar a L'Hospital sus descubrimientos en matemáticas si le abonaba cierto estipendio. L'Hospital podría hacer uso de los descubrimientos de Johann como mejor quisiera. Y eso hizo. L'Hospital publicó todos los descubrimientos de Bernoulli y algunos propios en el primer libro publicado sobre cálculo diferencial, que apareció en 1696 en París. Entre los más conocidos resultados de Johann Bernoulli se encuentra la que hoy se conoce precisamente como *regla de l'Hospital*, que se usa para determinar algo tan esotérico como es el límite del cociente de dos funciones diferenciables.

El libro de L'Hospital fue tremendamente popular y conoció numerosas ediciones durante el siglo siguiente. En el prólogo, L'Hospital admitía que su libro debía mucho a los Bernoulli, y en especial «al joven profesor de Groningen», ciudad en la que se había instalado Johann a partir de 1695. Este le agradeció por carta el que le hubiera citado en su obra, pero a la muerte de L'Hospital, en 1704, se dedicó a acusarlo de plagio. Sus colegas no le creyeron.

Johann Bernoulli

Este Johann Bernoulli, hijo, hermano, abuelo, bisabuelo y tatarabuelo de eminentes matemáticos, fue uno de los personajes más curiosos de la historia de las matemáticas. Su brillantez intelectual le llevó a ocupar la cátedra de matemáticas que su hermano Jacques dejó libre en Basilea al morir.

Pero Johann Bernoulli era un hombre con una alarmante falta de tacto. Por culpa de ello, en más de una ocasión tuvo agrias disputas con su hermano. Además tenía un carácter irascible. Cuando el inglés Newton y el alemán Leibniz discutían sobre quién era el padre del cálculo diferencial (una discusión que se convirtió en una pelea nacionalista: los de las islas contra los del continente), Bernoulli tomó partido por Leibniz y atacó a Newton con una agresividad injustificable. De hecho, algunos historiadores de las matemáticas lo llaman *el bulldog de Leibniz*, pues hizo por la causa del matemático alemán lo que años después haría Huxley por la teoría de la evolución de Darwin, con lo que se ganó ese sobrenombre.

Por si todo esto fuera poco, Johann Bernoulli era también tremendamente celoso. Su hijo Daniel, otra mente admirable, se presentó a un premio de matemáticas que concedía la Academia de Ciencias de París. A ese mismo premio optaba también el padre. Cuando la Academia premió a Daniel, su padre lo echó de casa. Peso a todo, Johann era un excelente maestro y un investigador infatigable.

Además de Daniel, Johann tuvo dos hijos más: Nicolaus III y Johann II. Resulta curioso comprobar que los Bernoulli, a pesar de ser una familia con seis generaciones de matemáticos y de mostrar una imaginación desbordante a la hora de resolver teoremas, no hicieran lo propio cuando había que bautizar a sus hijos: en la familia hay cuatro Nicolaus, tres Johann, dos Jacques y dos Daniel. Pues bien, como decía, también los hermanos Daniel, Nicolaus III y Johann II fueron profesores de matemáticas en diferentes universidades: en San Petersburgo estuvieron Nicolaus y Daniel, y en Basilea, Daniel y Johann. Y aun tenían un primo (por supuesto, también llamado Nicolaus) que ocupó la cátedra de matemáticas de Padua, en Italia, la misma que tiempo atrás ocupara Galileo.

Hubo otros Bernoulli que alcanzaron cierta fama en matemáticas, aunque ninguno brilló tanto como sus antecesores.

Évariste Galois

En 1811 nacía en Bourg-la-Reine, un pequeño pueblecito en las cercanías de París, Évariste Galois. Su padre era el alcalde del pueblo, y tanto él como su madre tenían una sólida formación cultural que supieron transmitir a sus hijos, al igual que un profundo desprecio hacia cualquier forma de tiranía. Cuando Évariste comenzó a asistir a la escuela a la edad de doce años, demostró muy poco interés por el latín y el griego, pero, en cambio, quedó prendado de la belleza de las matemáticas, sobre todo por el libro *Geometría* del gran matemático francés nacido en Turín Joseph-Louis Legendre. Aunque Galois estudió con fruición álgebra y análisis, su trabajo en clase de matemáticas fue siempre mediocre, y sus maestros lo consideraban como alguien más bien rarillo. Pero a los dieciséis años, Évariste ya sabía lo que sus maestros ignoraban: que era un genio en matemáticas. Convencido de ello, esperaba entrar en la escuela donde se habían formado tantos matemáticos famosos, la prestigiosa Escuela Politécnica.

Primer deseo y primera decepción: su solicitud fue rechazada por carecer de formación sistemática. Un año más tarde, con diecisiete años, desarrolló en un artículo sus descubrimientos fundamentales. Se lo entregó a uno de los matemáticos más importantes de la época, Antoine-Louis Cauchy, cuya cabeza era tan brillante como despistada. Cauchy solía olvidar dónde dejaba los artículos que le entregaban, pero para la época de Galois ya había pasado a convertirse en un especialista en perder artículos. Galois, que se lo había enviado a Cauchy para que lo presentara en su nombre en la Academia de Ciencias, tenía ahora motivos para detestar no solo a los profesores, sino también a los académicos. Si a todo esto sumamos un nuevo fracaso en su segundo intento de ingresar en la Escuela Politécnica y que su padre, acorralado por una serie de intrigas clericales, acabó suicidándose, no resulta extraño que Évariste se sintiera hundido y miserable.

A pesar de tantos reveses, Galois siguió insistiendo, y al final pudo entrar en la Escuela Normal y prepararse para la enseñanza. En sus pocas horas libres siguió investigando. En 1830 presentó un trabajo para optar al premio en matemáticas concedido por la Academia. Esta vez el artículo no pasó por las manos de Cauchy, sino por las de otro matemático insigne, Fourier. Galois podía respirar tranquilo. Fourier se llevó el trabajo a su casa para poder leerlo con detenimiento y... la mala fortuna volvió a cebarse con el pobre Évariste. Fourier murió poco después y aquel trabajo se perdió irremisiblemente.

En 1830 afloró su hondo sentimiento contra la tiranía y se puso de parte de los revolucionarios. Una durísima carta contra el director de la Escuela le valió su expulsión. Por tercera vez presentó un trabajo a la Academia y, cumpliendo el refrán, al menos esta vez no se perdió. El artículo contenía lo que hoy se conoce como *teoría de Galois*, pero el encargado de valorarlo, otro matemático insigne de nombre Poisson, se lo devolvió con una anotación: «Incomprensible».

Galois, asqueado, se apuntó en la Guardia Nacional. En 1831, durante una reunión, hizo un brindis que se consideró como una amenaza a la vida del emperador y fue arrestado. Aunque fue liberado, nueve meses más tarde le volvieron a arrestar y esta vez dio con sus huesos en la cárcel. Poco tiempo después se vio envuelto en un asunto de faldas poco claro que terminó en un duelo. La noche anterior al duelo escribió a sus amigos: «He sido desafiado por dos patriotas; no he podido negarme».

Las pocas horas que le quedaban hasta el amanecer las dedicó a poner por escrito algunos de sus descubrimientos, con la esperanza de que fueran publicados y que otros matemáticos pudieran evaluar su importancia. Y en la madrugada del 30 de mayo de 1832, Galois se enfrentó en un duelo a pistola. Recibió un balazo que le perforó los intestinos y quedó tirado en el campo hasta que un campesino que pasaba por allí lo recogió y lo llevó a un hospital. Murió de peritonitis a la mañana siguiente. Tenía solo veinte años.

11
99 % DE TRANSPIRACIÓN

> *La inspiración existe, pero tiene que encontrarte trabajando.*
>
> PABLO RUIZ PICASSO (1881-1973)
>
> *La tecnología tiene una fascinación particular; ejerce un hechizo en las personas que les hace creer que hacer todo lo que es tecnológicamente posible es progresista. A mí esto no me parece progresista, sino infantil.*
>
> CARL FRIEDRICH VON WEISZÄCKER (1919-)

UNA DE LAS EXPERIENCIAS MÁS FASCINANTES que nuestra civilización tecnológica ha dejado atrás es la sensación de oscuridad. Cuando la humanidad vivía alrededor de un fuego, la sensación de abandono, de temor a lo que se mueve en la oscuridad, se encontraba en la parte más profunda de la cultura. Con la llegada del alumbrado de gas y, sobre todo, eléctrico, los humanos perdimos el significado de la oscuridad. Solo en contadas ocasiones nos damos cuenta del sentido del crepúsculo, del final del día.

Pues bien, el principal artífice de esta muerte de la oscuridad fue el genial Thomas Alva Edison, un hombre colérico, ávido de dinero, dado a robar ideas y lamentable padre y marido. El alumbrado de gas no proporcionaba luz suficiente para acabar con la oscuridad, y el peligro de incendios y explosiones siempre estaba presente. Los científicos sabían que al circular corriente eléctrica por un hilo conductor, este se calentaba. ¿Podría llevarse hasta la incandescencia y hacerlo brillar? Durante los primeros 65 años del siglo XIX, una treintena de inventores lo intentaron y fracasaron. La teoría era sencilla y elemental, pero las dificultades prácticas parecían insuperables.

En 1878, Thomas Alva Edison tenía treinta y un años y estaba considerado como el mayor y más genial inventor de la época moderna. Cuando ese año anunció al mundo su intención de resolver el problema de la luz, el mundo entero se alegró. Todos estaban convencidos de que Edison podía inventar cualquier cosa. Tanta fe tenían en él que las acciones de las empresas de alumbrado de gas bajaron en las bolsas de Nueva York y Londres.

No hay duda de que Edison era un genio, aunque el genio, como él decía, es un 1 % de inspiración y un 99 % de transpiración. Inventar exigía trabajar duro y firme. La invención de la bombilla eléctrica exigió mucho a Edison: había subestimado las dificultades.

Durante un tiempo pareció que iba a fracasar. Empeñado en utilizar hilos de platino, le costó un año y 50 000 dólares darse cuenta de su error. Cientos de experimentos después encontró un hilo que se ponía incandescente sin fundirse ni romperse. Paradójicamente no se trataba de ningún metal, sino de un frágil filamento de algodón quemado, o lo que es lo mismo, un fino hilo de carbono.

El 21 de octubre de 1879 montó uno de esos filamentos en una bombilla y lució ininterrumpidamente durante cuarenta horas. El júbilo en Menlo Park, el pequeño pueblecito californiano donde Edison había montado su "fábrica de inventos", fue indescriptible. El día de Nochevieja, Edison soltó la traca final, y la última noche del año de 1879, la calle principal de Menlo Park se iluminó con corriente eléctrica.

Periodistas de todo el mundo se unieron a los habitantes de ese pueblecito y cantaron maravillas del más grande inventor de toda la historia.

Chispas a distancia

En 1888, un profesor de física alemán llamado Heinrich Hertz enseñaba a sus alumnos la confirmación experimental de las teorías de un colega escocés, James Clerk Maxwell, sobre el electromagnetismo. Maxwell, tras un soberbio esfuerzo de síntesis, había creado una teoría hermosa para describir todos los fenómenos eléctricos y magnéticos. De hecho, ambos eran expresión de una misma cosa: el electromagnetismo. Una consecuencia de la teoría era la existencia de unas ondas que se propagaban a la velocidad de la luz. Es más, la propia luz era una onda electromagnética.

Aquella mañana de 1888, Hertz había llevado a su clase un par de instrumentos diseñados y construidos por él mismo. Uno de ellos era un emisor de ondas electromagnéticas, y el otro era un receptor. Puso cada uno en un esquina de la clase y, como claramente había predicho el genio de Escocia, Hertz hizo saltar una chispa en el receptor al encender el emisor. Como si de un truco de magia se tratara, Hertz había enviado una onda electromagnética misteriosa y sutil que había provocado el chispazo en el otro circuito. Si lo pensamos detenidamente, que un circuito eléctrico provoque un chispazo en otro separado casi una decena de metros nos tiene que parecer pura y simple magia.

Tras la demostración, uno de sus estudiantes le preguntó si eso tendría algún día un uso práctico. Hertz contestó:

–De ninguna manera. Esto es simplemente un interesante experimento de laboratorio que prueba que Maxwell tiene razón. No veo ninguna aplicación para esta misteriosa e invisible energía electromagnética.

Heinrich Hertz era un gran físico, pero un pésimo profeta. Si no hubiera muerto en 1894, cuando solo contaba treinta y seis años, se habría dado cuenta de su error. Porque justo al año siguiente, otro joven italiano, Guglielmo Marchese Marconi, utilizando el instrumento diseñado por Hertz, transmitía y recibía un mensaje en casa de su padre en Bolonia. Comenzaba la era de la telegrafía sin hilos.

S

El 12 de diciembre de 1901, Guglielmo Marconi recibía un sencillo mensaje en las costas de Terranova: la letra S en el código morse. Lo importante no fue el mensaje en sí, sino que este había sido emitido desde la otra orilla del Atlántico, desde Cornualles, en Inglaterra. Cuatro días después, la prensa mundial celebraba la hazaña de Marconi.

Hasta entonces se creía que tal hecho era imposible: no se podía mandar un mensaje más allá del horizonte porque las señales se propagan en línea recta y, por tanto, se perderían en el espacio debido a la curvatura de la Tierra. El que las ondas electromagnéticas puedan "seguir" la curvatura de la Tierra se debe a la capa de la atmósfera conocida como ionosfera, que se encuentra a unos 150 km de altitud. Las ondas de radio incidentes son reflejadas hacia la Tierra, donde rebotan de nuevo, y así prosiguen hasta llegar al receptor. Esta capa fue predicha por Oliver Heaviside en 1902, pero su existencia no fue confirmada hasta 1923.

La increíble intuición de Marconi le llevó a pensar en utilizar las ondas electromagnéticas para comunicarse sin necesidad de cables. Una idea nunca pensada antes por nadie. Comenzó sus experimentos en 1894, con veinte años, propagando señales y haciendo sonar timbres eléctricos dentro de su casa y a una distancia de unos centenares de metros, sin usar cables. En abril de 1895 consiguió recibir señales entre dos equipos que no se encontraban a la vista uno de otro. Este fue el arranque de la telegrafía sin hilos y el comienzo de una imparable carrera hacia la fama, el reconocimiento y la riqueza para el joven Marconi.

En 1896 obtuvo su primera patente, y un año después fundó en Inglaterra la primera compañía de telegrafía sin hilos. Muchas compañías navieras adquirieron su invento y en 1899 recibió el encargo de equipar con sus aparatos todos los buques de la marina americana.

Pero quedaba un problema por resolver. Si solo existe un transmisor, no hay problemas. Pero si existen muchos, el receptor captará las señales de todos ellos a la vez y la comunicación será imposible. Marconi trabajó en este problema, y en abril de 1900 obtuvo la hoy histórica patente inglesa número 7777 sobre su selector de frecuencias. Transmisor y receptor emitirían y captarían, respectivamente, señales de la misma frecuencia o longitud de onda. Al igual que en el dial de nuestras radios, diferentes transmisores emitirían en diferentes frecuencias, y el receptor sólo debería ajustar el circuito selector para elegir el transmisor deseado. Acababa de nacer la era de las telecomunicaciones.

Marconi recibió en vida gran cantidad de premios y honores, entre ellos el Nobel de Física en 1909, a la temprana edad de treinta y cinco años.

Popov, el olvidado

Al mismo tiempo que Marconi realizaba sus investigaciones en casa de su padre, en 1895, Alexander Stepanovich Popov realizaba las suyas en su laboratorio de San Petersburgo.

Popov entró en el mundo de la telegrafía sin hilos porque quería desarrollar un detector que permitiera predecir las tormentas. La idea base era la detección de la electricidad estática. De hecho, si ponemos la radio en la banda de amplitud modulada (AM) durante una tormenta, descubriremos la facilidad con que se convierte nuestro receptor en un detector de tormentas.

Un día de mayo de 1895, Popov envió y recibió una señal a casi 600 metros de distancia, y en marzo de 1897 equipaba el crucero ruso *África* con un receptor de radio. En la costa, en Kronstadt, instalaba otro similar: era el nacimiento de la comunicación marítima por radio.

En 1900 sucedió un desastre que consagró su invento. El buque de guerra *Almirante General Apraksin* estaba atrapado en los hielos en el golfo de Finlandia. El sistema de radio de Popov permitió al barco contactar con las estaciones de las islas Hogland y Kutsalo, a 45 kilómetros de distancia. Estas estaciones enviaron señales al rompehielos *Ermak*, que puso rumbo hacia el lugar donde se encontraba el *Apraksin*. La visión del *Ermak* surgiendo de la niebla debió parecer a los marineros un milagro imposible, y Popov, el hijo de un reverendo del distrito minero de Turinsk en los Urales, algo parecido a un ángel.

Un regalo de Navidad

Al finalizar la Segunda Guerra Mundial, en todos los laboratorios de investigación en electrónica del mundo estaban dándole vueltas a la idea de diseñar un dispositivo capaz de sustituir a las costosas, enormes y extremadamente frágiles válvulas de vacío, esas cosas parecidas a bombillas que aparecen en las películas de ciencia-ficción de los años cuarenta. Los científicos tenían claro que debían buscar algo radicalmente distinto si querían conseguir equipos electrónicos fiables en el campo de las comunicaciones.

Los Laboratorios Bell, un centro de investigación fundado en 1924, dirigieron sus pasos en esa dirección, y en 1945 crearon un grupo dedicado a comprender la física de unos materiales llamados semiconductores. El director de los laboratorios, Mervin J. Kelly, tomó dos decisiones que a la postre resultaron trascendentes: limitarse a estudiar las propiedades de solo dos elementos, el germanio y el silicio, y retomar una idea de 1930 sobre el control de la intensidad de corriente eléctrica en semiconductores. Lo acertado de este planteamiento, junto con la cuidada y detallada planificación de Kelly, dio sus frutos: el 23 de diciembre de 1947, John Bardeen y Walter Brattain ponían a punto el primer tipo de amplificador de estado sólido, bautizado como "transistor de puntas de contacto".

Pocas semanas después, William Shockley desarrollaba en solitario la teoría de la conducción de corriente en semiconductores, y proponía el diseño de un transistor de germanio. Unos meses más tarde, los Laboratorios Bell desarrollaron la tecnología necesaria para su fabricación comercial.

Nadie hizo caso, sin embargo, a la propuesta surgida en los Laboratorios Bell. Entonces, y para promocionar su transistor, Bell liberó la patente y enseñó públicamente el proceso de fabricación. No obstante, tuvieron que pasar unos pocos años hasta que se reconoció la importancia de este descubrimiento: en 1956, Shockley, Bardeen y Brattain recibieron el Premio Nobel de Física. Paralelamente, diferentes empresas se dedicaron a mejorar los procesos de fabricación, y en 1954, Texas Instruments presentó los primeros transistores de silicio. La civilización había entrado en la era de la electrónica.

La parte más amarga de esta historia es que el nombre de Mervin Kelly ha quedado injustamente relegado al olvido.

La imprenta

Johannes Gensfleisch, más conocido como Gutenberg, ha pasado a la historia como el inventor de la imprenta, pero muy pocos conocen los problemas que afrontó para sacarla adelante.

Nacido en Maguncia a finales del siglo XIV, su familia se vio obligada a emigrar a Estrasburgo porque en las revueltas civiles de su ciudad natal la familia Gutenberg se había alineado con el bando de los perdedores.

Los intereses de Gutenberg fueron muy diversos. Se había ganado la vida tallando piedras preciosas, fabricando espejos y, a mediados del siglo XV, estaba inmerso en un negocio secreto del cual se cree que tenía algo que ver con la imprenta: de hecho, en las actas de un pleito en el que se vio mezclado aparece la palabra *imprimir*.

De vuelta a Maguncia, Gutenberg se dedicó por entero a la impresión. Para ello pidió prestados 800 florines a un tal Johann Fust. La idea de Gutenberg era crear, para cada letra, un tipo metálico móvil que pudiera utilizarse muchas veces y que sirviera para componer diferentes libros. Durante 20 años ensayó, fracasó, se endeudó e invirtió nuevamente en su proyecto. Finalmente, en 1454 construyó seis prensas y comenzó a componer su Biblia, en latín y a doble columna, con 42 líneas por página e iluminada con dibujos hechos a mano. Pero al final, la fama, el dinero y, posiblemente, el término de la edición fueron para Fust, que le demandó por no pagar su deuda. Fust se quedó con toda la maquinaria y el resto del material, y el pobre Gutenberg fue arrojado literalmente a la calle.

Pero no por eso se amilanó. Siguió trabajando en la oscuridad, a pesar de lo cual, y de encontrar un importante apoyo en el arzobispo de Maguncia, nunca logró saldar sus deudas, muriendo en la ruina económica. Irónicamente, de aquella Biblia hoy solo se conservan 45 ejemplares, que tienen un valor incalculable.

La lámpara de seguridad

En 1813 se reconoció a Humphry Davy, el científico más extravagante de aquellos días, como el verdadero inventor de la lámpara de seguridad para las minas.

Poseedor de la Legión de Honor, concedida por Napoleón por sus trabajos sobre galvanismo y electroquímica, Davy diseñó la famosa lámpara que lleva su nombre para prevenir las explosiones de metano en las minas de carbón. La verdad es que su destino último no fue la prevención de explosiones de grisú. Los propietarios de las minas, deseosos de ganar cuanto más dinero mejor, la utilizaron para explotar minas hasta entonces inaccesibles a causa de los gases, por lo que la tasa de accidentes continuó siendo la misma.

Tras numerosos experimentos, Davy había encontrado que si rodeaba la llama de la lámpara por una fina gasa metálica, el calor desprendido no inflamaba el gas circundante, pues se invertía en calentar el metal. Por este descubrimiento recibió un premio de 2 000 libras esterlinas y las alabanzas de la Royal Society. Sin embargo, el premio debió haber sido compartido, o entregado por entero a un guardafrenos de vagonetas e hijo de fogonero llamado George Stephenson.

Stephenson, cuya única instrucción formal fue la recibida en la escuela nocturna, había inventado antes que Davy una lámpara basada en el mismo principio –la llama era rodeada por una placa de metal agujereada– que ya se estaba usando en muchas minas inglesas. Al enterarse del galardón otorgado a Davy, Stephenson se enfureció muchísimo. De poco sirvió: le negaron el derecho a la patente y al premio. Entonces sus defensores hicieron una colecta pública y recaudaron 1 000 libras que le entregaron a modo de gratificación. El dinero no solo apaciguó a Stephenson, sino que también le permitió iniciar el trabajo con el que le recordaremos como uno de los más grandes inventores de la humanidad: la locomotora de vapor.

Celuloide

A mediados del siglo XIX, una gran cantidad de cazadores blancos recorrían África aniquilando elefantes. La razón para semejante esquilmación era una mezcla de diversión y negocio: el mercado de marfil en Europa y América se había triplicado en 30 años. Inglaterra importaba medio millón de kilos de marfil al año. Si un colmillo de elefante pesa del orden de 30 kilos, solo para cubrir las necesidades anuales inglesas debían exterminarse más de 8 300 elefantes.

No es que el marfil fuera un material estratégico necesario para la supervivencia de la industria británica. Simplemente era utilizado para adornar las casas y jugar al billar. Las mejores bolas de billar se fabricaban con el corazón de los mejores colmillos de elefante. Por eso la escasez de elefantes en África fue una mala noticia para los jugadores de billar. El imperio británico no podía detenerse por culpa de unos pocos elefantes.

En 1869, los fabricantes de bolas de billar Phelan y Collander ofrecieron un premio de 10 000 dólares a quien encontrase un sustituto del marfil. La oferta llamó la atención de un par de impresores de Nueva York, John e Isaiah Hyatt. Tras muchos intentos y fracasos, acabaron descubriendo un material que era indistinguible del marfil original. Fácil de modelar, duro, uniforme, resistente al agua, a los aceites y a los ácidos, tratándolo convenientemente se podía hacer pasar por marfil, coral, ámbar, ónice o mármol. Isaiah lo bautizó con el nombre de *celuloide*.

Sin embargo, la historia de este nuevo material no estaría completa si no nos remontásemos a 1833, cuando un químico francés llamado Henri Braconnot dedicaba parte de su tiempo a jugar en su laboratorio con ácido nítrico y patatas. Claro que a esto no se lo llama jugar, sino hacer experimentos en química vegetal. Poco tiempo después, un profesor de la Universidad de Basilea llamado Christian Schönbein realizaba el mismo tipo de experimento, pero sustituyendo las patatas por algodón hidrófilo y añadiendo ácido sulfúrico. El resultado final fue un nuevo tipo de arma: el algodón explosivo. Mezclado con éter, se usó como antiséptico, como sustancia impermeable para gorros de piel, y mezclándolo con alcanfor, calentándolo y retorciéndolo, se convirtió en el celuloide de los Hyatt. Estos hermanos vieron que no solamente podía sustituir al marfil para hacer las bolas de billar del concurso, sino en todas sus aplicaciones. Por ejemplo, a la hora de hacer dientes falsos para los dentistas. Debido al alcanfor, este marfil artificial tenía un olor penetrante, lo que aprovecharon para publicitarlo como un diente que olía a limpio. Claro que también tenía sus inconvenientes. En cierta ocasión, uno de estos dientes explotó.

Por su parte, el algodón explosivo se convirtió en una nueva arma que hizo las delicias de los militares. Era tres veces más potente que la pólvora y no producía ni humo ni el destello típico del disparo, por lo que el enemigo no podía ver de dónde venía. El problema estaba en que era demasiado inestable. De vez en cuando, las fábricas que lo producían explotaban, como sucedió en cierta ocasión en Faversham, donde una de ellas estalló destruyendo por entero la ciudad. Fue entonces cuando entró en escena Alfred Nobel, que mezcló el algodón de pólvora con éter y alcohol y creó la nitrocelulosa. Después le añadió nitroglicerina y serrín. En 1868 bautizó esta mezcla con el nombre de dinamita (del griego *dínamis*, fuerza).

El caucho

Cuando la segunda expedición de Colón llegó al Nuevo Continente y se detuvo en la isla de Haití, ninguno de sus miembros podía imaginar la importancia de lo que vieron hacer pacíficamente a los indígenas del lugar: jugar a una especie de mezcla de fútbol y baloncesto. Pero lo más llamativo no era el juego en sí, sino la pelota con la que lo hacían. Era un balón de caucho.

Tuvieron que pasar tres siglos para que este nuevo material llamara la atención de los europeos. Los botánicos estaban por entonces muy interesados en encontrar otras plantas capaces de proporcionar una sustancia parecida a la de la savia de la *hevea*, mientras que otros investigaban activamente en busca de sus posibles aplicaciones. Una de las primeras fue la goma de borrar.

En 1819, Thomas Hancock descubrió que el caucho tiene una curiosa propiedad: se suelda a sí mismo. En aquel momento conoció a Charles Mackintosh, quien, por su parte, no sabía qué hacer con el benzol que quedaba en su fábrica como subproducto de la elaboración de colorantes. Mackintosh descubrió que el benzol disolvía mejor el caucho que el aguarrás, y de esta asociación nació el famoso *impermeable Mackintosh*, obtenido al embadurnar una tela con este barniz de caucho y benzol.

Sin embargo, el caucho tenía una seria desventaja: era muy sensible al calor. Entonces apareció en escena un ferretero americano sin conocimientos científicos, Charles Goodyear, que enseguida vio los pingües beneficios económicos que podía obtener si conseguía descubrir un método para endurecerlo. Después de probar y probar con diferentes sustancias, un día del año 1839, en un arrebato, arrojó a la estufa la última mezcla obtenida —un revoltijo de caucho, azufre y blanco de plomo—. Y sucedió el milagro: en lugar de fundirse, la mezcla se endureció. Goodyear comprobó que los restos que no se carbonizaron eran resistentes al calor y seguían siendo elásticos.

Pero su ingenuidad lo perdió. Ofreció su descubrimiento a Mackintosh y le dijo que no podía revelarle la fórmula porque aún no la había patentado. El avispado Mackintosh se lo comentó a su socio Hancock y, en poco tiempo, ambos llegaron al mismo resultado que Goodyear, aunque sumergiendo el caucho en un baño de azufre fundido. Hancock patentó el proceso con el nombre de *vulcanización*.

Los colorantes

Como otros muchos descubrimientos científicos, también la aparición de los colorantes sintéticos fue fruto de la casualidad. En este caso, la diosa fortuna sonrió a William Henry Perkin, un joven ayudante del entonces famoso químico alemán August Wilhelm von Hofmann, profesor en el Royal College en Inglaterra.

Hofmann estaba fascinado con los derivados químicos del alquitrán de hulla, una sustancia negra y pegajosa que se obtiene destilando la hulla en ausencia de aire. Un día, Hofmann se preguntó si podría obtenerse la quinina a partir de alguno de los derivados del alquitrán. Entonces, el joven Perkin decidió emplear las vacaciones de Semana Santa buscando una forma de producir artificialmente quinina en el laboratorio de su casa. Fracasó en su intento, pero, en compensación, al utilizar la anilina, sus avispados ojos descubrieron algo tremendamente interesante. Al limpiar el frasco donde había estado trabajando, cuyo resultado fue una extraña sustancia negra, encontró que el agua se había teñido de morado. Era el año 1856. Por entonces, los dos colorantes principales que se empleaban eran el azul de índigo y el rojo alizarina, ambos extraídos de sendas plantas.

Siguiendo el consejo de un amigo, Perkin envió una muestra de su colorante a una empresa textil escocesa: la respuesta fue que servía bien para la seda, pero no para el algodón. Perkin decidió patentar su descubrimiento y, con los ahorros de su padre y de su hermano, lo convirtió en un proceso industrial. El nuevo tinte, la púrpura de anilina, recordaba al color de los pétalos de la malva silvestre. El descubrimiento de Perkin fascinó a los fabricantes franceses y rápidamente se descubrió que podía aplicarse al algodón si este era tratado previamente. Siendo París el centro de la moda mundial, muy pronto el malva de Perkin hizo furor en todo el mundo.

¡Lo que son las cosas! Algo tan frívolo como es el mundo de la moda fue lo que impulsó la investigación química en Europa, que comenzó a explorar el nuevo camino abierto por el joven, y ahora rico, William Perkin.

Una idea con 50 millones de años

Un día de 1948, George de Mestral salió de caza con su perro por los verdes campos de su Suiza natal. Al regresar a casa se dio cuenta de que tanto su chaqueta como su perro estaban cubiertos de abrojos. Intrigado, utilizó un microscopio para descubrir por qué estos se agarraban a la ropa: comprobó que la culpa era de unos ganchos que recubrían la superficie de las semillas y que se aferraban tenazmente a los rizos del tejido.

Se trataba de una inteligente estrategia de reproducción de los abrojos: las semillas se agarran al pelo de los animales que se acercan a la planta, y de esta forma pueden dispersarse y germinar en otros lugares. De Mestral se preguntó si podría diseñarse un sistema que copiase este mecanismo que la naturaleza venía derrochando desde hacía millones de años. Así nació el cierre "velcro", cuyo nombre deriva del francés *velours* (terciopelo) y *crochet* (gancho). El porqué de usar estas dos palabras nos confirma lo caprichoso del carácter de la naturaleza humana. El motivo para la segunda es obvio; pero en cuanto a la primera... simplemente, a Mestral le gustaba el sonido de esa palabra.

Los primeros cierres velcro se fabricaron en Francia, de forma manual e insoportablemente lenta. Hacer los rizos era sencillo, pero la cinta con los ganchos resultó ser un problema considerable. La idea era producir los rizos y cortarlos cerca de sus finales para obtener un gancho por cada rizo. Al principio se utilizaba nailon, pero ganchos y rizos se enmarañaban y no había forma de obtener un buen cierre. El problema se solucionó utilizando una mezcla de nailon y poliéster, que además tenía la ventaja de ser un tejido más resistente a la luz ultravioleta, a los productos químicos y al calor. Hoy día también se utiliza el acero y tejidos sintéticos desarrollados como fruto de la carrera espacial para fabricar este cierre que ha revolucionado la vida cotidiana.

Y todo gracias a la especie vegetal *Arctium minus*, que un buen día decidió aferrarse a la chaqueta de un suizo curioso.

El jabón

El uso de jabón para el aseo personal y para la limpieza de los vestidos se remonta a un tiempo tan antiguo como hace 5 000 años, cuando egipcios y sumerios utilizaban las cenizas de ciertas plantas alcalinas y la sosa natural para fabricar lejías. Y aunque este conocimiento bien pudo haber pasado a los griegos, lo cierto es que estos aprendieron a fabricar jabón de los pueblos del norte de Europa.

En Grecia y Roma, el jabón se empleaba casi exclusivamente en el tratamiento de enfermedades de la piel, dejando el lavado de la ropa a merced de la sosa –conocida en el mundo romano como *natrium*–, cenizas, heces de vino... Para conseguir ese blanco más blanco que con machacona insistencia proclaman los anuncios publicitarios de hoy día, utilizaban el amoniaco, que los artesanos griegos obtenían de la fermentación de la orina (materia prima no les faltaba, pues detrás de la puerta de sus negocios tenían unas jarras a disposición de los clientes que quisieran hacer uso de ellas).

Hasta el siglo VII no se institucionalizó en Europa la que podríamos llamar artesanía del jabón. Los maestros jaboneros, como después harían los pirotécnicos, ocultaban con cuidado el secreto de su mezcla: aceites vegetales y animales, cenizas de ciertas plantas y, cómo no, las sustancias que le daban la fragancia apropiada. Italia, Francia y España fueron los primeros países en entrar en el negocio del jabón: de algo tenía que servir poseer aceite de oliva... El proceso de fabricación era sencillo. Los artesanos hervían en un caldero aceite de oliva con una potasa obtenida de tratar cenizas con cal. Poco a poco, haciendo uso del omnipresente principio del ensayo, prueba y error, la técnica se fue perfeccionando. Pero había un pequeño detalle que parecía no preocupar a nadie: investigar por qué el jabón limpiaba. Y la ignorancia se mantuvo hasta el siglo XIX.

La primera persona que lo averiguó fue un químico francés afincado en París llamado Michel Eugène Chevreul. En 1811 empezó a estudiar las complejas mezclas de aceites y resinas de donde se obtenían los tintes naturales. Tenía sus motivos: era el director de tintura de la famosa tapicería Gobelins. Esto le llevó hacia las grasas, y de ahí a descubrir los ácidos grasos. Doce años después, en 1823, Chevreul afirmaba sin ambages que el jabón no era otra cosa que un ácido graso y lo que los químicos llaman una base, como la sosa o la potasa.

El largo reinado del jabón terminó en 1936, cuando unos químicos alemanes descubrieron las propiedades detergentes de ciertos derivados del petróleo: acababan de nacer los *polvos de lavar*.

Aprendiendo a coser

Coser un botón de una camisa, remendar un pantalón, zurcir un calcetín... El coser ha estado con nosotros desde el momento en que el ser humano decidió dedicar parte de su tiempo a vestirse. Como todos sabemos, el bonito mito del Génesis dice que eso ocurrió cuando Dios nos arrojó fuera del paraíso por comer la fruta prohibida del árbol del conocimiento. Aprender no aprendimos mucho, pero empezamos a sentir pudor de nuestra desnudez. Desde entonces necesitamos de la ropa, hasta el punto de que ha pasado de ser una especie de maldición a un negocio. Claro que ¿hay algo que no lo sea?

Pues bien, las prendas de vestir no serían nada sin el coser, una actividad que, por lo menos entre nuestras abuelas, era sinónimo de espabilamiento. ¿O no hemos oído eso de «ese no sabe ni coserse un botón»?

A pesar de ello, y con todo lo esencial que ha sido en la historia, el coser no fue preocupación tecnológica hasta mediados del siglo XIX, cuando un joven y humilde mecánico de Massachusetts, Elias Howe, diseñó la primera máquina de coser en la pobre buhardilla donde vivía. Como no tenía dinero, se fue a vivir con un antiguo condiscípulo suyo, un tal Fisher, que le prestó los 500 dólares que necesitaba para construir la máquina. Y en 1845 la terminó. Howe afirmó que podía coser cinco tiras de tela antes de que los más expertos sastres de Boston cosieran una. Se hizo la prueba y Howe ganó.

–¡Una máquina de coser! –exclamaron muchos.

–¡Eso quitará el pan y los puestos de trabajo a muchos obreros!

–¡Hay que romper la máquina!

De modo que, a pesar de su victoria, Howe tuvo que retirarse con el rabo entre las piernas.

En 1846 compró un pasaje para Inglaterra y fue en Londres donde le expidieron la patente de su invención. Para poder regresar a Estados Unidos tuvo que empeñar su prototipo de máquina de coser. Aún le quedaban unos pocos años más de pobreza. Al final, el sueño americano funcionó –una de esas pocas ocasiones en que lo hace– y Howe recuperó su máquina, construyó muchas y se hizo millonario.

Sin embargo, la historia de la máquina de coser quedaría coja si no mencionáramos a quien la mejoró y la convirtió en uno de los artilugios más populares de su época: Isaac Merrit Singer.

Antes de que se convirtiera en el millonario constructor de las máquinas de coser que llevan su nombre, Singer era un pobre pero honrado mecánico de un taller de Boston, la misma ciudad donde Howe había inventado su máquina. Justo encima del sencillo apartamento donde vivía residía un hombre llamado Phelps que se dedicaba a construir máquinas de coser. Singer se interesó en ellas porque vio una oportunidad de hacer mucho dinero, y comenzó a trabajar en un modo de mejorar las que ya había en el mercado. Para ello se asoció con dos amigos que le prestaron 40 dólares de modo que pudiera llevar su trabajo a buen puerto.

Cuando por fin terminó su máquina y se dispuso a mostrar a sus socios el prototipo... ¡no funcionó! Sus amigos, entristecidos, se marcharon a casa, pero Singer se quedó pensando qué era lo que podía haber fallado. No lo descubrió y, mohíno y avergonzado, abandonó el taller. Cuando iba por la calle, de repente, se le ocurrió. Volvió corriendo, ajustó temblorosamente el tornillo de tensión y la máquina funcionó.

Claro que una cosa es tener un invento que funcione y otra muy distinta es hacerse millonario con él. Quien convirtió la máquina de coser en un lucrativo negocio no fue Singer, sino su socio Edwin Clark, que introdujo técnicas de ventas que no han abandonado el mundo de los negocios desde entonces. Clark pensó que sería una buena idea lanzar una revista, *Singer Gazette*, que se distribuiría gratuitamente a los compradores de la máquina y donde se publicarían nuevos usos y productos para sus máquinas de coser. De igual forma, fue Clark quien inventó el pago a plazos: las Singer se vendían dando una entrada de cinco dólares y después unos cómodos plazos mensuales con intereses. También fue Clark quien inventó lo de recoger las máquinas de coser viejas y ofrecer un descuento al comprar una Singer. Por si fuera poco, se ganó las bendiciones de las iglesias americanas ofreciendo Singer a bajo precio para sus grupos, y convenció a los maridos de que las máquinas de coser darían más tiempo libre a sus mujeres.

Con estas técnicas de ventas, en 1861 Singer vendía más máquinas de coser que ningún otro, y seis años después, Singer Corporation se convertía en la primera empresa multinacional.

'Bramah water close'

Si hay alguien a quien todos los días se le rinde un silencioso homenaje en cualquier parte del mundo, ese es Joseph Bramah. Porque este ignorado señor es nada más y nada menos que el inventor del *Bramah water close*, el WC, el retrete.

En la antigüedad, cada cual hacía sus necesidades donde le parecía. Con el tiempo, la situación empeoró tanto que, en 1589, la corte inglesa tuvo que colgar la siguiente advertencia en palacio:

> *No se permite a nadie, quienquiera que sea, antes, durante o después de las comidas, ya sea tarde o temprano, ensuciar las escaleras, los pasillos o los armarios con orina u otras porquerías.*

El hedor que desprendían ciudades y personas era insoportable. Ciudades como París eran inmensas cloacas donde al volver de cada esquina podías encontrar a alguien defecando. Así no es de extrañar que Erasmo advirtiera en 1530 que «es descortés saludar a alguien mientras esté orinando o defecando»; ni que un manual de buenas maneras de 1700 recomendara que «si pasas junto a una persona que se esté aliviando, debes hacer como si no la hubieras visto».

El lugar donde se hacían esas necesidades tan básicas era, simplemente, un agujero que conectaba con un pozo ciego, un arroyo o un río. No está de más recordar que la construcción inicial del palacio de Versalles, en el siglo XVII, incluía grandiosas fuentes y ningún retrete...

El retrete con válvula fue inventado en el siglo XVI por sir John Harrington, y era un artilugio que fue instalado por la reina Isabel I de Inglaterra en su palacio de Richmond. Pero Harrington escribió un libro sobre el retrete de la reina cuyo crudo humor no gustó a la soberana, y el pobre Harrington y su retrete cayeron en el olvido. Doscientos años más tarde, Alexander Cumming, un matemático y relojero, patentaba su propia versión del retrete. Este funcionaba con una palanca que, al tirar de ella, dejaba escapar el agua de un depósito y abría una compuerta en el fondo del retrete, vaciando su contenido en el desagüe; algo muy parecido a lo que tenemos en los trenes. Además, un sifón –este tubo en característica forma de S– aislaba el retrete del colector principal.

Fue entonces cuando entró en escena nuestro querido ingeniero, Joseph Bramah, que se dedicaba a instalar los retretes de Cumming y veía que tan útil accesorio podía mejorarse. En 1778 patentaba su propio modelo, un retrete de válvula muy mejorado.

A lo largo de ese siglo, el *Bramah*, como se conocía su retrete, fue a la cabeza de los inventos, aunque no siempre conseguía un perfecto aislamiento de los desagradables gases que se formaban en los colectores y pozos ciegos poco ventilados. No fue hasta el cólera propagado por el insalubre sistema de alcantarillado cuando empezó a tomarse en serio la ingeniería del alcantarillado. Las autoridades inglesas se tomaron como una prioridad absoluta sanear las ciudades de inmundicias y malos olores. Y en la segunda mitad del siglo XIX, el retrete de Bramah evolucionó hacia el modelo de una pieza, con la taza y el sifón unidos.

El gas de la risa

Uno de los gases más peculiares de toda la química es el óxido nitroso. Descubierto en la segunda mitad del siglo XVIII, produce unos peculiares efectos sobre las personas. No es tóxico, pero al inhalarse hace que las personas se pongan a cantar, pelear y reír. Fue esto último lo que hizo que popularmente se conociese como "gas de la risa".

A finales del XVIII, el científico más extravagante de Inglaterra, Humphry Davy, decidió realizar consigo mismo el siguiente experimento: inhalar 18 litros de gas durante siete minutos. A raíz de este ejercicio, Davy cayó en redondo y estuvo inconsciente durante bastante tiempo, por lo que no es de extrañar que sugiriera el uso del óxido nitroso en las operaciones quirúrgicas. Por desgracia, su propuesta no obtuvo la menor resonancia, y el óxido nitroso se utilizó hasta bien entrado el siglo XIX exclusivamente como divertimento.

Fue en 1844 cuando la historia del gas de la risa dio un vuelco sorprendente. Un artista itinerante llamado Colton pidió voluntarios para inhalar el gas en un pequeño pueblecito de Connecticut llamado Hartford. Entre ellos estaba un joven de nombre Samuel Cooley que había ido a ver la actuación acompañado de un amigo suyo, dentista de profesión, llamado Horacio Wells. Tras inhalar el gas, Cooley se puso violento, se peleó con los otros voluntarios, dio un traspiés y cayó. El golpe lo calmó y Cooley volvió tranquilamente al asiento. Pero después de un rato, la persona que estaba sentada detrás de él se dio cuenta de que había un charco de sangre bajo el asiento de Cooley. El joven se había dado un buen tajo en la pierna y no sentía ningún dolor. Como buen dentista, Wells se percató rápidamente de que el óxido nitroso sería una excelente ayuda en las extracciones de dientes y muelas, por entonces tremendamente dolorosas. A los pocos días pidió a un colega suyo que le extrajese una muela que tenía estropeada utilizando el gas de la risa, y no sintió dolor.

Wells decidió entonces hacer una demostración en el Hospital General de Massachusetts. Allí hizo inhalar el gas a un paciente voluntario, pero Wells estaba tan nervioso que se puso a extraerle el diente antes de que el gas hiciera efecto. Los gritos de dolor del pobre hombre retumbaron en el anfiteatro mientras los presentes abucheaban a Wells. Su fallido intento le hizo caer en desgracia hasta el punto de que nuestro pobre dentista tuvo que abandonar su profesión.

Gas mostaza

El gas mostaza, uno de los agentes químicos más temidos durante la I Guerra Mundial, es, en realidad, un líquido. Lo llamaban gas porque se usaba junto con explosivos que lo vaporizaban y dispersaban sobre una amplia extensión de terreno. Sus efectos eran tan desastrosos que durante la II Guerra Mundial ningún combatiente llegó a utilizarlo. El temor era tan grande que, a pesar de la crudeza de los combates y de las duras derrotas, nadie quiso hacer uso de él, aunque todos lo tuvieron cerca del frente por si el enemigo lo utilizaba primero. Paradójicamente, iba a ser una exposición casual de las tropas al gas mostaza lo que marcaría un paso decisivo en la lucha contra el cáncer.

Todo sucedió cuando un barco aliado que llevaba un cargamento de este gas fue bombardeado mientras se encontraba amarrado en un puerto italiano. El venenoso líquido se esparció por el agua al mismo tiempo que muchos marineros, temiendo por su vida, se lanzaban a ella. Una vez rescatados, tuvieron que ser tratados de los efectos del gas, entre los que se encontraba una peligrosa reducción del número de glóbulos blancos en la sangre.

Esta secuela hizo pensar a algunos médicos que el gas mostaza podía utilizarse como tratamiento de algunas leucemias caracterizadas por una sobreproducción de glóbulos blancos. Para evitar la alta toxicidad del gas mostaza, que contiene azufre, probaron con mostazas nitrogenadas, donde la posición del azufre la ocupa el nitrógeno. El primer paciente tratado con ellas mejoró espectacularmente tras 48 horas, y al décimo día había desaparecido la masa del linfoma.

Muchas variantes de las mostazas nitrogenadas y de azufre que se habían desarrollado como armas químicas se probaron como sustancias anticancerígenas, y aunque ninguna curó ningún tipo de cáncer, retardaban el tumor. La medicina tenía así una nueva arma en su lucha contra el cáncer: la quimioterapia.

12
La naturaleza es sutil...

> *Quiero saber cómo creó Dios el mundo.*
> *Quiero conocer sus pensamientos. El resto son detalles.*
>
> Albert Einstein (1879-1955)
>
> *This is a material world and I am a material girl.*
>
> Madonna (1958-)

Imagínese que con nuestros gigantescos radiotelescopios contactamos con una civilización extraterrestre. Imagínese que solo podemos hablar con ellos por radio y no podemos transmitirles ninguna imagen. En estas condiciones, ¿cómo les diría usted a los alienígenas cuál es su derecha?

Quizá haya pensado: «Bueno, se les dice que cojan una brújula y con ella miren al norte...». Pero ¡alto! ¿Cómo les decimos lo que es el norte? La aguja imantada de la brújula señala al norte y al sur, y el nombre de estos puntos es producto de una decisión arbitraria. Si a un nativo de las paradisíacas islas de los mares del sur le entregamos una brújula, tenemos que decirle cuál de los dos extremos es el norte; si no, podría escogerlo como quisiera.

«Vale, está bien», responderá. «Les señalamos una disposición con las constelaciones del cielo nocturno...». Mal. Las constelaciones son tales desde nuestra perspectiva, desde la Tierra. Desde una estrella distante, el cielo se vería de manera diferente. De modo que sin saber dónde se encuentran nuestros extraterrestres, será imposible definir lo que es derecha.

Meditándolo un poco, uno puede llegar a la conclusión de que, en estas condiciones, perseguimos una meta quimérica, pues las leyes de la física no distinguen entre izquierda y derecha. Dicho de otra forma: imaginemos que nos enseñan una filmación de un choque entre coches, o de una partida de billar, o de un vaso que se cae y se rompe, o de una cazuela donde se está preparando un plato de carne guisada. A partir de las propias secuencias de la película seríamos incapaces de distinguir si nos están proyectando las imágenes directamente o, por el contrario, nos las proyectan después de reflejarlas en un espejo. Todo sucede exactamente igual. Esta simetría izquierda-derecha recibe el nombre en física de *paridad*, y hasta 1956 se creía que la naturaleza era *invariante bajo paridad*: la naturaleza no distingue entre derecha e izquierda.

Ese año, dos jóvenes físicos de origen chino, Tsung Dao Lee y Chen Ning Yang, demostraron que esto no era del todo cierto: el universo sí es capaz de distinguir entre izquierda y derecha o, dicho en el argot de la física, había un fenómeno que violaba la paridad. Este fenómeno tenía que ver con la llamada fuerza débil, una de las cuatro fuerzas de la naturaleza y que es la responsable de la desintegración radiactiva β*. Yang y Lee dijeron que la única forma de explicar ciertos datos que los físicos habían obtenido en sus experimentos con desintegraciones radiactivas era suponiendo que la fuerza débil violaba la paridad. En definitiva, que la simetría izquierda-derecha no era una propiedad de la fuerza débil. Al año siguiente, la doctora Chien-Shiung Wu demostraba que tenían razón. En un ingenioso experimento, Wu encontró que al enfriar cobalto radiactivo y colocarlo dentro de un campo magnético, los electrones producto de la desintegración β preferían salir en una dirección determinada. Vamos, que salían más electrones hacia la izquierda que hacia la derecha **.

---

* Existen tres tipos de desintegración radiactiva, identificados con las letras griegas α, β, γ. La primera de ellas, la desintegración α, consiste en que el núcleo radiactivo emite un núcleo de helio, esto es, dos protones y dos neutrones. La β son electrones, y la γ, fotones –luz– de muy alta energía.

** El descubrimiento de la violación de la paridad causó tal conmoción entre la comunidad de físicos que, según se cuenta, el excéntrico premio Nobel de Física Richard Feynman se puso a bailar en la cola del supermercado cuando se lo dijeron.

Esta es la única forma de decirles a nuestros extraterrestres que nuestro Sol se encuentra, según se sale, a mano derecha.

Lo más pequeño

En la primavera de 1985, uno de los físicos más jóvenes y brillantes de la Universidad de Princeton, Ed Witten, anunció que iba a ofrecer una conferencia. Como suele suceder en los acontecimientos importantes, los rumores se dispararon. Algunos decían que Witten tenía una nueva teoría del universo. Lo único que se daba por seguro era que la conferencia iba a ser un acontecimiento extraordinario y, para algunos, algo histórico. El día y a la hora anunciados, la sala se puso de bote en bote.

Durante hora y media, Witten habló sin parar y muy rápido. Su conferencia fue, como él dijo al final sin ninguna alharaca, una nueva teoría sobre el universo. Eso sí, también fue una preciosa lección de virtuosismo matemático. Cuando terminó y llegó el turno de preguntas, el auditorio entero calló. No hubo preguntas. Como dijo el físico Freeman Dyson, «no había nadie lo suficientemente valiente para levantarse y revelar cuán profunda era nuestra ignorancia».

Toda esta situación era muy similar a la sucedida, en ese mismo lugar, 35 años antes. Entonces, el conferenciante había sido el niño mimado de la física de los años cuarenta, Julian Schwinger. Cuando este terminó de explicar una nueva teoría suya, también todo el mundo se quedó callado en sus asientos. Solo su mentor y padre de la bomba atómica, Robert Oppenheimer, se levantó y dijo:

–Cuando cualquiera da una conferencia, es para decirnos cómo se debe hacer algo; cuando la ofrece Julian, es para decirnos que eso solo lo puede hacer él.

Lo que Witten había contado a la perpleja audiencia de Princeton aquel día de 1985 era una teoría sobre lo que se supone que es la estructura última de la materia, lo que está debajo de los quarks, electrones y todas esas partículas subatómicas que pululan por los aceleradores de partículas: las supercuerdas. Querer imaginarlas es como querer imaginar un punto matemático: es imposible. Además son inconcebiblemente pequeñas. Por hacernos una vaga idea, la Tierra es diez a la veinte veces (10^{20}) más pequeña que el universo, y el núcleo atómico es diez a la veinte veces (10^{20}) más pequeño que la Tierra. Pues bien, una supercuerda es diez a la veinte veces (10^{20}) más pequeña que el núcleo atómico.

No se agobie si no puede ni hacerse una idea. A los expertos en física teórica también les sucede lo mismo.

Cómo ganar el Nobel

En 1959, la Academia de Ciencias sueca otorgaba el Premio Nobel de Física a Emile Segré y a Owen Chamberlain por el descubrimiento del antiprotón. Esta partícula subatómica es la contrapartida en antimateria del protón. Tiene su misma masa y propiedades, pero su carga está cambiada: es negativa en lugar de positiva.

Según la declaración oficial del Premio Nobel, los laureados en esa ocasión habían seguido «un ingenioso método para encontrar y analizar el antiprotón». Sin embargo, este ingenioso experimento no había sido diseñado por ninguno de los galardonados, sino por el físico de origen italiano Oreste Piccioni.

Piccioni había presentado el proyecto a Segré en diciembre de 1954 para llevarlo a cabo en el acelerador de partículas más potente del mundo, el *Bevatrón*, y se le había prometido que participaría en el experimento. Cuál no sería su sorpresa cuando tiempo después descubrió que, a la chita callando, ya lo habían hecho sin contar con él. Aunque estaba dispuesto a iniciar un proceso oficial, la poderosa comunidad de físicos de la Universidad de Berkeley consiguió acallarlo a cambio de ciertos favores que necesitaba con urgencia, pues su carácter y su ideología de izquierdas le estaban retrasando la obtención de la ciudadanía estadounidense.

Y llegó el Nobel. Como Piccioni seguía decidido a remover todo lo removible, se le volvió a prometer que en compensación a su silencio le darían un premio Nobel. Pero el reconocimiento no llegaba y, cansado, Piccioni demandó finalmente a Segré por 125 000 dólares y una declaración oficial de Segré y Chamberlain que le reconociera como el padre del experimento. No hubo suerte. El tribunal sentenció en su contra porque había dejado transcurrir demasiado tiempo en denunciar el hecho.

Conservación de la energía

En 1840, un alemán llamado Julius Robert Mayer se embarcaba como médico práctico en un barco holandés con destino a la isla de Java. Durante el viaje descubrió algo que le resultó especialmente llamativo: mientras practicaba las habituales sangrías observó que la sangre no era de color rojo oscuro, como estaba acostumbrado a ver en Europa, sino rojo brillante.

Mayer quiso buscar una explicación. Sabía que el llamado calor animal, que antaño se confundía con la existencia de un fuego interno, era causado por la combustión del oxígeno de la sangre. Entonces, se preguntó Mayer, ¿no podría funcionar el cuerpo humano de forma parecida a una máquina de vapor?

La suposición principal de Mayer era que tanto el calor corporal como el esfuerzo que realizamos provienen de un mismo sitio: los alimentos que comemos. La diferencia en el color de la sangre, decía Mayer, tiene su origen en que, al vivir en un lugar más cálido, el cuerpo necesita quemar menos oxígeno para mantener la temperatura interna y, por tanto, la sangre apenas se oscurece.

La consecuencia directa de estos razonamientos es que toda la energía que gastamos viene de lo que ingerimos. El cuerpo no consume más de lo que come, siguiendo el célebre dicho de «nadie da duros a cuatro pesetas».

En 1841, Mayer generalizó estas ideas al resto de la naturaleza y propuso la existencia de un principio básico, el principio de conservación de la energía. Sin embargo, nadie le hizo caso. Mayer lo tenía todo en contra: no era físico, sino médico; sus escritos tenían cierto tufillo metafísico y, además, criticaba con socarronería las teorías científicas al uso, algo que raramente se perdona. Cuando pocos años después el mérito de este descubrimiento se lo llevó el inglés James Joule, el pobre Mayer luchó porque, al menos, se le atribuyera el mérito de ser el primer descubridor de la ley. En 1849, olvidado por sus colegas, sufrió un colapso mental y al año siguiente quiso suicidarse. Su estado psíquico era tal que tuvo que ser internado durante un año en una institución mental.

El reconocimiento le llegó al final de sus días, aunque le sirvió de muy poco. Hoy nadie le recuerda como el descubridor del principio de conservación de la energía, haciendo bueno el aforismo legal de «justicia retrasada es justicia denegada».

Energía

Bebidas energéticas, energías renovables, hacer las cosas con energía... No pasa un día sin que escuchemos la palabra *energía*. Posiblemente sea esta la palabra de la física más popular y, a la vez, peor entendida. Apareció en 1851, y desde ese año la física pasó de ser la ciencia de las fuerzas a convertirse en la ciencia de la energía.

Mudar fuerza por energía no constituyó algo drástico, ni motivó enfrentamientos ni acalorados debates teológicos; pero que la física concediese el papel de protagonista a la energía arrebatándoselo a la fuerza marcó de manera indeleble su desarrollo posterior y ha permitido avances que hubieran sido imposibles sin este cambio. Sin duda alguna, fue el gran hito de la ciencia del siglo XIX.

El problema es que se trata de un concepto tan abstracto que aún hoy sigue siendo mal comprendido. Muchos lo ven como una sustancia sutil y misteriosa que llena el universo. Otros no llegan tan lejos, y lo perciben como una *cosa* que anda por ahí aunque no saben muy bien qué es. Ambas posturas demuestran la existencia de un curioso mecanismo de la mente humana: la *cosificación*. Ponerle el nombre a algo, ya sea energía o inteligencia, implica que ese algo debe tener una existencia objetiva independiente. No puede ser solo un concepto.

¿Qué es pues la energía? Dejemos hablar a un físico admirable, Richard Feynman [1]:

> Hay una ley que gobierna todos los fenómenos naturales conocidos hasta la fecha. Se llama la conservación de la energía. Establece que hay cierta cantidad que llamamos energía que no varía en los múltiples cambios que ocurren en la naturaleza. Es un principio matemático y significa que hay una cantidad numérica que no cambia cuando algo ocurre.

Feynman propone la siguiente analogía: imaginemos un niño que tiene unos bloques que son absolutamente indestructibles y cada uno es igual al otro. Supongamos que tiene 28 bloques. Su madre lo coloca junto a los 28 bloques cada mañana. Al finalizar el día, por curiosidad, ella cuenta los bloques cuidadosamente y descubre una ley fenomenal: haga lo que haga su hijo con los bloques, ¡siempre quedan 28! Ahora bien, la diferencia entre este ejemplo y el principio de conservación de la energía es que en el segundo caso... ¡no hay bloques!

El concepto de energía sólo nos señala la existencia de una propiedad intangible de la materia, algo que nos permite predecir el curso de los acontecimientos naturales. Una piedra colgando a veinte metros de altura tiene "algo" que otra colocada sobre el suelo no tiene, y ese "algo" se pone de manifiesto cuando se suelta y cae. Salvando las distancias, es parecido a lo que representan los sentimientos en el ser humano. No son tangibles como pueden serlo la sangre, el bazo o los neurotransmisores, pero están ahí. No podemos tocarlos ni decir «esta sustancia es el miedo» o «el amor pesa diez kilos». Evidentemente hay una base bioquímica subyacente y unos procesos bien reales, pero las sensaciones como tales no son "cosas".

La segunda ley

¿Por qué los cuerpos calientes se enfrían, pero ningún cuerpo frío se calienta espontáneamente? La respuesta a esta pregunta aparentemente trivial se la debemos, en gran medida, a William Thomson.

Nacido en Belfast en 1824, con diez años ya era alumno en la Universidad de Glasgow. Thomson tenía una más que notable capacidad para extraer aplicaciones técnicas a la ciencia, y gracias a ella consiguió amasar una pequeña fortuna. Fortuna que, tras graduarse en la Universidad de Cambridge, pulió durante una breve estancia en París. Al poco tiempo de semejante "descalabro" económico le ofrecieron la cátedra de Filosofía Natural en la Universidad de Glasgow. Tenía entonces veintidós años.

Thomson dedicaba su tiempo a dos placenteras tareas: investigar y ganar dinero en cantidades envidiables gracias a sus trabajos en el –por aquellos días– novedoso campo de la telegrafía. Hasta el punto de que la superioridad británica en comunicaciones internacionales y telegrafía submarina se puede atribuir a los trabajos de Thomson sobre los problemas en la transmisión de señales a largas distancias. No contento con eso, patentó un receptor telegráfico que fue escogido, entre otros muchos, como el receptor oficial de todas las oficinas de telégrafos del Imperio Británico. Por supuesto, esta elección le reportó pingües beneficios.

Pero por lo que hoy se recuerda a Thomson es por otra hazaña, mucho más relacionada con su materia gris. Un día escuchó en Oxford la ponencia de un joven científico llamado James Joule en la que exponía sus recientes descubrimientos acerca de la verdadera naturaleza del calor. Thomson no pudo quitarse estas ideas de su cabeza, y poco tiempo después publicaba el libro *Sobre la teoría dinámica del calor*. En esta obra defendía que todos los procesos donde intervenía el calor podían explicarse si existían dos leyes fundamentales. Una la acababa de enunciar James Joule: la ley de conservación de la energía. La otra, decía, señala una asimetría fundamental en la naturaleza: el calor fluye espontáneamente del cuerpo caliente al frío. Estas dos leyes son hoy las piezas claves de la termodinámica, la ciencia que estudia el calor.

William Thomson, que, siguiendo la costumbre anglosajona, se transformó en lord Kelvin, murió a principios del siglo XX. Su fortuna y sus logros en telegrafía han sido relegados al olvido. Lo que queda es su hazaña intelectual y una losa funeraria en la abadía de Westminster.

Muerte térmica

Una de las leyes más importantes de la ciencia es, como decimos, la segunda ley de la termodinámica. Su importancia para la comprensión del universo es tal que el escritor Charles Percy Snow dijo que aquellos que no la conocieran eran tan incultos como quienes no hubiesen leído en su vida ninguna obra de Shakespeare.

La segunda ley no es más que una observación cotidiana elevada al rango de ley fundamental: el calor pasa de los cuerpos calientes a los fríos. Esta, en apariencia, inofensiva ley tiene como consecuencia la llamada *muerte térmica*, un estado final del universo predicho por primera vez por el alemán Hermann von Helmholtz en 1854. Dicho de manera sencilla: el destino final del universo es una situación donde la temperatura será la misma en todos los lugares. En estas condiciones, toda la energía del universo estará en forma degradada, inútil, y el destino de toda forma de vida es la muerte sin posibilidad alguna de redención.

La idea de la muerte térmica, un final nada atractivo para toda existencia, tuvo una repercusión tremenda sobre la filosofía de finales del siglo XIX y principios del XX, y sumió en el pesimismo a muchas grandes mentes. El filósofo Bertrand Russell expresó con elocuencia su punto de vista en un párrafo destinado a ser famoso [2]:

> ... pero carece aún más de sentido y está todavía más desprovisto de finalidad el mundo que nos presenta la ciencia. Que el hombre es producto de causas que no previeron la finalidad que perseguían; que sus orígenes, su desarrollo, sus esperanzas y sus miedos, sus afectos y sus creencias, no son más que el resultado de la ordenación accidental de los átomos; que no habrá ninguna pasión, ningún heroísmo, ningún pensamiento brillante ni emoción intensa que logre que la vida individual perviva más allá de la tumba; que todas las

tareas de todas las épocas, toda devoción, toda inspiración, todo el resplandor de la plena madurez del genio humano están condenados a la aniquilación al acontecer la enorme muerte del sistema solar; y que todo el edificio erigido por los logros del hombre deberá inevitablemente terminar enterrado bajo los restos de un universo en ruinas.

Solo si no maquillamos estas verdades, solo si poseemos la firme convicción de la desesperanza sin tregua, podrá construirse entonces con seguridad un lugar donde se asiente el alma. Dicen que es deprimente, y a veces la gente me comenta que si creyeran en ello, no serían capaces de seguir viviendo. No lo crean; es pura tontería. Nadie se preocupa realmente por lo que sucederá dentro de millones de años. Simplemente hace que uno transfiera su atención hacia otros asuntos.

Sinceramente, no podemos negar que Bertrand Russell tenga razón. ¿Quién se preocupa por el destino del universo si no tiene qué comer mañana?

Movimiento browniano

A finales de la década de 1820, un botánico francés publicaba un artículo donde describía el comportamiento de granos de polen en suspensión en el agua. Según este científico, el polen se movía constantemente por el agua sin seguir un camino definido. Era un movimiento errático, imposible de predecir, que se hacía más patente al aumentar la temperatura del agua. Era un fenómeno curioso, pero no parecía ser algo en lo que mereciera perder el tiempo investigando a menos que, como dice el refrán, «cuando el diablo no tiene qué hacer, con el rabo mata moscas».

Quizá a causa del aburrimiento o quizá porque pensara que sería interesante comprobar tales observaciones, el clérigo y botánico inglés Robert Brown puso manos a la obra. Con la conocida dedicación de los monjes, comenzó un estudio sistemático del movimiento aleatorio de los granos de polen en el agua el mismo año en que era nombrado botánico-conservador del Museo Británico, 1827. Brown corroboró las observaciones del francés y, para su sorpresa, también descubrió tan sincopado movimiento en el polen del museo, que había estado almacenado en un ambiente seco durante más de veinte años. Con ello demostró que no podía ser producto de la actividad metabólica de organismos vivos: en esas condiciones, el polen no era otra cosa que un triste recuerdo de lo que fue.

Entonces decidió comprobar si sucedía lo mismo con otro tipo de partículas de igual tamaño –unas cinco milésimas de milímetro– pero de carácter decididamente inorgánico: tierra, rocas del camino pulverizadas, polvo de vidrio e incluso minúsculos trocitos de la famosa Esfinge de Gizeh. En todos ellos Brown halló el mismo tipo de comportamiento impredecible, lo que claramente indicaba que ese movimiento era algo que no tenía nada que ver con la biología. Entonces, ¿de qué se trataba?

El trabajo de este clérigo inglés fue tan bueno que su nombre quedó ligado de por vida a este fenómeno que desde entonces se conoce como *movimiento browniano*. Tan curiosa pérdida de tiempo no llamó la atención de ningún científico de renombre, lo que prueba que la naturaleza sorprende siempre, incluso a las mentes más preparadas. Durante los siguientes 50 años, el movimiento browniano permaneció almacenado en el cajón de incógnitas singulares de la ciencia.

Tuvimos que esperar a principios del siglo XX para que un oscuro joven empleado en una oficina de patentes de Berna llamado Albert Einstein y un químico francés llamado Jean Baptiste Perrin demostraran que la causa del movimiento browniano era el bombardeo constante al que estaba sometido el polen por parte de las moléculas que componían el agua. En definitiva, el movimiento browniano era el efecto visible al ojo humano del movimiento molecular. Es más, fue la demostración de que las moléculas, y por tanto los átomos, existían. Algo que hasta entonces pertenecía al género de la ciencia-ficción.

La física de la Bolsa

Para describir de manera útil un sistema que consta de un gran número de partículas debe recurrirse a procedimientos estadísticos. Un ejemplo clásico son los gases. Un litro de cualquier gas en condiciones ambientales (por ejemplo, el aire un día de primavera) contiene la friolera de unos 20 000 trillones de moléculas: querer describirlo estudiando el comportamiento de cada una de ellas es prácticamente imposible. Para lograrlo se emplean métodos estadísticos que permiten obtener relaciones entre las propiedades de las moléculas individuales, como la energía y la velocidad, y las propiedades del gas como un todo, esto es, su presión, temperatura...

El estudio del comportamiento de los gases, realizado por el físico y matemático alemán Ludwig Boltzmann en 1877, puso las bases de una rama de la física llamada *física estadística*. Sin ella, hoy día sería imposible comprender cosas tan dispares como la estructura interna de las estrellas o los superconductores.

La física estadística tiene multitud de aplicaciones, pero la más espectacular es su uso en economía. Al oír esto, uno puede preguntarse qué relación puede haber entre el comportamiento del gas de una bombona de butano y la evolución de los tipos de interés. Es posible que lo veamos más claro si analizamos el movimiento que realiza una molécula cualquiera en el aire. Esa molécula está sujeta a tal número de influencias, principalmente colisiones con otras moléculas del aire, que es imposible predecir la dirección en que va a desplazarse. Este es el *movimiento browniano*, descubierto a principios del siglo pasado por el botánico escocés Robert Brown, y constituye la mejor muestra de movimiento errático.

El mercado bursátil también está sujeto a un número muy alto de influencias, todas ellas impredecibles, que hace imposible prever su evolución futura. ¿Puede establecerse una relación entre ambas disciplinas? Sí. En 1900, el matemático francés Bachelier descubrió que las fluctuaciones de la Bolsa podían describirse usando la teoría del movimiento browniano. En particular, propuso una fórmula para fijar el precio de una opción basándose en la idea de que tales fluctuaciones seguían el mismo proceso que una molécula moviéndose dentro de un gas cualquiera.

Este trabajo quedó olvidado hasta los años setenta, cuando los científicos Black y Scholes introdujeron los métodos de la física estadística para describir actividades financieras como el mercado de opciones. Desde entonces hemos asistido a un renovado interés por esta curiosa relación. Hasta aquel momento se dependía del "olfato" y análisis subjetivo del economista; ahora ya se dispone de herramientas objetivas para estudiarlas.

¿Verdad que resulta fascinante descubrir que el estudio del comportamiento de un gas sirve para evaluar los riesgos a los que se enfrenta un banco en el mercado mundial?

El cuento de la rana y la pila

Quien tuvo la culpa de la construcción de la primera pila eléctrica no fue un hombre, sino una rana. Más concretamente, la pata diseccionada de una rana.

Érase una vez, allá por el año 1786, un italiano de nombre Luigi Galvani que se divertía realizando experimentos en su laboratorio.

Un día, Galvani observó que una pata de rana diseccionada se contraía cuando se la colocaba cerca de un generador electrostático. Galvani, intrigado, continuó investigando este fenómeno tan sorprendente. A su nuevo vástago lo bautizó con el nombre de *electricidad animal*.

Los trabajos de Galvani sobre el efecto de la electricidad sobre la pata de esa anónima rana llamaron la atención de otro italiano, Alejandro Volta. Para Volta, las contracciones de la rana no eran nada extraordinario, ningún tipo de electricidad distinta a la ya conocida. Simplemente, los nervios y músculos de la rana se comportaban como un aparato extremadamente sensible, capaz de detectar corrientes eléctricas muy débiles, mucho más que las medibles con el instrumental de entonces. Como prueba de sus ideas, Volta inventó la primera batería eléctrica práctica, que describió en una carta a la prestigiosa Royal Society en 1800. La batería de Volta estaba compuesta por dos células de materiales metálicos diferentes, tales como hojalata y zinc, separados por discos de cartón humedecidos y conectados en serie. Una combinación de estas células componía la batería, cuya potencia dependía del número de células utilizadas.

De este modo se construyó el primer generador de corriente continua, que dejó arrinconados en una esquina del laboratorio de física los generadores electrostáticos que producían las habituales descargas de alto voltaje. En homenaje eterno al personaje que nos permitió domesticar la electricidad, se le puso el nombre de *voltio* a la diferencia de potencial eléctrico que se mide en un circuito y, en particular, a la de los extremos de una pila eléctrica.

Un claro ejemplo de chauvinismo humano, porque quien debió llevarse los honores era la pobre y mutilada ranita.

¿Para qué sirve un bebé?

Hasta 1819 se creyó que magnetismo y electricidad eran dos fenómenos completamente diferentes. Fue durante el invierno a principios de ese año cuando un profesor de física de la Universidad de Copenhague llamado Hans Christian Oersted observó que, al aproximar una brújula a un hilo que conducía electricidad, la aguja cambiaba de dirección y dejaba de apuntar al norte.

En un artículo publicado el 21 de julio de 1819, Oersted informó a la comunidad científica de su descubrimiento, uno de los más importantes en la historia de la electricidad. Al año siguiente, el francés André-Marie Ampère explicaba el magnetismo como electricidad en movimiento. En 1831, Michael Faraday descubría el efecto contrario: la inducción electromagnética. Observó que si movía un imán por el interior de una bobina (un hilo de cobre arrollado a un cilindro), se producía electricidad. Luego si queremos producir electricidad, solo tenemos que meter y sacar un imán por el interior de una bobina, que es lo que hacen las centrales eléctricas actuales, solo que bastante más a lo grande de lo que lo hizo Faraday.

Con estos descubrimientos se demostró que magnetismo y electricidad no eran sino aspectos de un mismo fenómeno. La anécdota, que siempre persigue a todo gran descubrimiento científico, surgió cuando Faraday presentó sus hallazgos en una conferencia abierta al público. En el turno de preguntas, una señora, muy victoriana ella, le preguntó:

–Señor Faraday, ¿para qué sirve todo eso que nos ha contado?

A lo que Faraday replicó:

–Señora, ¿y para qué sirve un recién nacido?

Aunque otra versión de esta historieta apócrifa dice que le contestó:

–Señora, dentro de unos cuantos años pagará impuestos por esto.

La traca final en el desarrollo de la teoría electromagnética se la debemos a un escocés que nació el mismo año en que Faraday descubrió la inducción electromagnética, James Clerk Maxwell. Nacido en Edimburgo en 1831, ha sido uno de los más importantes físicos de todos los tiempos. No solo puso los cimientos de la teoría electromagnética, sino que además organizó, sistematizó y clarificó el electromagnetismo. Sus cuatro leyes, las cuatro leyes de Maxwell, son al electromagnetismo lo que las leyes de Newton a la mecánica. Su libro, *Un tratado sobre electricidad y magnetismo*, es del mismo calibre que los *Principia* de Newton.

Con esas cuatro ecuaciones pueden explicarse todos los fenómenos electromagnéticos y con ellas se predice la existencia de unas ondas electromagnéticas que se propagan a la velocidad de 300 000 kilómetros por segundo. Estas ondas no son otra cosa que la luz. La naturaleza de estas leyes es tan profunda que se mantienen hoy día en la misma forma que cuando fueron formuladas, hace 150 años.

¡Eureka!

De los sabios de la antigüedad, muy pocos quedarán por siempre en nuestra memoria. Uno de esos pocos agraciados es Arquímedes. ¿Quién no recuerda de nuestros tiempos de escuela el *principio de Arquímedes*?

> *Todo cuerpo sumergido en un fluido experimenta un empuje vertical y hacia arriba igual al peso del volumen del líquido desalojado.*

Muchos nos lo aprendimos de memoria, pero ¿qué quiere decir?

La historia del principio de Arquímedes empieza cuando el rey Hierón encargó a un orfebre una corona. Hierón le dio el oro para fabricarla, pero cuando el orfebre le entregó la corona, el rey desconfió. Creía haber sido engañado y que el artesano había sustituido parte del oro con cobre o plata. Hierón pidió a Arquímedes que averiguara si la corona era de oro puro... sin estropearla, claro.

Arquímedes estaba intrigado. Sabía que el cobre y la plata son más ligeros que el oro, por lo que un kilo de plata ocupa más volumen que uno de oro. Como Arquímedes sabía la cantidad de oro que Hierón había entregado a su orfebre, la estrategia estaba clara: si la corona fuera de oro puro, ocuparía un cierto volumen. Si el orfebre era un avispado, habría sustituido parte del oro por un peso equivalente de plata o cobre y el volumen de la corona sería mayor. El problema estaba en que no había forma de averiguar su volumen sin destrozar la corona.

Arquímedes estuvo dándole vueltas al problema de medir el volumen de la corona. Y cuenta la leyenda que un día, mientras se encontraba en los baños públicos, la solución vino a su encuentro. Al introducirse en una bañera vio cómo el agua rebosaba. Todos nosotros hemos experimentado lo mismo, pero ninguno hemos buscado una explicación detallada de por qué eso ocurre. Es en estos pequeños detalles donde se ve trabajar al cerebro de un genio. Arquímedes saltó como impulsado por un resorte. Acababa de resolver el problema. Tan emocionado estaba que salió desnudo a la calle gritando: «¡Eureka! ¡Eureka!».

¿De qué se había dado cuenta Arquímedes? De algo muy simple: su cuerpo había desplazado el agua fuera de la bañera. ¿Cuánta? Aquí estaba el quid de la cuestión. Exactamente el volumen de su cuerpo. Esto es lo que pasa: nuestro cuerpo ocupa un cierto espacio.

Al meternos en la bañera, el volumen que ocupamos estaba antes ocupado por el agua. Evidentemente, ese agua desplazada por nuestro cuerpo debe ir a algún sitio. Si la bañera está llena hasta arriba, el agua se sale fuera.

Arquímedes, ya más reposado, decidió llevar a cabo un experimento. Llenó un recipiente de agua y metió en ella la corona. Después midió el volumen de agua que había rebosado: ese era el volumen de la corona. Ahora cogió un trozo de oro con el mismo peso que el entregado por el rey Hierón al orfebre y lo metió en el agua. Si esa había sido exactamente la cantidad de oro empleada en la corona, desplazaría el mismo volumen de agua. Pero Arquímedes descubrió que el volumen desplazado por el trozo de oro era menor: el orfebre había querido timar al rey.

Arquímedes fue recompensado por Hierón, y el orfebre también. El sabio recibió parabienes, y el artesano perdió la cabeza.

El sabio anciano

Cuenta la leyenda que hubo una vez un hombre, un anciano griego para más señas, que durante tres años fue capaz de mantener a raya al ejército más potente del mundo: el de la mismísima Roma.

Dicen que montó unos espejos curvos en las murallas de su ciudad natal. Al acercarse las naves romanas para asediar la ciudad, los espejos concentraron los rayos del Sol sobre las velas y las hicieron arder. También se dice que cuando los romanos vieron izar sogas y maderos por encima de las murallas, levaron anclas y salieron de allí a todo trapo. Este "peligroso" anciano era Arquímedes y vivía en Siracusa, una ciudad griega en la isla de Sicilia.

Arquímedes era diferente a todos los científicos griegos que le habían precedido. Pitágoras, Tales o Euclides concebían las matemáticas como una entidad abstracta, algo que servía para estudiar el orden último del universo sin conexión con la vida diaria. Arquímedes en cambio era un hombre eminentemente práctico. Se dedicó a aplicar la ciencia a la vida cotidiana.

Tenía una imaginación sin igual. Ideó un método para calcular el área encerrada por ciertas curvas muy parecido al cálculo integral inventado dos mil años después por Isaac Newton. Sus contemporáneos pensaban que la cantidad de granos de arena en el mar era demasiado grande para contarla. Arquímedes no solo les llevó la contraria, sino que además inventó una forma de hacerlo. Y no solo para contar los granos de las playas, sino también la cantidad de granos que se necesitarían para cubrir la Tierra y para llenar el universo. Según Arquímedes, el número de granos de arena necesarios para llenar una esfera del tamaño del universo (tal y como lo habían calculado los griegos) era de 10^{80}, o sea, un uno seguido de ochenta ceros. ¡Vaya casualidad! Este es exactamente el número de protones y neutrones que según los cosmólogos existen en el universo.

En el año 213 a.C., Roma puso sitio a la ciudad de Siracusa, que tomó dos años más tarde. El viejo científico estaba meditando en la playa intentado resolver sobre la arena un problema de geometría. Los soldados habían recibido la orden de no matar al anciano, pero cuando un soldado romano le conminó a que se rindiera, Arquímedes no le prestó la menor atención. «No estropeéis mis círculos», se limitó a decir. En respuesta, el soldado le mató.

Supercrítico

Si se preguntan cómo se consigue el café descafeinado o cómo se obtienen los extractos de apio o jengibre, deben guardar en su mente estas dos palabras: fluidos supercríticos.

La cuestión es que sustancias tan comunes como el agua, el metanol o el dióxido de carbono, cuando se las somete a presiones y temperaturas por encima de unos ciertos valores, adquieren simultáneamente propiedades de los líquidos (disuelven muchas sustancias) y de los gases (penetran fácilmente dentro de materiales porosos y arrastran fuera la sustancia que nos interesa).

Para entender algo tan raro, pensemos en cómo se evapora el agua. Uno tiene un balde lleno, lo pone al fuego y, cuando alcanza los 100 °C, el agua empieza a hervir. Ahora bien, ¿quiere decir esto que el agua siempre hierve a 100°? No. Como todos los líquidos, el agua hierve cuando se da cierto par de valores de temperatura y presión. En condiciones normales, con una presión atmosférica típica, la temperatura de ebullición es la que todos conocemos. Pero si queremos evitar que el agua hierva a esa temperatura, debemos aumentar la presión sobre ella, obligando a las moléculas de agua a estar tan apretadas que no pueda escapar ninguna de la superficie del líquido.

Si seguimos aumentando la temperatura, también tendremos que aumentar la presión para impedir que el agua empiece a hervir. Esta pelea entre la temperatura, que se empeña en hacer hervir el agua, y la presión, que pretende todo lo contrario, termina cuando se llega a un punto llamado *el punto crítico del agua*. Es, por así decirlo, el punto para el cual la presión ya es incapaz de frenar la ebullición. En el caso del agua, si la temperatura sube por encima de 374,2 °C, nada puede impedir que hierva. Para este valor concreto de la temperatura, la presión que mantiene el agua líquida es 218,3 veces la presión atmosférica ordinaria. A estos valores se les llama *presión y temperatura críticas*. Por encima de ellos tenemos *agua supercrítica*. Al igual que el vapor, el agua supercrítica ocupará todo el volumen del recipiente que la contenga. Pero lo más asombroso es que este agua disuelve sustancias, lo mismo que el agua líquida.

Esto que acabamos de describir le ocurre a todo líquido, solo que el valor de la temperatura y presión críticas depende de qué líquido se trate. Para el caso de dióxido de carbono, sus valores críticos son 31 °C y 73 veces la presión atmosférica ordinaria. Como los fluidos supercríticos disuelven mejor unas sustancias que otras, se convierten en los ayudantes ideales para la obtención, separación, purificación o tratamiento de muchos productos.

En la industria, el más utilizado es el dióxido de carbono, debido en buena parte a que es el más fácil de manejar. El mayor éxito comercial de los fluidos supercríticos se ha dado en la industria del procesado de alimentos. En la década de los setenta, investigadores del Instituto Max Planck alemán estudiaron las posibilidades de estos fluidos y acabaron por desarrollar una técnica para eliminar la cafeína del café con dióxido de carbono supercrítico. En 1978 empezó a funcionar la primera planta industrial europea para descafeinado, a la que siguió pronto una de extracción de lúpulo y otra de descafeinado de té. En Estados Unidos, la extracción con fluidos supercríticos a escala industrial comenzó una década más tarde. Hoy, el mercado anual de café descafeinado supone, solo en Estados Unidos, alrededor de los 3 000 millones de dólares.

El dióxido de carbono supercrítico se usa en la extracción de especias y aromas, para obtener las valiosas grasas insaturadas de los aceites de pescado, o la eliminación de colesterol de la mantequilla. Hasta se ha logrado eliminar de los huevos el 80 % de la grasa y el 95 % del colesterol. Y todo usando ese gas al que tanto miedo tenemos por ser fuente del efecto invernadero...

Jerk

Una de las palabras más feas de la física es el término *jerk* (tirón, en inglés). Se trata de un vocablo usado para describir un aspecto específico del movimiento: el ritmo con que cambia la aceleración.

En nuestros tiempos de escuela nos enseñaron que la velocidad es lo rápido que cambiamos de posición con el tiempo, y que la aceleración marca el cambio de la velocidad con el tiempo. El jerk describe cómo cambia la aceleración.

Este concepto no se enseña en la escuela, y esta omisión es un pequeño tributo al genio de Galileo. Antes, de las cosas solo se medían su posición y su velocidad, pero Galileo se dio cuenta de que los cambios en la velocidad, la aceleración, eran mucho más importantes a la hora de describir un movimiento que la propia velocidad, y no consideró importante fijarse en posibles cambios en la aceleración. De hecho, el espaldarazo final que encumbró la aceleración a las más altas cotas de la física lo dio Newton cuando enunció su famosa segunda ley de la mecánica: la fuerza que actúa sobre un cuerpo es proporcional a la aceleración. Cuanto más empujemos un carro, más aceleración le imprimiremos.

Lo más sorprendente de todo es que podemos relacionar estos conceptos aparentemente tan abstractos con la fisiología de nuestros cuerpos. Imaginemos que vamos sentados en un avión que se mueve a velocidad constante. Aunque vaya a una altísima velocidad, no nos daremos cuenta de ella a menos que el piloto, de repente, decida frenar o acelerar el aparato. La única forma de saber que nos movemos es mirando por la ventanilla y ver pasar el mundo bajo nuestros pies. Pero en el momento en que el piloto acelere, sentiremos cómo nos hundimos en el asiento. En definitiva, que la velocidad la vemos, pero la aceleración la sentimos.

Si estamos montados en un avión que se mueve siempre con la misma aceleración, no tenemos por qué sentir una sensación desagradable, del mismo modo que vivimos sobre la Tierra y estamos sujetos durante toda nuestra vida a la aceleración gravitatoria provocada por la propia Tierra. Ahora bien, cambios bruscos en la aceleración sí pueden resultar desagradables e incluso dolorosos: basta con imaginar un golpe por detrás teniendo nuestro coche parado. Esto es un jerk. De hecho, las fábricas de coches miden la incomodidad del pasajero mediante los jerks, y las subidas y bajadas en las montañas rusas son jerks porque la aceleración cambia en magnitud y sentido.

En resumen: medimos posiciones, vemos velocidades, sentimos aceleraciones y vomitamos por los jerks.

V
FALACIAS

TENER LA CAPACIDAD DE COMPRENDER EL MUNDO *tiene un precio. Los científicos se enamoran de sus teorías y pretenden salvarlas incluso a pesar del número de evidencias en contra. Hasta pueden llegar a presentar como ciencia lo que no son más que sus propias creencias maquilladas (por lo demás, de esto ninguno de nosotros estamos a salvo).*

Los seres humanos somos una especie peculiar. En ocasiones anulamos la razón y admitimos afirmaciones con escasas pruebas o ninguna. A nadie le sorprendería que me negara a comprar un coche del que me dicen que es capaz de volar como un avión y navegar como un barco sin probarlo antes y fiándome únicamente de la palabra del vendedor. Entonces, ¿por qué debo creer las palabras de quien dice ser capaz de hablar con los muertos, o de contactar con los extraterrestres, sin exigir una prueba palpable de ello? Lo peor de todo no es que lo cuenten como si de una experiencia mística se tratara: sobre eso, poco podría decirse. Lo peor es que se presentan como verdades científicas irrefutables. Videntes, astrólogos, psíquicos, médiums y contactados varios venden un mundo de consumo rápido y fácil, donde el conocimiento se adquiere por ciencia infusa y donde la naturaleza demuestra ser de una simplicidad insultante. Ellos, con una frase, son capaces de descalificar décadas de investigación científica y de arrojar a la basura el esfuerzo de centenares de científicos en su intento por comprender las sutilezas de la naturaleza.

No busque sin embargo el lector en las páginas siguientes una argumentación detallada de las pseudociencias (algo que ya he hecho en otro lugar); aquí solo encontrará sentido común y humor, porque muchas veces una carcajada vale más que mil silogismos.

13
NO ES CIENCIA TODO LO QUE RELUCE

> *Antes de explicar los hechos, es necesario comprobarlos: de este modo se evita el ridículo de encontrar la causa de lo que no existe.*
>
> BERNARD LE BOVIER
> *Sieur* de Fontenelle (1657-1757)
>
> *Las causas reales son siempre más grandiosas, más imponentes que los mitos más hermosos.*
>
> KONRAD LORENZ (1903-1989)
> Premio Nobel de Medicina, 1973

VIVIMOS EN UNA CIVILIZACIÓN TECNOLÓGICA, pero nuestra sociedad sigue siendo una sociedad mágica. Para muchos de nosotros, algo tan cotidiano como la luz eléctrica resulta ser un misterio impenetrable, prácticamente indistinguible de la magia. El que cada día nos veamos más incapaces de comprender las leyes que rigen el mundo en que vivimos ha hecho proliferar un tipo de literatura pseudocientífica que aparece de forma recurrente en los distintos medios de comunicación. No estoy hablando de fantasmas ni de ovnis, sino de asuntos menos imaginarios, como el agua magnética, la creencia de que el cáncer tiene su origen en disfunciones psicológicas y sentimentales, o que el sida no está provocado por ningún virus. Tampoco es raro encontrar de vez en cuando a alguien que ha inventado el móvil perpetuo o una nueva forma de combustible, baratísimo y muy eficaz.

¿Cómo podemos distinguir lo que puede ser cierto de lo que posiblemente sea pura palabrería? Desgraciadamente, no existe una forma contundente de distinguirlos, pero podemos tomar ciertas sanas precauciones:

1. Comprobar si quien hace la afirmación es competente en ese campo. Y no solo eso, sino que también trabaje en el campo específico del que está hablando. Un médico dermatólogo no tiene por qué conocer los descubrimientos punteros en microcirugía del cerebro.

2. Ver si la revista que proporciona la información es fiable. Desconfiar de aquellas que se dedican a vender misterios y sucesos extraordinarios, pues viven de eso.

3. Comprobar si el autor propone alguna forma de verificar sus afirmaciones. Sospechar si no la hay y, sobre todo, si el lenguaje que utiliza es enrevesado y los razonamientos son difíciles de seguir. No sé por qué oscura razón pensamos que si no entendemos lo que nos dicen, eso significa que nos están diciendo algo profundo. Con la misma probabilidad nos pueden estar diciendo tonterías.

4. Buscar si alguna revista científica de prestigio ha publicado tal investigación. Desconfiar si no se ha hecho.

5. Si la afirmación contradice los posibles conocimientos que ya tengamos, esperar a que nos den pruebas adicionales y a las opiniones de otros científicos.

6. Esperar un tiempo prudencial. Normalmente, estos extraordinarios descubrimientos suelen desaparecer tan deprisa como las tormentas de verano.

Por último, no nos olvidemos jamás de recurrir al espíritu crítico y al análisis cuidadoso.

Mantras cuánticos

En diciembre del año 2000 se cumplieron los cien años de la teoría científica más perfecta que jamás haya creado la mente humana: la mecánica cuántica. Tras un nombre tan misterioso se esconde la física que describe el mundo de los átomos. Gracias a ella hemos sido capaces de construir ordenadores, televisores, móviles, trenes de levitación magnética, escáneres de resonancia magnética... Sin ella, más del 80 % de nuestra tecnología no habría podido llegar a ser.

Ahora bien, como toda teoría científica de éxito y con cierto aire esotérico, también la mecánica cuántica ha sido pervertida por gurús, videntes e iluminados de diferente pelaje. No es extraño. Frases como «partículas que se encuentran separadas millones de kilómetros pueden interaccionar entre sí instantáneamente» son de las que, como mínimo, llaman la atención. No es de extrañar que mucha gente, sobre todo aquella que presenta una clara tendencia pseudomística y proparanormal, se vea irremisiblemente atraída por la teoría cuántica. Solo hace falta darse una vuelta por algunas librerías para encontrar libros que hablan de conciencia cuántica o de psicología cuántica.

El físico Jeremy Bernstein comenta el siguiente ejemplo. Ojeando el periódico *I Am News* –que traducido al cristiano quiere decir *Yo Soy Noticia*– de un autoerigido gurú llamado Ananda Ashram (la partida de nacimiento muy probablemente dirá otra cosa, pero ya se sabe que para ser gurú hay que escoger nombres de clara ascendencia hindú), Bernstein descubrió un anuncio que rezaba de la siguiente manera [1]:

> *Programa de Purificación Espiritual: incluye meditación, ceremonia del fuego, volver a la vida, trabajo duro e iniciación en Dinámica Cuántica para aquellos que no la hayan tenido; incluyendo técnicas de respiración y mantra para disipar tensiones. Este fin de semana trabajaremos con Dinámica Cuántica para disipar el karma de la vida pasada hasta sus causas originales.*

Les juro por el *mantra* más sagrado que pueda existir, o por el *ashram* más lejano donde ocultarse del mundo para meditar, que jamás se ha enseñado en las clases de Mecánica Cuántica de la Facultad de Física de ninguna universidad del mundo cómo la solución a la ecuación de Schrödinger del átomo de hidrógeno sirve para disipar el karma.

Por lo menos, yo eso no recuerdo haberlo estudiado. Claro que cabe la posibilidad de que precisamente ese día decidiera echar unas manos de mus en la cafetería de la Facultad...

Demagogia climática

La evolución de la ciencia exige que se confronten las ideas, que haya debate; porque al bajar las ideas a la arena científica, los leones se lanzan sobre ella y la despedazan minuciosamente en busca de fallas teóricas o de desacuerdos con las observaciones. Si sobreviven a este intenso escrutinio, entonces podemos estar seguros de que posiblemente se haya encontrado algo interesante. Pero no siempre estos enfrentamientos son precisamente entre caballeros, como ha sucedido en el caso del debate sobre el cambio climático, viciado por sus consecuencias políticas y económicas nada despreciables.

El 19 de julio de 2001, el presidente del Panel Intergubernamental para el Cambio Climático (IPCC), Robert T. Watson, informaba en las Naciones Unidas de que «la cuestión no es si el clima cambiará en el futuro en respuesta a la actividad humana, sino cuánto, dónde y cuándo». Frente a esta postura, compartida por la práctica totalidad de la comunidad científica, se encuentra un pequeño grupo de vociferantes científicos que niegan la mayor. Estos defienden que no está demostrado que el aumento de dióxido de carbono sea el culpable del cambio climático; propugnan que es de locos imponer unas medidas que ocasionarían un coste económico importantísimo sin estar seguros de que realmente esos escenarios catastrofistas de aumento del nivel del mar, fusión de los polos, hambrunas, enfermedades, etc., vayan realmente a ocurrir. Sostienen, además, que no es cierto que el efecto invernadero sea ocasionado por las emisiones contaminantes de los seres humanos.

Sabiendo lo que está en juego, no es extraño que semejante punto de vista reciba paletadas de dinero por parte de la industria del carbón y del petróleo, de multinacionales como Dow Chemical, la tabaquera Philip Morris o la ubicua Procter & Gamble, que produce tanto perfumes como zumos, y que cuente con el apoyo de la derecha norteamericana. Algo que se pudo ver con toda su crudeza en los últimos años del siglo XX. Antes de la cumbre de Kyoto en 1997, el Proyecto de Información sobre el Clima Global y la Coalición por la Preferencia del Vehículo –creada por empresas como Ford, General Motors y Chrysler– gastaron millones de dólares en publicidad para convencer a los norteamericanos de que cualquier acuerdo en Kyoto dispararía los precios de todo. Mientras, la Coalición para el Avance de la Verdadera Ciencia –financiada por una retahíla de empresas como 3M, Dow Chemical, Exxon, Philip Morris o Procter & Gamble– y la Asociación del Clima Global –fundada en 1989 por 50 empresas del mundo del petróleo, el carbón, el gas natural, la industria química y del automóvil– difundieron por su parte un vídeo en el que se afirmaba que el aumento del dióxido de carbono incrementaría la producción de cereal, ayudando a paliar el hambre en el mundo.

Dice mi abuela que, con dinero, chifletes; y por eso la labor de descrédito fue todo un éxito. Un sondeo del Gallup en 1997 mostró que el 37 % de los norteamericanos pensaban que los científicos no estaban seguros acerca de la causa del calentamiento global, y que la preocupación del ciudadano medio por este fenómeno había caído en picado desde 1991. Los 700 000 dólares que la Asociación Nacional Americana del Carbón gastó entre 1992 y 1993 y los casi dos millones de dólares que el Instituto Americano del Petróleo –que representa a compañías como BP, Shell, Chevron o Exxon– se gastó en 1993 no se habían marchado por el desagüe.

Por si eso fuera poco, en la famosa cumbre de Kyoto, los escépticos del cambio climático ganaron la batalla de los medios, apareciendo mucho más que sus oponentes. Uno de los críticos más importantes, Patrick Michaels, profesor de ciencias medioambientales de la Universidad de Virginia, apareció en los medios de comunicación 190 veces más que Stephen Schneider, uno de los pioneros en la investigación del cambio climático. Esto enfureció a los investigadores climáticos. Los debates científicos no se desarrollan en los medios de comunicación: «Agitan sus credenciales académicas y lanzan sus acusaciones sensacionalistas sin haberlas pasado por el tamiz de la revisión por pares», comentó un climatólogo. Este es el punto clave. Para aceptar un trabajo, debe haber pasado por lo que puede llamarse el control de calidad de la ciencia: publicarse en una revista donde previamente la investigación haya sido evaluada por un grupo de científicos del mismo campo. Esto asegura, en la mayoría de las ocasiones, que no se han cometido errores y que las conclusiones a las que se llega son consistentes con los datos que se manejan.

Una de las críticas más fuertes es que, salvo honrosas excepciones como el profesor de meteorología del Instituto Tecnológico de Massachusetts Richard Lindzen, los escépticos del cambio climático no realizan investigaciones originales. Aún peor, no son ni siquiera climatólogos. Uno de los más vociferantes, Fred Singer, no ha publicado ni un solo artículo original sobre cambio climático en veinte años.

Pero lo realmente triste es que a los directivos de empresas como Exxon o Procter les importen más los beneficios monetarios inmediatos que el futuro de sus propios hijos.

Hierbecitas

Pensar que todo lo natural es bueno es una gran falacia. Bajo semejante afirmación se oculta uno de los mitos más extendidos de nuestra civilización: que cualquier cosa "natural", por el simple hecho de serlo, es útil porque está ahí para beneficiarnos, ese es su cometido. Plantas y animales, sin embargo, son producto de la suerte, de la evolución. Están ahí porque han sido capaces de sobrevivir, y no para beneficiar a una única especie de mamífero bastante egocéntrico. De ningún modo han sido diseñadas por la naturaleza para ser buenas medicinas para el ser humano. El propósito de la fruta, por ejemplo, es esparcir las semillas de la planta, y no alimentar a los animales.

Por supuesto que es cierto que la mitad de las medicinas actuales se derivan de las plantas; pero eso no debe llevarnos a engaño. Las medicinas están hechas con un componente activo aislado y contienen cantidades específicas de ese compuesto; mientras que en las hierbas no hay forma de saber qué dosis se está tomando y, además, están presentes otras sustancias capaces de producir indeseables –y a veces mortales– efectos secundarios.

Lo más preocupante es cómo se promueve el uso de plantas medicinales cuyos supuestos efectos beneficiosos se basan solo en el folclore, la tradición o el rumor. Todo menos el único criterio realmente válido: la evidencia científica. Hasta se llegan a recomendar hierbas venenosas... Particularmente insidioso es que se difunda la idea de que hay algo mágico en las plantas medicinales que las previene, en su estado natural, de causar daño. ¿No basta como prueba de esta mentira el hecho de que la mayoría de las drogas tengan un origen vegetal? Si ciertas plantas curan, hay que tratarlas como medicamentos. Y ya sabemos que no se debe jugar con los medicamentos. Claro que respecto a esto también uno debe estar en sobreaviso. Lanzar un medicamento al mercado exige de unas pruebas y controles que en ningún momento han pasado la práctica totalidad de esos "remedios naturales", hasta el punto de que al consumir una planta no sabemos en realidad lo que estamos ingiriendo. El ingrediente activo, si lo tiene, está mezclado con otros que pueden tener efectos no deseables. Una revisión reciente de 2 222 plantas dio como resultado que todas tenían cierta acción antimicrobiana, pero que 1 362 de ellas también eran tóxicas para el ser humano. A pesar de todo, hay quienes defienden este tipo de tratamientos con un argumento histórico, porque forman parte de un conocimiento antiguo. Esto presupone la idea de la existencia de una era dorada y de mayor sabiduría que la actual y ya olvidada o denostada. Otro mito. Aquellas antiguas filosofías de las que se deriva este conocimiento no tenían ni idea de fisiología, anatomía, bioquímica o genética, y ni sabían lo que eran las enfermedades infecciosas. Todo se explicaba entonces con nociones mágicas, con Chi o la fuerza vital restaurándose en el cuerpo. Pero el argumento más poderoso contra tales argumentos historicistas es que en 100 años de medicina científica la esperanza de vida ha pasado de 40 a 80 años. En esos supuestos miles de años de existencia, esas milagrosas medicinas no habían logrado añadir ni un solo día a la media de esperanza de vida.

Percepción subliminal

¿Somos conscientes de todo, exactamente de todo lo que vemos y oímos? ¿Puede influirse en la voluntad de las personas a través de mensajes ocultos en otros aparentemente inocentes sin que nos demos cuenta? Este tipo de fenómeno recibe el nombre de percepción subliminal o percepción inconsciente.

Según se cuenta, en los años cincuenta, un publicista de Nueva Jersey llamado James Vicary decidió comprobar si la percepción subliminal era cierta (es importante recordar que aquella era una época en que estaba de moda la hipnosis y el control mental). El famoso experimento, de seis semanas de duración, consistió en insertar entre los fotogramas de la película *Picnic* mensajes de «beba Coca-Cola» y «coma palomitas» en *flashes* de menos de una milésima de segundo de duración. Según afirmó el propio Vicary, las ventas de palomitas aumentaron en un 58 %, y las de Coca-Cola, en un 18 %. La conclusión de este experimento es obvia: un mensaje recibido de manera inconsciente se convierte en una orden de obligado cumplimiento. Si esto fuera cierto, ¿pueden imaginarse lo que significaría en período de elecciones?

Sin esperar confirmación de tan extraordinario experimento, la Comisión Federal de Comunicaciones de Estados Unidos tomó cartas en el asunto y advirtió que el uso de anuncios subliminales se castigaría con la supresión de la licencia de radiodifusión. Por su parte, la Asociación Nacional de Radiodifusores prohibió el uso de publicidad subliminal a todas las emisoras miembros.

Ocho años después, la Fundación para la Investigación en Publicidad pidió a Vicary que explicara los datos obtenidos en el experimento y detallase la descripción de los procedimientos seguidos. Vicary contestó que no los había escrito, pero que lo haría en breve. Nunca los escribió. Numerosos intentos de repetir el experimento fracasaron. La Corporación de Psicólogos Norteamericanos reclamó la ayuda de Vicary para realizar un nuevo experimento bajo condiciones científicamente controladas. Nuevo fracaso. La cadena de televisión canadiense intentó reproducir los resultados enviando el mensaje subliminal de «llame ahora» durante uno de sus programas donde los telespectadores participaban. No hubo un aumento significativo de llamadas.

En 1962, la revista *Advertising Age* entrevistó a James Vicary y en aquella ocasión el publicista dio el golpe de gracia a este asunto[2]:

> No hicimos ninguna investigación excepto la que necesitamos para registrar una patente. Tenía solo un interés menor en el tema y una pequeña cantidad de datos, demasiado pequeña para que tuviersa algún significado. Y no deberíamos haberlo utilizado para promocionarnos.

El Don Juan de Castaneda

En 1968, la editorial de la Universidad de California en Los Ángeles (UCLA) publicaba un libro titulado *Las enseñanzas de Don Juan*. Escrito por Carlos Castaneda, el libro contaba las aventuras y la filosofía mística de un hechicero yaqui, un pueblo que vive en el desierto de México. Castaneda, un hombre que se dedicó sistemáticamente a dar información falsa sobre su vida y a evitar que le fotografiaran *, habría pasado algunos años como aprendiz de un hechicero de nombre Don Juan que conoció en una destartalada estación de autobuses de Arizona de camino a México. Su tesis doctoral en antropología, obtenida en UCLA, versó precisamente sobre la vida de este chamán.

Las enseñanzas filosóficas de Don Juan eran el complemento perfecto para la cultura popular americana de finales de los sesenta y principios de los setenta: el uso de drogas psicodélicas, la creencia en poderes paranormales y una buena dosis de misticismo. Los libros sobre Don Juan, diez en total, fueron un tremendo éxito de ventas que todavía perdura.

> El tema principal del libro es que más allá de nuestro mundo normal hay un reino extraordinario en el que uno puede hablar con los animales, e in-

---

* La única foto publicada donde se ve claramente su cara fue tomada en 1959.

cluso convertirse en animal, y experimentar toda clase de maravillosos milagros. Este otro mundo, tan familiar para los chamanes yaquis, es tan real como el nuestro [3].

A finales de los setenta, una cuidadosa investigación realizada por Richard de Mille demostró el fraude de todo ello. Según De Mille, Castaneda nunca pudo realizar la investigación de campo que afirmaba haber hecho y con la que obtuvo el doctorado. Sus libros contienen descripciones de la cultura y prácticas yaqui que contradicen los informes de otros investigadores que sí estuvieron allí. Castaneda comete importantes errores a la hora de describir el medio ambiente del desierto mexicano, y el conocimiento que, según Castaneda, tiene Don Juan de ese desierto, donde aparentemente ha vivido toda su vida, es nulo.

Aparte de la palabra de Castaneda, no existe prueba alguna de la existencia de Don Juan, ni de que se llevara a cabo un trabajo de campo [4].

El fraude de Don Juan ha sido comparado con el fraude del hombre de Piltdown, en el que se utilizaron el cráneo de un hombre y la mandíbula de un orangután haciéndolos pasar por los restos del eslabón perdido en la historia evolutiva del ser humano.

Pero lo más interesante fueron las reacciones ante el descubrimiento del fraude: primero, y a pesar de las presiones de muchos antropólogos, no ha habido ninguna intención de revocar el doctorado conseguido por Castaneda. Y eso que, según él, Don Juan lo había convertido en un cuervo vivo (no se trataba de una alucinación provocada por las drogas). Segundo, la respuesta de los antropólogos que comparten con Don Juan el tipo de filosofía (sobre todo los subidos al carro contracultural y agrupados en torno a la Sociedad para la Antropología de la Conciencia*) ha sido, cuando menos, neutra: da igual que la investigación sea mentira, porque la filosofía subyacente, por algún motivo oscuro, es cierta. Como escribió cierto investigador, «que las experiencias de Castaneda hayan o no hayan ocurrido no influyen para nada en la verdad de la narración».

Quien entienda este tirabuzón lógico que levante el dedo.

---

* Un ejemplo del tipo de comunicaciones en sus congresos. Título: *La conciencia es esa parte de la conciencia de la que somos conscientes: cómo los antiguos videntes y chamanes de México cortocircuitaron el cuerpo energético.* Autor: Roy Wagner, antropólogo de la Universidad de Virginia. Aunque parezca mentira, esa sociedad es una sección de la Sociedad Antropológica Americana.

Rayos N

Nos encontramos en los primeros años del siglo XX. Unos años en los que la física andaba muy revolucionada por nuevos y asombrosos descubrimientos: la radiactividad, los rayos X, el electrón...

En aquella alterada época, un físico francés de la Universidad de Nancy, René Blondlot, anunciaba el descubrimiento de un nuevo tipo de radiación. La bautizó con el nombre de *rayos N*, en honor a la ciudad donde trabajaba. Según él, estos rayos eran emitidos por un alambre de platino incandescente encerrado dentro de un tubo de hierro y, después de atravesar una delgada ventana de aluminio, eran dirigidos o bien a una llama, o bien a una pantalla de sulfuro de calcio débilmente iluminada –algo parecido a una pantalla de televisión–. El efecto de los rayos N era aumentar la luminosidad de la llama o de la pantalla. Blondlot también afirmaba que los rayos N, a diferencia de los rayos X, podían almacenarse. Por ejemplo, un ladrillo envuelto en un papel negro o en hojas de aluminio y expuesto al Sol acumularía la energía de los rayos N.

El descubrimiento de estos rayos N fue confirmado por otros científicos, en su mayoría franceses. El orgullo patrio estaba muy alto: si los alemanes habían descubierto los rayos X, los franceses habían descubierto otros que tenían unas propiedades aún más sorprendentes. Los rayos N franceses eran superiores a los rayos X alemanes. Cuando algunos científicos alemanes empezaron a decir que no eran capaces de ver esos fabulosos rayos, los franceses lo achacaron a la histórica mala vista de los germanos comparada con la siempre excelente vista gala.

Pero en 1904 todo cambió. Como las sospechas crecían entre la comunidad científica internacional, al laboratorio de Blondlot llegó un experto en fraudes científicos, el físico norteamericano Robert Wood. Blondlot quería demostrar a Wood cómo los rayos N se refractaban al pasar por un prisma de aluminio para iluminar una pantalla blanca. Después de la primera demostración, Wood pidió al francés que repitiera el experimento. Pero en esta ocasión el cuco de Wood sacó el prisma de aluminio del instrumento sin que Blondlot se diera cuenta. Y, maravilla de maravillas, los resultados que obtuvo fueron exactamente iguales a los anteriores.

Los rayos N no existían salvo en la imaginación de Blondlot y sus colegas. El detalle crucial era que todos los experimentos dependían críticamente de ser capaz de distinguir una iluminación muy débil, solo un poco por encima del nivel de percepción del ojo. Algo parecido sucede en las noches con una tenue luna iluminando el campo, cuando nos parece ver sombras que se mueven e incluso que nos siguen.

Fraudes en el laboratorio

Walter J. Levy, director del Laboratorio de Parapsicología de Durham (Carolina del Norte), era considerado como uno de los mejores parapsicólogos de la segunda mitad del siglo XX. Durante cinco años había obtenido resultados positivos estudiando los poderes psicoquinéticos de las ratas. Pero en 1974, los investigadores Levin, Davis y Kennedy descubrieron que había manipulado los resultados de sus experimentos.

Los trabajos del psicólogo británico Samuel G. Soal con el psíquico Basil Shackleton fueron la prueba definitiva de la existencia de la percepción extrasensorial... hasta 1978, cuando la estadística Betty Markwick demostró que Soal había falseado los resultados.

El estudio que hizo el parapsicólogo W. H. C. Tenhaeff con Gérard Croiset marcó un hito en el uso de psíquicos en la resolución de casos criminales. Pero en 1981, el periodista holandés Piet Hein Hoebens probó que Tenhaeff fabricaba dos versiones de los hechos: una para los Países Bajos, más o menos ajustada a la realidad y poco convincente de las dotes de Croiset, y otra totalmente exagerada para el extranjero.

En los años sesenta, Nina Kulagina fue famosa por su habilidad de "ver" con las yemas de los dedos, la llamada percepción dermoóptica. Con una venda en los ojos era capaz de distinguir colores, dibujos e incluso podía leer. En realidad se demostró que usaba una antigua treta de los ilusionistas: la "visualización nasal". Quien se ponga una venda en los ojos descubrirá que puede seguir viendo perfectamente a través de los dos orificios que toda venda deja junto a la nariz. Los parapsicólogos olvidaron que también los mentalistas son capaces de "ver" teniendo sobre los ojos monedas, después algodones y finalmente una venda. Kuda Bux, *el hombre con visión de rayos X*, asombró a magos y extraños en condiciones imposibles de visión. Era tal su fama que un día las bailarinas se negaron a cambiarse porque Kuda Bux se encontraba en el camerino contiguo.

Sirvan todos estos ejemplos para ayudarnos a dar razón a las siguientes palabras del mago-mentalista John Booth [5]:

No cometamos esa estupidez tan de moda de ver evidencia de fenómenos paranormales en lo que no podemos explicar.

Para algunos, eso es extremadamente sencillo.

PES en Gran Bretaña

Cuando un científico desea demostrar sus propias creencias más que atenerse a los hechos, habitualmente suele salir escaldado del intento. Y es que también el científico, como todo ser humano, no se encuentra blindado respecto a todos aquellos pensamientos, emociones y deseos que conviven con él.

Uno de los campos donde con mayor nitidez puede observarse este comportamiento es el de los poderes de la mente, y uno de los ejemplos más notables de cómo se puede llegar a hacer cualquier cosa para demostrar lo que uno cree fue el protagonizado por el psicólogo británico ya citado Samuel G. Soal, que era considerado a su muerte, ocurrida en 1975, como el mayor y más importante parapsicólogo inglés. De él se dijo entonces que sus trabajos habían constituido un hito en la investigación de la percepción extrasensorial, y sus compañeros los consideraban como las pruebas más fiables y convincentes de la realidad de los poderes de la mente. De todas sus investigaciones, las mejores las obtuvo Soal con un sujeto descubierto por él mismo, un fotógrafo llamado Basil Shackleton, con el cual por fin pudo demostrar la existencia de la percepción extrasensorial.

Ya algunos años antes de su muerte, sin embargo, empezaron a circular rumores de un posible fraude. Y cuando un psicólogo de la Universidad de Gales, Hansel, publicó un libro titulado *The Search for Psychic Power*, esto ya era más que evidente. Hansel estudió estadísticamente los registros obtenidos por Soal y descubrió un hecho curioso: las hojas que Soal utilizaba para anotar la puntuación de Shackleton tenían una línea doble cada cinco espacios en blanco. Sorprendentemente, los aciertos de Shackleton se encontraban concentrados siempre en las líneas tercera y cuarta de cada grupo de cinco. Resultaba difícil de imaginar alguna razón por la que la percepción extrasensorial pudiera ajustarse al patrón de líneas marcadas en una hoja de puntuación.

La conclusión era obvia: alguien las había revisado y corregido. Cuando Hansel pidió a Soal los registros originales de las pruebas para hacer unos análisis químicos que despejaran cualquier posible duda de manipulación, este le contestó diciendo que las había perdido en un tren en 1946. Pero en 1954, Soal había escrito que los registros originales de las pruebas estaban bien guardados y a disposición de cualquier investigador... hasta que un verdadero investigador quiso llevar a cabo dicho control.

'Stargate'

En noviembre de 1995, la Agencia de Inteligencia para la Defensa norteamericana revelaba la existencia de un proyecto Alto Secreto bajo el nombre clave de *Stargate* que había sido suspendido y desclasificado durante la primavera de ese año.

Dicho proyecto comenzó a principios de los años setenta, cuando la CIA financió un programa para ver si la llamada "visión remota" podía tener interés para sus operaciones de inteligencia. Un experimento en visión remota, consiste en lo siguiente: en una habitación aislada se coloca a una persona que supuestamente posee ciertos poderes y se le pide que se concentre en la imagen que está mirando otra persona en otro lugar, y que la dibuje o describa. Después se comprueba si la descripción coincide con el objetivo. En sus experimentos de visión remota, la CIA utilizó a personas que decían estar dotadas con este don para ver si podían proporcionar información real y de utilidad. A finales de la década de los setenta, el programa fue abandonado, pues no había obtenido los resultados apetecidos.

Entonces tomó el relevo la Agencia de Inteligencia para la Defensa, lo amplió y le puso el nombre clave de *Stargate*. Durante 20 años, el gobierno norteamericano se gastó más de millón y medio de euros (270 millones de pesetas) en este proyecto, una de cuyas partidas, llamada *Programa de Operaciones*, consistía en mantener en nómina a seis psíquicos –más tarde se reduciría a tres– para que las diferentes agencias del gobierno utilizasen sus servicios. La desclasificación del programa a principios de 1995 permitió un análisis objetivo de sus resultados, que fue realizado por el Instituto Americano de Investigación.

El resultado de este análisis sobre el trabajo de los psíquicos con objetivos reales fue devastador [6]:

> Nuestra conclusión es que en este momento sería prematuro suponer que tenemos una demostración convincente de los fenómenos paranormales.

Aún más: «La visión remota ha mostrado no tener valor en operaciones de inteligencia» y «no hay motivo para seguir financiando la componente operacional de este programa».

Y es que hay una gran diferencia entre la realidad y lo que aparece en series como *Expediente X*.

ECM

En el otoño de 1975 aparecía en Estados Unidos un librito titulado *Vida después de la vida*. Publicado por una pequeña editorial de Virginia, su autor, Raymond Moody, era un estudiante de cuarto curso de la Facultad de Medicina. Sin grandes pretensiones y pensado para un consumo rápido y fácil, la mayor parte del libro estaba dedicada a los testimonios de personas que habían tenido experiencias cercanas a la muerte (ECM).

En el libro aparece una secuencia de "hechos", supuestamente previos a la entrada en el más allá, que luego se haría famosa. A saber: una sensación imposible de describir; escuchar el anuncio de la propia muerte; un sentimiento de paz y quietud; el ruido; el túnel oscuro; la salida del cuerpo; el encuentro, generalmente con familiares fallecidos; el ser luminoso; la revisión de vida; la frontera y el regreso. Según Moody, estos pasos, o la mayor parte de ellos, los atraviesan todas aquellas personas que han estado a punto de morir.

Vida después de la vida se convirtió en un *best seller*, y su autor fue aclamado por los medios de comunicación como experto en el tema de la muerte. En 1977, el psicólogo Kenneth Ring, impresionado por los resultados de Moody, decidió comprobarlos, visto que Moody presenta la famosa secuencia, pero no dice nada acerca del porcentaje de gente que la ha vivido. El estudio posterior de Ring demostró que si bien un 60 % experimentaba la sensación de paz, solo el 10 % entraba en la luz. Moody había asegurado que casi todas las personas que han estado cerca de la muerte han vivido una ECM, sin embargo, de los estudios realizados desde entonces se desprende que únicamente la tienen entre un 22 y un 48 %.

Otro aspecto a tener en cuenta es que se pueden inducir ECM sin que la persona esté a punto de morir. Diversos autores han demostrado que en un tanque de aislamiento sensorial se producen alucinaciones visuales idénticas a las ECM. Drogas como el hachís o anestésicos como la ketamina producen también experiencias como la del túnel o la salida del cuerpo. Más aún, se pueden inducir ECM completas bajo condiciones de cansancio extremo y tras fumar hachís.

La cultura también juega un importante papel en todo esto. Que los cristianos vean deidades cristianas pero no hindúes y a los hindúes no se les aparezcan las cristianas dice mucho sobre la influencia cultural en las visiones, y nada en favor de una experiencia real y objetiva. Lo mismo ocurre con la visita de familiares. En la cultura occidental suele verse una mujer, generalmente la madre, mientras que en la hindú no aparece figura femenina alguna, sino masculina.

Todo ello apuntaría a que las famosas ECM no son, en el fondo, más que procesos biológicos de un cerebro moribundo.

El enigma zombi

La etnobotánica es una curiosa rama de la ciencia en la que se mezclan la botánica, la farmacología y la antropología. Dicho en pocas palabras, la etnobotánica estudia la relación que existe entre ciertos vegetales, el conocimiento que los pueblos primitivos tienen de ellos y sus hábitos culturales.

Un impresionante ejemplo de investigación etnobotánica fue llevado a cabo por un investigador de la Universidad de Harvard llamado Wade Davis en 1982. Sus investigaciones las publicó en forma novelada en un libro que en castellano lleva el llamativo título de *El enigma zombi*, y a partir del cual se hizo una película titulada como la edición inglesa del libro, *La serpiente y el arco iris*.

Davis se interesó por los zombies, es decir, los muertos vivientes de Haití. Quería comprobar qué había de realidad en las historias de zombies y, si eran ciertas, cómo se creaban. Su hipótesis de partida era que podía tratarse de algún tipo de droga. Después de diversas peripecias, Davis dio con la fórmula de dicha droga. La mayor parte de los compuestos tenían una finalidad exclusivamente ritual: ojos de lechuza, huesos de muertos pulverizados y cosas así. Pero había algo más: carne de pez globo, un extraño animal que para impedir ser devorado se infla como un balón y eriza sus púas. La carne del pez globo contiene una toxina, habitual en ese tipo de peces, llamada tetrodontoxina, un poderoso veneno que actúa sobre el sistema nervioso produciendo parálisis, reduciendo la respiración y la demanda de oxígeno del cuerpo: las tres condiciones que debe tener un enfermo para ser dado por muerto y poder sobrevivir durante unas cuantas horas enterrado en su ataúd respirando el poco aire allí encerrado. Los hechiceros frotan la piel del futuro zombi con una mezcla que contiene esa toxina y, al ser desenterrado, le dan a beber una droga alucinógena. En ese momento se le declara muerto viviente. Lo que ya no estaba tan claro era cómo este estado, que dura solo unas pocas horas, podía llegar a durar los años que pueda vivir todavía el zombi.

La respuesta a esta última cuestión, tremenda, la descubriría Davis poco después. A pesar de la parálisis inducida por la toxina, el futuro zombi es consciente de todo lo que ocurre a su alrededor y padece el horror de creerse muerto. Semiasfixiado, exhumado, drogado, abandonado y condenado a vagar por los campos o en esclavitud, no es extraño que la mente del pobre desdichado se altere irremediablemente, teniendo en cuenta que se trata de alguien que cree ciegamente en las afirmaciones de la religión vudú.

Testículos para la eternidad

Charles Edouard Brown-Séquard era catedrático de medicina experimental en el Colegio de Francia y una figura legendaria en los círculos científicos europeos, autor de más de 500 artículos de investigación y considerado uno de los grandes pioneros de la endocrinología. En la primavera de 1889 empezó a correr de boca en boca la noticia de que había comenzado a trabajar con un tipo de extractos endocrinos y que a comienzos del verano, en junio, informaría de sus descubrimientos en la reunión de la Sociedad de Biología de París.

Cuando Brown-Séquard comenzó su ansiada conferencia, la emoción en el auditorio estaba en su momento álgido. La figura del endocrinólogo, que medía un metro noventa, debía ser imponente. Y así empezó:

> *Siempre he pensado que la debilidad de los ancianos se debía, en parte, a la disminución de la función de sus glándulas sexuales. Tengo setenta y dos años. Mi vigor natural ha declinado considerablemente en estos últimos 10 años.*

Continuó describiendo cómo también en su caso había ido decayendo tanto su vigor sexual como su condición física. Brown-Séquard explicó que el 15 de mayo había triturado un testículo de cachorro de perro, lo había colado y se había inyectado el líquido remanente en su pierna. Poco tiempo después había hecho lo propio en otras dos ocasiones, ahora con los testículos de conejillos de Indias. La bomba venía a continuación: tras las inyecciones, su fuerza física había aumentado de manera espectacular. Y confesó: «He rejuvenecido 30 años y hoy "pude hacer una visita" a mi joven esposa».

Impresionante. La fuente de la eterna juventud estaba situada en los testículos de los perros y de los conejillos de Indias. El impacto de tales revelaciones fue inmediato, y no solo por el prestigio del científico, sino porque además lo había probado en su propio cuerpo. Teniendo en cuenta que la media de edad de los miembros de la Sociedad de Biología era de setenta y un años, no es de extrañar que hubiera algo más que puro interés científico en su conferencia.

El periódico *Le Matin* inició una campaña para recaudar dinero con el loable fin de crear un Instituto del Rejuvenecimiento, y Brown-Séquard se entregó en cuerpo y alma a tan magno proyecto. Como si de una fábrica de producción en serie se tratara, los testículos de toro entraban por un lado y la eterna juventud salía por el otro. Nunca en la historia tanta gente tuvo tanto interés por las criadillas.

Pero el tiempo y los repetidos fracasos de la pócima se encargarían de poner las cosas en su sitio. A la vista de los exiguos resultados, un periódico vienés comentó con socarronería: «La conferencia debe considerarse como una prueba más de la necesidad de jubilar a los profesores que han llegado a los setenta años». Brown-Séquard pasó de ser un científico respetado a convertirse en el hazmerreír de todos, y a pesar del suero de la eterna juventud, su mujer terminó abandonándolo por un hombre más joven.

No creemos que actuara de mala fe, ni tan siquiera que quisiera aprovecharse de su, digamos, "descubrimiento". Fue sin duda víctima del efecto placebo.

El detector de mentiras

¿Funcionan de verdad los detectores de mentiras? ¿Puede realmente una máquina saber si usted está mintiendo o no? En realidad, el polígrafo o detector de mentiras no es un instrumento que sepa por ciencia infusa su grado de veracidad. Simplemente se trata de un aparato que mide el pulso, la presión sanguínea, la respiración y la resistencia eléctrica y la humedad de la piel.

¿Qué tiene que ver todo esto con el acto de mentir? Aunque no lo parezca, en esos detalles está la clave de todo. Aparentemente, mentir –algo que nos han enseñado como moralmente deplorable desde pequeñitos– provoca cierta tensión interna que queda reflejada en algunas respuestas fisiológicas. Por ejemplo, cuando alguien miente, se le acelera el pulso, suda... Si somos capaces de medir todas estas variables cuando el individuo dice la verdad y las comparamos cuando miente, estaremos en condiciones de saber si lo que nos dice es cierto o no.

El método que se sigue para descubrir la mentira con el polígrafo es complejo, pero consta esencialmente de tres partes: una entrevista previa, el interrogatorio propiamente dicho y la entrevista posterior. La entrevista previa está orientada a convencer al sospechoso de que el polígrafo es infalible y de que cualquier intento de engaño va a ser detectado inmediatamente. Este paso es fundamental. Se juega con la psicología del sujeto para que tenga miedo a la máquina, una especie de dios-sabelotodo, y de este modo su sudoración y su pulso sean mucho más marcados cuando miente. Después, se conecta el individuo a la máquina.

Comienza entonces la batería de preguntas. Estas son de cuatro tipos: las *preguntas relevantes*, dirigidas a descubrir la mentira; las *preguntas irrelevantes*, del estilo de «¿Se llama usted Javier?», para comprobar los patrones de respuesta del sujeto; las *preguntas de control*, destinadas a sonsacar respuestas de culpabilidad donde incluso miente la gente honesta (como, por ejemplo, «¿Ha mentido alguna vez a su marido?»); y finalmente, *preguntas con información oculta*, para ver si el sujeto conoce cierta información que solo el culpable puede saber. La parte final del proceso es la entrevista tras el interrogatorio, en la que el examinador intenta formarse una opinión sobre la sinceridad del sujeto.

¿Es fiable el test del polígrafo? Sobre esto existe una profunda controversia. Cada vez que se hacen experimentos clínicos controlados, las dudas sobre la validez del polígrafo se incrementan. De hecho, el test no se admite como prueba en los tribunales norteamericanos, pues inequívocamente tiene sus fallos. Hasta sus más acérrimos defensores le dan una fiabilidad de entre el 80 % y el 90 %.

Pero la estadística sobre el uso del polígrafo nos descubre una ironía final: si usted es inocente de un delito, no se someta nunca al polígrafo, pues este aparato incrimina a más personas inocentes que culpables. Si en cambio es culpable, haga todo lo posible por hacer el test: es probable que salga inocente.

Psicoanálisis

A principios de los años setenta, una periodista austríaca conseguía localizar y entrevistar a Sergej Pankejeff, el Hombre-Lobo. No, no estoy hablando de alguien que se convertía en lobo las noches de luna llena, sino del paciente más famoso de Sigmund Freud y en el que el médico vienés se basó, junto con otros pocos casos, para fundar el conocido psicoanálisis.

Este hombre, neurótico obsesivo, fue tratado por Freud durante cuatro años. En sus escritos lo bautizó como el Hombre-Lobo por un sueño que Pankejeff había tenido a los cuatro años: a través de la ventana de su habitación veía lobos blancos sentados en las ramas de un nogal. Freud analizó el sueño y llegó a la conclusión de que detrás de él se escondía una escabrosa experiencia vivida cuando Pankejeff tenía año y medio.

Según su interpretación, durante una cálida tarde de verano, a la hora de la siesta, el niño había asistido, como *voyeur*, a un coito por detrás que sus padres repitieron tres veces. Por supuesto, Pankejeff no podía recordar conscientemente el incidente, pero Freud lo explicaba como una memoria reprimida (sorprende la capacidad de recordar detalles que tiene nuestro inconsciente...). Al final del tratamiento, el padre del psicoanálisis declaró haberlo curado y esa fue la explicación que se ha dado desde entonces.

Pero detrás de este éxito se esconde una historia, si no escabrosa, sí más oscura. En realidad, Pankejeff no fue la resonante victoria que tanto se ha publicitado, sino el mayor fracaso del psicoanálisis. No solo Freud perdió la partida, sino también sus sucesores, que le trataron de manera gratuita durante muchos años todavía. La Fundación Sigmund Freud le asignó un sueldo a cambio de que no abandonara Viena y de que viviera en el anonimato. Había que ocultar que el Hombre-Lobo seguía enfermo. Como suele ocurrir a todo ser humano, sus problemas se solucionaron solo cuando lo enterraron.

Mas este no es el único problema del psicoanálisis. Hace pocos años se demostró que la totalidad de los casos clínicos más famosos de Freud, y sobre los que fundamentó su teoría psicoanalítica, los había relatado de forma distorsionada y, a veces, introduciendo algunas descaradas mentiras.

A la vista de esto no resulta sorprendente entender las lamentaciones del que es, sin duda alguna, el mayor fracaso de toda la historia del psicoanálisis: el actor y director de cine Woody Allen.

Mk-Ultra

Las propiedades psicotrópicas del LSD, descubierto accidentalmente por el químico Albert Hofmann en 1938, lo convirtieron en la sustancia de culto por excelencia del movimiento contracultural de los años setenta. Pero ya bastantes años antes su efecto sobre las personas había llamado la atención de la CIA.

Una curiosa idea hervía en las calenturientas mentes de algunos altos cargos de la Agencia Central de Inteligencia: ¿podría utilizarse el LSD para controlar a la gente? De esta idea surgió el programa secreto bautizado con el nombre en clave de *MK-Ultra*. Según lo definió el que tiempo después sería director de la CIA, Richard Helms, el programa estaba dirigido a conseguir el control sobre el comportamiento humano mediante el uso de materiales químicos y biológicos.

Oficialmente, el programa MK-Ultra comenzó en 1953 y finalizó en 1964, momento en el cual fue rebautizado con el nombre de *MK-Search*, que continuó hasta su cancelación definitiva en 1973. Cuando el proyecto fue desclasificado y los múltiples informes y memorándums salieron a la luz, se descubrió todo un conjunto de grotescos e incluso aberrantes experimentos. Por ejemplo, un psiquiatra llamado Ewen Cameron recibió una beca de la CIA para investigar cómo mediante una terapia de intensos *electroshocks* e ingesta de LSD se podía modificar y destruir el comportamiento de quienes se sometían a semejante tortura.

Otra de las operaciones encubiertas de este programa propio de mentes enfermizas era el llamado *Clímax de Medianoche*. En él, prostitutas contratadas por la CIA suministraban LSD a sus clientes en un burdel que la propia agencia había montado en la ciudad de San Francisco. A través de un espejo bidireccional, los investigadores de la agencia observaban el efecto del LSD en el cliente durante el acto sexual convertido en "experimento científico". El resultado de estas y otras investigaciones fue, como cabía esperar, un completo fracaso. «Hemos sido lo suficientemente ineficaces como para que nuestros hallazgos puedan ser publicados», resumió un asesor del MK-Ultra.

La investigación llevada a cabo por un comité del Senado sobre las consecuencias del programa llegó a la conclusión de que todos esos años habían sido una equivocación enormemente estúpida. Por toda respuesta, el promotor del programa, Helms, respondió a una pregunta que aludía a los aspectos poco éticos del MK-Ultra: «Nosotros no somos *boy scouts*».

Higiene racial

Estamos en 1925. Adolf Hitler acaba de publicar su obra más famosa, *Mi lucha*. En ella, y entre otras cosas, Hitler defendía la llamada eugenesia. Decía [7]:

> *Aquellos que están física y mentalmente enfermos e incapaces no deberían perpetuar sus sufrimientos en los cuerpos de sus hijos. A través de medidas educacionales, el Estado debería enseñar a los individuos qué enfermedades no son una desgracia, sino algo de mala fortuna para la cual la gente debe compadecerlos, y al mismo tiempo es un crimen y una desgracia hacer que esta aflicción sea aún peor dejándola pasar a criaturas inocentes por culpa de un anhelo simple y egoísta.*

Cualquiera de ustedes habrá pensado que tal opinión no es extraña viniendo de un tipo como Hitler. Pero ahora lean esta otra [8]:

> *Es mejor para todo el mundo si, en lugar de esperar a ejecutar a hijos degenerados por un crimen o dejarlos morir de hambre por su imbecilidad, la sociedad pudiera impedir a aquellos que son manifiestamente incapaces continuar su especie.*

Quien se expresaba de este modo en aquel mismo 1925 no era ningún oscuro seguidor de los ideales del Führer, sino Oliver Wendell Holmes, juez del Tribunal Supremo de los Estados Unidos.

En efecto, los Estados Unidos de América fueron el primer país industrializado que decretó leyes de purificación racial. Ya a finales del siglo pasado, en los Estados de Michigan y Massachusetts castraban a bastantes enfermos mentales y a chicos que exhibieran imperfecciones genéticas tales como, decían textualmente, «epilepsia persistente», «imbecilidad» y «masturbación acompañada de debilidad mental». Pero como la castración pura y dura no era algo que pudiera aceptarse sin un cierto malestar en la boca del estómago, pronto los métodos eugenésicos derivaron hacia algo menos aparatoso: la vasectomía en los hombres y la ligadura de trompas en las mujeres. La fiebre de la mejora racial estuvo tan extendida, que en los años treinta al menos 60 000 personas fueron legalmente esterilizadas. El número exacto nunca se conocerá, porque se realizaron muchas intervenciones en hospitales y cárceles de las que jamás hubo informe alguno.

En las primeras décadas del siglo XX, cuando la antropología y la psicología estaban aún en pañales, hubo una importante corriente en la ciencia que pretendía encontrar una base genética en los comportamientos sociales y en la inteligencia. Dicho de manera muy simple, el tonto era tonto; el pobre, pobre, y el delincuente, delincuente, porque sus padres lo eran. En definitiva, que el ladrón nace, no se hace.

Por culpa de estos trabajos, que respondían más a las convicciones sociales de entonces que a pruebas científicas, se elaboró toda una serie de leyes, principalmente en los Estados Unidos, destinadas a cortar por lo sano lo que ellos denominaban la proliferación de gente física y psíquicamente inferior. Mejor que detenerlos o encerrarlos en manicomios de por vida era impedir que nacieran. De este modo, hasta 30 Estados de los Estados Unidos promulgaron leyes eugenésicas.

La obsesión de los legisladores eugenésicos eran los que llamaban imbéciles e idiotas. La ley de Indiana pretendía prevenir «la procreación de criminales convictos, imbéciles y violadores». En California, el Estado donde más esterilizaciones se realizaron, bastaba con una nota de un doctor para esterilizar a «cualquier idiota», al igual que a cualquier preso que tuviera «un comportamiento sexual o moral degenerado». En Iowa, la ley iba dirigida hacia «aquellos que podrían dar a luz niños con tendencia a enfermar, a la deformidad, al crimen, a la locura, a la debilidad mental, a la idiocia, a la imbecilidad, a la epilepsia o al alcoholismo».

Estos legisladores se apoyaban en trabajos de ciertos "científicos" que pretendían demostrar que, en definitiva, quien gozaba de una posición cómoda en la sociedad era más inteligente que los demás. La debilidad mental se designaba por cuestiones puramente arbitrarias. Con la ciencia en la mano, muchos llegaron a identificar grupos étnicos enteros como seres inferiores. Curiosamente, ninguno de estos científicos juzgó como inferior a su propio grupo étnico.

Frenología

Algo parecido había sucedido en el siglo XIX, cuando apareció un curioso movimiento científico llamado frenología. Los frenólogos eran científicos, aunque también pulularon, por razones que se entenderán fácilmente, muchos aficionados. Su postulado básico era que los rasgos de la personalidad y las alteraciones mentales podían conocerse simplemente palpando la forma de la superficie del cráneo.

El fundador de la frenología fue Franz Joseph Gall. Como otros científicos antes que él, Gall creía que la mente estaba compuesta por una variedad de facultades muy específicas, como los sentidos, los sentimientos, el habla, la memoria y la inteligencia, por nombrar algunos.

Creía también, correctamente, que cada facultad tenía su propio sitio en el cerebro –"órgano" lo llamó él–. Por desgracia, tanto Gall como sus sucesores fueron más allá, y afirmaron que las facultades más desarrolladas tenían órganos cerebrales de mayor tamaño y, por tanto, la parte del cráneo que recubriera esas zonas presentaría unas protuberancias, algo que no ocurriría con las zonas menos desarrolladas.

Por su parte, el criminalista y antropólogo italiano Cesare Lombroso publicó numerosos artículos y libros describiendo cómo por las características físicas externas –forma de la cabeza, distancia entre ojos, cejas, nariz, palmas de las manos...– se podía determinar quién era o iba a ser un criminal y hasta el tipo de crimen concreto que iba a cometer.

La frenología se hizo muy popular, porque cualquiera podía conocer los rasgos de la personalidad de otro simplemente tocándole la cabeza. Podemos imaginarnos a un enamorado ejercitando tan psicológico masaje en la cabeza de su amada y decidiendo que ese bultito en la parte posterior de la cabeza le sugería que no debía casarse con ella...

El disparate frenológico llegó tan lejos que se publicaron mapas craneales donde uno podía identificar cosas tan peregrinas como la veneración, la benevolencia, la amistad, la suavidad y algo tan exótico y de misterioso significado como la filoprocentividad. En aquella época victoriana, la frenología se convirtió en la psicología popular de la época, del mismo modo que hoy triunfan todos esos libros de autoayuda ofreciendo recetas caseras para explicar por qué hacemos lo que hacemos*.

Por suerte para los psicólogos, las protuberancias en la cabeza son solo eso, y el bultito que tengo en el parietal derecho no significa que cada noche de luna llena me entren ganas de ponerme tibio de chuletas de cordero lechal. Bien mirado, no necesito que sea luna llena...

---

* Me resisto a dejar pasar un comentario sobre ellos del psiquiatra protagonista de la serie televisiva *Frazier*: «Le dicen a la gente que es maravillosa y que lo que les pasa no es culpa suya, y, claro, les creen».

14

LA MUERTE DE LA RAZÓN

Argumentar con una persona que ha renunciado a la lógica es como dar medicina a un hombre muerto.

THOMAS PAINE (1737-1809)
Escritor británico

No es lo mismo tener la mente abierta que un agujero en la cabeza.

ANÓNIMO

DESDE SUS ORÍGENES, LA HUMANIDAD ha sentido una atracción irrefrenable hacia lo sobrenatural. Augures y adivinos han aconsejado y dominado a millones de seres a lo largo de la historia. Nuestra época tiene también los suyos. Los medios de comunicación son cajas de resonancia para cientos de creencias irracionales. Un echador de cartas, un especialista en fantasmas, un pobre hombre secuestrado por extraterrestres son prueba de la existencia de la pervivencia de un mundo misterioso a nuestro alrededor. Quizá porque son portadores de un algo indefinible que nos permite huir de los agobios de la vida cotidiana.

Existe toda una fauna y flora que crece y se multiplica a la sombra de revistas y libros que juegan con la esperanza humana: la esperanza de vida después de la muerte, la de curar esa enfermedad incurable, la de no encontrarnos solos en este inmenso universo...

Pero si profundizamos más allá de las superficiales, sesgadas y pueriles informaciones que nos presentan, descubriremos los temas de siempre, las mismas consignas que los mercaderes de lo misterioso han vendido a la humanidad desde sus comienzos: ayer eran ángeles, hoy son extraterrestres; ayer eran pociones de hechicería, hoy son medicamentos naturales; ayer eran druidas escondidos en el interior de un árbol hueco para hacer oír la temible voz de Teutates, hoy son médiums en contacto con los espíritus gracias a las más rudimentarias técnicas psicológicas y de prestidigitación. ¿Se pueden doblar cucharas con el poder de la mente? ¿Nos visitan los extraterrestres? ¿Las plantas tienen sentimientos? ¿Los embriones de pollo tienen poderes extrasensoriales? La respuesta es no. Por dos motivos: uno, porque no hay evidencia de ello, y dos, porque algunas son estupideces declaradas, de las que en más de un siglo de investigaciones aún no se ha presentado ni una sola prueba contundente. Los casos clásicos, considerados en su tiempo irrefutables, se han demostrado falsos.

Ni los posos del té, ni el Tarot, ni los planetas, ni los extraterrestres van a mejorar nuestra calidad de vida. Las líneas de la mano tienen el mismo valor predictivo que las líneas de donde la espalda pierde su casto nombre. A comienzos del tercer milenio necesitamos aún una buena infusión de espíritu crítico. Necesitamos de toda nuestra capacidad racional para resolver los problemas que la sociedad tiene planteados. Dicen que contra la estupidez humana hasta los dioses luchan en vano, pero algunos creemos que si aprendemos a dudar, a no aceptar las ideas de otros solo porque nos lo dicen, y a admitir los hechos aunque no nos gusten, habremos impedido la muerte de la razón.

¿Mente abierta?

No suelo confesarlo abiertamente, pero en diversas ocasiones he participado en debates televisivos con videntes, curanderos y gentes por el estilo. Antes me prodigaba más que ahora, por la sencilla razón de que me divertía bastante: siempre resulta gracioso escuchar a alguien decir que es el hermano menor de Jesucristo o que a su marido le pone los cuernos con un extraterrestre. Claro que la diversión termina pronto y uno se aburre de escuchar siempre las mismas historias.

Pero siempre he creído también que, mientras estuviera en mi mano, debía arrojar un poco de luz en un mundo tan plagado de estupidez. Algo así como un deber, como una misión caballeresca. Hoy sigo manteniendo esa misma política, a pesar de que las fuerzas empiezan a flaquear.

Todo esto viene a cuento porque después de un debate siempre hay alguien que se acerca y te dice que debes tener la mente más abierta, que no debes ser tan categórico. Y tendría razón, si no fuera porque eso en su caso significa que debo dar credibilidad a un tipo que afirma que los extraterrestres, desde una nave en órbita, le infunden poderes para sanar. O que otro, con aspecto de Jesucristo Superstar, afirma sin ningún tipo de sonrojo que todos venimos de Marte (excepto los negros, que son seres oriundos –y por tanto inferiores– de este tercer planeta).

Resulta irritante que se diga a quien defiende el uso de la razón y del espíritu crítico, a quien exige pruebas claras y contundentes de afirmaciones tan extraordinarias como que hay personas capaces de ver el complicado futuro de un ser humano (pero en cambio no pueden ver con claridad meridiana algo tan simple como los números de la primitiva), resulta irritante, digo, que se le pida una mente abierta a esto y que acepte la posibilidad de estar equivocado, mientras que ellos no hacen lo propio. ¿Por qué quienes defienden la videncia o que los ovnis son naves extraterrestres no tienen la suficiente mente abierta para admitir que quizá sean ellos los equivocados? ¿Que a lo mejor el fenómeno en que ellos creen no existe? ¡Impensable! Ellos no pueden estar equivocados, ellos no tienen por qué tener la mente abierta. Ya la tienen lo suficiente para enfundarse ideas totalmente peregrinas.

Paranormalia

¿Sabía que el agua tiene memoria? ¿O que las cucarachas son capaces de mover objetos con el poder de su mente? ¿Que conviven entre nosotros doce razas distintas de extraterrestres y que a algunos les encanta la música tibetana y los helados de fresa? ¿Sabía que Jesucristo era una potente fuente radiactiva? ¿Que una de las diversiones del demonio es poseer a indefensas criaturas? ¿Que la CIA emplea a personas capaces de ver dónde se encuentran los misiles enemigos sin salir del salón de su casa? ¿Que hay lugares donde desaparecen barcos, aviones y personas sin que nadie sea capaz de encontrarlos? ¿Sabía que los muertos hablan con nosotros, que mueven mesas, sillas y vasos? ¿Incluso que hacen levitar a la gente?

Si su respuesta a todas estas preguntas es afirmativa, no cabe duda de que usted es un visitante asiduo del planeta de los fenómenos extraños. Si no es así, si en su vida lo único misterioso y sobrenatural es cómo llegar a fin de mes sin deber un duro, no se preocupe: le invito a dar un paseo por un mundo donde la lógica de las facturas no funciona, donde las piedras no caen hacia abajo. No, no se trata del país de las maravillas de Alicia. En el mundo al que va a entrar, hasta la sonrisa del gato de Cheshire desaparecería. Bienvenido a Paranormalia.

En Paranormalia todo es posible. No existe la lógica, al menos tal y como la conocemos. Quizá la única conexión con nuestro mundo es el deseo de sus habitantes de ver confirmados sus más íntimos anhelos, de hacer dinero rápida y fácilmente, de conseguir fama y reconocimiento o, simplemente, de llamar la atención. No hay que buscar Paranormalia en otro sistema solar, en otra galaxia, en otro universo. Nos la encontramos cada día en farmacias, librerías, radio, televisión. En ocasiones es muy difícil distinguir cuándo se ha entrado en ella: nuestra única guía es el sentido crítico que, desgraciadamente, no enseñan en la escuela.

Aunque Paranormalia siempre ha estado entre nosotros, su entrada en la era moderna ocurrió la noche del 31 de marzo de 1848 en un pueblecito norteño de Estados Unidos llamado Hydesville. Esa noche, los muertos decidieron que ya estaban hartos de deambular por el más allá y, aburridos de tanta paz y felicidad, añorando quizá el bullicio y la diversión de su vida anterior, se acercaron a nuestro mundo. Desde Hydesville decidieron lanzarse a conquistar la gloria. Eso sí, como seres espirituales que eran, necesitaban de personas que fueran sus intermediarios: algo así como sus agentes artísticos. A estos elegidos se les llamó médiums.

Los médiums, en las sesiones espiritistas, ofrecían paz y tranquilidad a quienes tenían miedo a la muerte, o ponían en contacto a las familias con sus difuntos, solo por unas cuantas monedas. Los médiums realizaban fenómenos prodigiosos: levitaban, movían mesas y sillas, y algunos conseguían materializar a estos seres descarnados. Entre tanto prodigio había sin embargo un insignificante detalle que no suele mencionarse: nadie sabe muy bien por qué, pero al parecer los espíritus detestaban y siguen detestando la luz. Por eso todas las sesiones espiritistas debían realizarse en total oscuridad o con una luz muy débil. Lo más llamativo de todo es que estos prodigios dejaron de producirse en cuanto se inventaron técnicas para poder ver en la oscuridad: sin duda los pobres espíritus son muy tímidos.

Desde entonces, el espiritismo se reduce a comunicaciones completamente banales: el médium habla y el resto escucha. Aunque a veces no puedo evitar pensar que es preferible seguir vivo y no morir nunca. Porque si se escucha lo que los mensajeros del más allá dicen, no queda más remedio que preguntarse si al morir uno se vuelve imbécil. El biólogo Thomas Huxley escribió a este propósito [1]:

> *La única cosa buena que veo en una demostración de la verdad del espiritismo es que proporciona un argumento adicional contra el suicidio. Es preferible vivir como un pelagatos a morir y que un médium te haga decir una serie de sandeces a guinea la sesión.*

El espiritismo preparó el camino a toda una invasión de fenómenos extraños. Poco a poco, en nuestro planeta han ido apareciendo personas que dicen ser capaces de doblar cucharas con el poder de la mente, pero una mente que necesita de una cuchara preparada previamente para que se rompa. Otros afirman visitar lejanos lugares con el llamado "ojo de la mente". Ese ojo debe de ser miope, porque sus descripciones son tan vagas que puede tratarse tanto de un barco como de un reloj de cuco o un pez abisal.

Algunos llegan a escribir, sin ningún tipo de sonrojo, que las plantas tienen sentimientos. Evidente. De todos es conocido el complejo sistema nervioso de los vegetales y lo que gritan los tomates cuando se prepara un gazpacho. Otros, sin sentido alguno del ridículo, dicen que las cucarachas y los embriones de pollo, dentro del huevo, son capaces de mover objetos mentalmente. No se rían, no tiene nada de extraño. También es bien conocido que algunos humanos con menos seso que un mosquito pueden conducir un coche. Lo que ya no es tan fácil de entender es por qué las cucarachas no consiguen inutilizar los *sprays* matacucarachas.

También se habla mucho de la telepatía o de la videncia. Menos mal que no están muy extendidas, porque si no, la compañía telefónica, los casinos de juego y el Estado estarían arruinados. Eso sí, con ese cuento, telépatas y videntes mueven varios millones de euros anuales. Viven como reyes, aunque sus aciertos se puedan contar con los dedos de una mano. Antes, si se equivocaban, los arrojaban a los leones.

Pero el misterio por excelencia de nuestra época son los llamados ovnis. Un ovni es un objeto volante no identificado, pero ese no es el significado que realmente tiene. Cuando se habla de ovnis se está hablando realmente de PONEBID: Portentosa Nave Extraterrestre con Bicho Inteligente Dentro*. Aunque, la verdad, viendo lo que hacen (perseguir avioncitos, asustar a buenas gentes y contactar con iluminados que en otro tiempo habrían sido tratados médicamente), es para dudar de que realmente sean inteligentes. Lo bueno es que desde 1980 se dedican a otros menesteres quizá más gratificantes: raptan humanos para experimentar con ellos y mantener relaciones sexuales. Si, como dicen los ufólogos, una de cada tres personas ha sido secuestrada, este planeta debe de ser Jauja; ríanse de paraísos sexuales como Tailandia. Ya imagino la publicidad de una agencia de viajes extraterrestre:

> *¿Está aburrido de hacer siempre lo mismo, hastiado de un sexo culto y refinado? ¡Vaya de vacaciones a la Tierra! ¡Sus primitivos habitantes le despertarán sus más bajos instintos!*

Otro terreno inagotable es el de la salud. Si las antiguas civilizaciones tenían hechiceros, la nuestra tiene curanderos. Iluminados por un poder especial procedente de los más pintorescos lugares, afirman ser capaces de curar desde un catarro hasta el cáncer o el sida. El problema surge cuando a ellos acude alguien realmente enfermo, alguien con una enfermedad donde el componente psicológico no es tan importante como para provocar una remisión aparente. Entonces, abandonando el hospital y el tratamiento médico, el ilusionado paciente muere. Poco a poco, la gente se va dando cuenta de que el buen señor, o señora, es un vividor; que con el dinero de sus pacientes el caradura se ha comprado un chalet de varios millones de pesetas y vive como un jeque del petróleo. Quizá logren echarlo del lugar, pero da igual. Nuestro curandero sabe que 300 kilómetros más allá encontrará a otras buenas gentes a las que continuar timando.

¿Qué decir de la famosa memoria del agua, que algunos esgrimen como justificación de la homeopatía? ¿Es que el agua –y solo el agua– puede tener recuerdos de lo que ha hecho, de dónde ha estado? El verano pasado estuve en Amsterdam; el anterior, en San Francisco... Según algunos homeópatas, el agua recuerda que hubo un tiempo en que chocó con "algo" que producía los mismos sín-

---

* Excelente definición dada por Félix Ares, director del Museo de la Ciencia de San Sebastián.

tomas que la enfermedad que se pretende curar. En el choque, mediante algún pase mágico, esa sustancia le transmitió sus "poderes curativos". No está muy claro qué quiere decir eso, pero da igual. La pregunta viene cuando uno se plantea: si el agua tiene memoria y acumula todas las propiedades de las sustancias con las que interacciona, ¿qué ocurre con el agua que consumimos? Aunque depurada, ha estado en contacto con multitud de porquerías y productos tóxicos. Si el agua tuviese memoria, nadie en este mundo estaría a salvo.

Todo esto no son más que ejemplos, en tono de humor, de la insensatez que nos acosa a la vuelta de la esquina. La irracionalidad es democrática: no distingue inteligencia, ni clase social, ni profesión. El mundo de Paranormalia es amplio. Crece como la mala hierba, cualquier terreno sirve. Lo más curioso de todo es que sus fervorosos creyentes y aquellos que viven del cuento acusan a los que denuncian el engaño de ser inquisidores, intransigentes, quema-brujas. No recuerdan que a las brujas las quemaban precisamente quienes creían en ellas. Olvidan que hace 300 años, en Salem, sus precursores ideológicos condenaron a muerte a 31 personas inocentes.

Hágase usted mismo un producto milagro

De unos años a esta parte se ha producido una verdadera explosión de productos curalotodo. Podemos encontrar colchones, almohadas, plantillas, pitilleras, pulseras, collares, anillos, cinturones, jarras, pociones, cremas adelgazantes... El origen de esta abundancia debemos buscarlo en aquellos embaucadores de feria que vendían polvo de cuerno de rinoceronte para curar la impotencia, cuando el supuesto polvillo no era más que huesos de pollo machacados. Pero, en fin, si usted no tiene excesivos escrúpulos morales y quiere "forrarse", aquí le ofrecezco la receta secreta para confeccionar uno.

Tome una arandela de plástico, córtele un trocito y péguele en los extremos un par de cojinetes comprados en la ferretería más cercana. Déle un baño dorado –¡ojo!, dorado, no de oro, que eso cuesta–: ya tiene el objeto de marras. Pero no me sea simple, no lo llame arandela con bolitas. Hay que ser serios. Lo que usted ha construido es un Resonador Biomagnético. Escríbalo con mayúsculas: todas las cosas trascendentales van en mayúsculas.

Ahora debe escribir un folleto explicativo. En realidad, no debe explicar nada del funcionamiento del aparato, ni de qué está hecho

—debe ser el secreto mejor guardado, después de la fórmula de la Coca-Cola–, ni nada de nada. El lenguaje tiene que ser críptico y oscuro, repleto de palabras científicas. Si no sabe ni papa de ciencia, sáquelas de un diccionario de términos científicos. (Por cierto, no sea tonto y no lo compre. En las bibliotecas puede conseguirlo gratis.) Para escoger las palabras del diccionario, entrégueselo a un chimpancé para que lo abra por diferentes páginas. Donde ponga el dedo el astuto monito, esa será la palabra que debe utilizar. No se preocupe si no sabe qué significa; lo único importante es que suene rara y con cierto toque metafísico, como, por ejemplo, "cromodinámica cuántica".

Tome una hoja en blanco y construya frases sin sentido uniendo las palabras obtenidas con artículos, preposiciones, adjetivos y verbos. Al final añada siempre lo de "científicamente probado" y, sobre todo, lo de "producto inocuo": lo único que quiere decir con eso es que nadie la casca a no ser que se lo trague (igualmente inocua es la imagen de san Pancracio). Mencione si acaso que ha pasado los controles del ministerio, sin decir cuál. Los posibles clientes creerán que se trata del de Sanidad, pero en realidad se tratará de los controles que debe pasar cualquier objeto que vaya a ser vendido.

Para calcular su precio, la fórmula es simple: entre un 500 y un 5 000 % del precio de coste. No lo ofrezca muy barato. Por algún oscuro proceso psicológico, se cree que solo lo caro es bueno. Un detalle capital es añadir eso de «miles de clientes satisfechos nos avalan» o «miles de testimonios prueban su eficacia». Este recurso siempre funciona, y cuando ponga su aparato en el mercado comprobará que es cierto. Deje que actúe el efecto placebo. Si no funciona con alguien, no se preocupe: siempre puede decir que en su caso particular tardará un poco más en hacer efecto. Y si algún cliente no está satisfecho o cree que le han tomado el pelo, tampoco se preocupe: la psicología humana está de su lado. Es muy duro reconocer ser un ingenuo delante de los amigos.

Su producto debe poder aplicarse a un gran número de enfermedades comunes (así tendrá más clientes), si son crónicas, mejor, sin olvidar ni el apetito sexual ni la impotencia. Después del dinero, el sexo es una de las mayores preocupaciones de los hombres. Y es fundamental que sea de manejo sencillísimo; para complicar las cosas en materia sanitaria ya están los médicos. Y, a propósito de estos, jamás escriba que su producto cura, sino que «ayuda en el proceso curativo». Insista en que es un *complemento* a la función del médico.

De esta forma se cubrirá usted las espaldas de cualquier posible denuncia por parte de los colegios de médicos. Además, si el enfermo no progresa, siempre podrá echarles a ellos la culpa: su aparato funciona, es el médico quien se equivoca en el tratamiento.

Finalmente, y para darle mayor aval a su producto, diga que su Resonador ha sido probado con éxito en el prestigioso Centro de Investigación Psicobiopatológica (¡que busquen dónde se encuentra!). Otro recurso muy recomendable es mencionar el nombre de algún amigo que tenga un piso *junto a* una universidad cualquiera. Entonces podrá citar con razón «al conocido –por usted– investigador Muchorrostro, del Centro de Investigación Psicobiopatológica de la Universidad de Tal», nótese el elegante juego de palabras.

Si puede, utilice también a algún licenciado en medicina, por supuesto colegiado, en su publicidad. Tal y como anda el paro, no le será difícil encontrar alguien que colabore en un proyecto por lo demás perfectamente inocuo. Quizá incluso este se crea lo que usted le cuenta. Pero, ¡por favor!, no acabe creyéndose usted mismo sus propias historias. Si lo hace, todo dejará de ser divertido.

Predicciones

Cuando llega fin de año, la mayoría de los medios de comunicación preguntan a los videntes de turno acerca de cómo va a resultar el año entrante. De sus bocas salen entonces vaticinios sobre políticos y personajes de la farándula, esos que en su mayoría son conocidos por ser portada de la prensa del corazón. Divorcios, amores, hijos, ligues... los videntes se afanan en proclamar a los cuatro vientos lo que las cartas del Tarot, la bola de cristal o los pimientos del piquillo dicen sobre ellos. Al parecer, eso resulta más interesante que el último descubrimiento en la investigación contra el cáncer.

Los videntes nos iluminan con su sapiencia y nos dicen si ese matrimonio que todo el mundo sabía que no podía funcionar no funcionará, o que el pobre Fidel Castro morirá, o que el Papa no pasará del verano... Lo bueno que tiene hacer este tipo de predicciones es que todo el mundo las va a olvidar después de diez días. Y si por casualidad alguna de sus predicciones más descabelladas se cumplen, ya se encargarán ellos de recordárselas al público (claro que los fallos, que son el resto, ni los mencionarán). Y todos nosotros, al finalizar el nuevo año, volveremos a picar y escucharemos otra vez su letanía de predicciones, donde volverán a matar al Papa y a

Fidel Castro... hasta que, es ley de vida, estos y otros personajes acaben muriéndose realmente.

A finales de 1999 me invitaron al programa *Cien por cien vascos* de la ETB para un pseudodebate con los videntes (porque llamar a aquello debate sería pedir demasiado). La casi docena de e-videntes invitados largaron sus predicciones, apocalípticas o amables, sobre el año 2000. Hasta hubo una que predijo el número de la lotería (y falló, claro; pero de eso nadie se acuerda, como siempre).

Fue durante un intermedio cuando sucedió: la que estaba sentada a mi lado, quizá porque tenía ganas de pavonearse, me dijo:

—Mira: yo tengo una casa imponente en Marbella, un Mercedes, y joyas con diamantes como estos. Y mañana tendré la consulta llena. Ahora tú discute lo que quieras.

¡Lo que deben reírse los videntes de los pobres incautos a quienes engañan!

Minifaldas y paté

Nos encontramos en Francia. Es el año 1969. El general De Gaulle ha salido derrotado en las elecciones presidenciales. En la ciudad de Orléans se extiende la noticia de que están desapareciendo muchas mujeres jóvenes porque algún tipo de mafia las está secuestrando para un negocio de trata de blancas. Por todos lados aparecen personas que conocían o habían oído hablar de alguien que ha desaparecido. Las sospechas recaen sobre ciertas *boutiques* de moda, tapaderas de tan sórdido negocio. Según se comenta, drogan a las jóvenes en los probadores y, luego, un minisubmarino las saca de Francia por el río Sena.

El 20 de mayo aparecieron nuevas informaciones, mucho más detalladas. El total de desaparecidas era ya de 28, y se descubrió que también en las zapaterías se colocaban jeringuillas en los zapatos para drogar a las jóvenes clientas. Incluso se afirmó que en las tiendas sospechosas se recibían llamadas telefónicas de un burdel de Tánger. El rumor creció y creció: las tiendas incriminadas por la población eran aquellas que vendían minifaldas, y en algunas acusaciones se podía oler un cierto tufillo antisemita...

El 30 de mayo, los judíos pidieron protección a la policía. Y cuando esta tomó cartas en el asunto, descubrió que en realidad no había desaparecido ninguna joven. Todo había sido un rumor creído y alimentado por la gente de la ciudad. El problema, si había alguno, estaba en la existencia del propio rumor, no en la verdad que pudiera contener.

Moraleja de este caso: se puede crear una realidad que no necesita de un punto de apoyo real para existir. Los seres humanos seguimos el castizo refrán de «Si el río suena, agua lleva». De lo que no nos damos cuenta es de que en esa agua "sonora" puede también flotar mucho estiércol. O algo peor.

¿Recuerda usted aquella supuesta emisión, en el programa *Sorpresa, Sorpresa* de Antena 3, de unas escabrosas imágenes sexuales donde entraban en juego una adolescente, un perro y una lata de *foie-gras* (o un bote de mermelada, según las versiones)? Que esto hubiese ocurrido en un programa de televisión en *prime time* y que el director del programa no cortase en la primera escena, cuando supuestamente la chica se bajaba los pantalones, resulta en todo punto inconcebible. Pero también de esta historia algo podemos aprender: primero, que cualquier rumor, por absurdo que sea, puede llegar a ser creído por miles, quizá millones, de personas; segundo, y más importante, que siempre habrá gente que afirme sin ningún tapujo haber sido protagonista o testigo de esa estupidez.

El caso de *Sorpresa, Sorpresa* nos demuestra que podemos llegar a afirmar que hemos visto algo que jamás ha existido, e incluso afirmar tener pruebas de ello. Somos capaces de mentir no solo por dinero, sino también para alimentar nuestro ego. Podemos llegarnos a creer nuestras propias mentiras. Y eso lo puede hacer cualquiera, hasta aquel amigo o familiar nuestro del que estamos seguros de que jamás lo haría.

La sangre de san Genaro

A lo largo de la historia no resulta difícil encontrar a personas que han utilizado fenómenos aparentemente sobrenaturales para ejercer cierto poder sobre los demás o aumentar la devoción y el fervor hacia su religión. En el fondo, estos fenómenos sobrenaturales no suelen ser más que trucos, o tienen una explicación racional que no es conocida por todos. Un ejemplo clarificador lo tenemos en la licuefacción de la famosa sangre de san Genaro, hecho que tiene lugar cada 19 de septiembre.

En 1799, el ejército francés entró en Nápoles. El clero, deseoso de lanzar a un pueblo irritado contra los franceses, anunció que, debido a la ocupación, ese año el milagro de san Genaro no se produciría. Efectivamente, llegada la hora, la licuefacción no se produjo y la gente empezó a vociferar. Entonces, el general francés Championnet dijo a uno de sus ayudantes:

–Vaya a ver al sacerdote oficiante y dígale de mi parte que si la sangre no se convierte en líquido en cinco minutos, hago bombardear Nápoles.

No hizo falta más para que se produjera el milagro.

En el siglo pasado, un ilusionista italiano llamado Giovanni Bartolomeo Bosco –no confundirlo con san Juan Bosco, el patrón de los ilusionistas– asombró a los napolitanos al reproducir en el teatro San Carlos la licuefacción de la sangre durante varias sesiones y de forma más ostensible que en la propia iglesia.

Hoy sabemos que el fenómeno de la sangre de san Genaro no tiene por qué ser sobrenatural. Hace unos años, la prestigiosa revista científica *Nature* publicó que esa sangre es lo que los químicos llaman una *mezcla tisotrópica*, una mezcla que se solidifica y se licúa si se agita convenientemente, tal y como sucede cada 19 de septiembre.

Reliquias

Decía Voltaire que los sueños de la razón producen monstruos. A ello podríamos añadir que no pocas veces los de la religión producen extravagancias. Para comprobarlo, basta con echarle un vistazo al mundillo de las reliquias.

Por extraño que pueda parecernos, durante la Edad Media hubo muchos cristianos que celebraban la Ascensión de Jesucristo en cuerpo y alma a los cielos y, simultáneamente, consideraban como auténticas las reliquias de sus huesos. Al final, los evidentes problemas teológicos que planteaban estos últimos hicieron que la Iglesia los considerase oficialmente falsos.

Pero el pueblo fiel no se dio por vencido. Podía no haber huesos auténticos de Jesucristo, pero sí restos de su cuerpo tales como el prepucio, el cordón umbilical, uñas, pelo... que aparecieron aquí y allá en distintos lugares ¿Y qué decir de los trozos de la cruz? Eran tan abundantes que se podría construir un barco entero con ellos. Incluso se conservan las lentejas de la Última Cena e innumerables cálices "auténticos", entre ellos el que se venera en Valencia. En cuanto a los prepucios, digamos que en los mejores tiempos se conservaron hasta catorce.

El problema de los huesos de la Virgen María es idéntico, puesto que en 1950 el papa Pío XII declaró dogma –esto es, verdad de fe– la Asunción en cuerpo y alma a los cielos de la «Inmaculada y siempre Virgen Madre de Dios». Entonces, ¿qué hacer con cierta tumba en Jerusalén que supuestamente contiene su cuerpo? ¿O con el bazo e hígado de la Virgen que se conservan en Roma, donde también podemos encontrar su corazón y su lengua? También lo de la leche de la Virgen tiene su injundia: hay tal cantidad que Calvino comentó en cierta ocasión que ni una vaca lechera viviendo lo que vivió la Virgen habría llegado a producir tanta leche.

Otras extravagancias que podemos encontrar en las iglesias y catedrales de nuestro país son, por ejemplo, las plumas de los ángeles Gabriel y Miguel, la toalla con la que Jesucristo enjuagó los pies a los apóstoles, el mantel de la Última Cena y hasta la mismísima mesa donde esta se celebró.

¿Y los huesos de santos? Hay seis manos de san Adrián y varios pechos de santa Ágata; casi una veintena de iglesias dicen poseer la mandíbula de Juan el Bautista; el cuerpo de Santiago se venera en Compostela, pero también en otros seis lugares más; el de San Pedro, naturalmente, se encuentra en Roma, pero debieron trocearlo en algún momento, porque en diversas iglesias de Europa podemos encontrar su pulgar, una parte de su dentadura, su barba y hasta su cerebro, que se conserva en Ginebra. Un cerebro que, según Calvino, no era nada más que piedra pómez: pero qué se puede esperar de un protestante...

Hablando con fantasmas

31 de marzo de 1848. Hydesville, un pueblecito cercano a la ciudad de Rochester, al norte del Estado de Nueva York (¿les suena ese nombre? Si no, vuelvan a darse una vuelta por *Paranormalia*). En una apartada granja, propiedad de la familia Fox, se escuchaban misteriosos golpes. Se producían principalmente en el cuarto donde dormía el matrimonio y sus dos hijas menores, Katie (once años) y Maggie (nueve años). El sonido parecía tener un origen inteligente, pues respondía a preguntas de las niñas y de la madre. Aquella noche, ella preguntó: «¿Eres quizá un espíritu?». Se oyeron tres golpes secos y claros, que interpretaron como un sí: acaba de nacer la comuni-

cación con los muertos. Después, el espíritu dijo llamarse Charles Brian Rosma, y que en vida había sido buhonero y padre de cinco hijos. Al parecer, un vecino malvado le había asesinado y enterrado en la bodega de la casa.

La noticia se propagó rápidamente. La familia Fox emigró a Rochester, ciudad donde vivía la hermana mayor, de treinta y cinco años, Leah. Y como al parecer los espíritus también pueden hacerlo, Brian se fue con ellos. Desde allí, las hermanas-médium Maggie y Katie, sabiamente dirigidas por Leah, comenzaron una gira triunfal por todo el país. Allá por donde pasaban aparecían como hongos nuevos médiums.

Este es el origen del espiritismo moderno, y marca el comienzo del denodado intento de estudiar científicamente los fenómenos paranormales. Pero lo realmente absurdo y gracioso de todo ello es que fue un fraude evidente. Las inocentes niñitas lo único que querían era gastarle una broma a su crédula y asustadiza madre. Y lo que comenzó siendo una broma las desbordó. Fue su hermana Leah quien, viendo un gran negocio en los muertos, las arrastró a continuar la charada. Así lo declaró la propia Margaret Fox en una entrevista publicada por el *New York Herald* el 24 de septiembre de 1888 [2]:

> *Voy a contaros el espiritismo desde su verdadera fundación. Cuando esto comenzó, Katie y yo éramos niñas, y esta mujer anciana que es nuestra hermana se burló de nosotras. Nuestra hermana se servía de nosotras en las exhibiciones, y nuestros ingresos eran para ella.*

Y terminaba diciendo [3]:

> *El espiritismo es, desde el principio hasta el final, una superchería, la superchería más grande del siglo.*

La noche del 21 de octubre de ese mismo año, en la Academia de Música de Nueva York, ante centenares de testigos y todos los periódicos de la ciudad, Margaret reprodujo los golpes de espíritus ¡haciendo crujir su dedo gordo del pie!

En efecto, la "conversación" de los espíritus no era otra cosa que crujidos de huesos. Profundamente ofendidos, los espiritistas orquestaron entonces toda una campaña contra ellas y no se detuvieron hasta conseguir su retractación. Pero lo que no pudieron hacer desaparecer fue la demostración, con luz y taquígrafos, y ante cientos de testigos, del verdadero origen del espiritismo aquella fría tarde del 21 de octubre de 1888.

Sherlock, ¿dónde estás?

Sir Arthur Conan Doyle ha pasado a la historia como el creador del detective más famoso de todos los tiempos: Sherlock Holmes. Frío, lógico y racional, el inquisitivo inquilino del 221b de Baker Street poco tenía en común con su padre literario.

Conan Doyle fue un hombre crédulo hasta la médula, y puede considerársele como uno de los personajes más ingenuos y cándidos que jamás hayan existido. Su escaso sentido crítico era tal que tomó por médiums a ilusionistas profesionales. Eso fue lo que le pasó después de presenciar varias actuaciones de los entonces famosos magos-mentalistas Los Zancigs, un dúo formado por el mago de origen polaco Julius Zancig y su mujer, Agnes. A caballo entre los siglos XIX y XX, eran considerados como los mejores "transmisores de pensamiento" del momento. Su espectáculo, titulado *Dos mentes con un único pensamiento*, triunfó durante años en Europa y Estados Unidos. Para Doyle, Los Zancigs eran «un caso de pura y simple telepatía». Conan Doyle escribió de ellos en 1922[4]:

> He estudiado al profesor y a la señora Zancig y estoy completamente seguro de que su impresionante actuación, como la he visto, es debida a transmisión de pensamiento y no a un truco.

Sin embargo, dos años después el propio Julius explicaría su ingenioso código, con todos los detalles, en el semanario *Answers* bajo el título *¡Nuestros secretos!*

Conan Doyle llegó al mundo espiritual por uno de sus caminos más transitados. La pérdida de un hijo siempre es tremenda, y muchos padres se niegan a aceptarla. Doyle no pudo superarla, y su negativa le puso en manos de los médiums. Desde ese momento se convirtió en el más esforzado, prolífico y activo apóstol del espiritismo. Recorrió Gran Bretaña y Estados Unidos dando conferencias y mostrando al mundo un nuevo camino de esperanza y alegría. Sus excelentes dotes de narrador le permitieron alcanzar un éxito sin precedentes en la historia del espiritismo: en 1922 llenó durante siete noches seguidas los mayores teatros de Manhattan y Brooklyn.

Su audiencia no quería oír hablar de asépticas investigaciones científicas. Querían que alguien les dijera que existía el más allá y les contara cómo vivían allí sus seres más queridos. Cristiano y conservador, el cielo de Conan Doyle era un lugar sin fumadores ni bebedores, con matrimonios, pero sin relaciones sexuales, y donde, por supuesto, se podía jugar al golf.

Pero lo mejor siempre llega al final. La historia comienza a principios de los años veinte. Su mujer, Jean, que era capaz de hablar con los muertos, entró en contacto con el espíritu de un árabe llamado Pheneas que le reveló el futuro de la raza humana. El mundo, le dijo, se estaba hundiendo en el más ominoso materialismo debido a miles de espíritus diabólicos que nunca habían ido más allá del primer plano espiritual –y no me pregunten qué es eso–. El mismo Dios, se supone que cansado de tanta diablura, arrojaría su luz sobre tan demoníacos seres mientras que un grupo de científicos, en esos momentos trabajando duramente para "conectar las líneas vibratorias de poder sísmico", producirían terremotos y maremotos destinados a anunciar el final del mundo.

El papel de Doyle era, por supuesto, clave en este entramado. Como profeta de los tiempos, debía preparar la mente de los hombres para el nuevo despertar. Según el espiritual Pheneas, en 1925 Europa Central se hundiría bajo terribles tormentas y terremotos, y Estados Unidos se vería abocado a una nueva guerra civil; África sería cubierta por un manto de lodo y fango, y Brasil sufriría una terrible y descomunal erupción. Finalmente, el Vaticano sería engullido por la Tierra. De entre toda esta desolación, la luz salvífica vendría de Inglaterra (posiblemente de Sussex, lugar de residencia de los Doyle), para mayor gloria del Imperio Británico.

El año 1925 pasó. La historia nos demuestra que no ocurrió ninguna de estas predicciones, recogidas por Conan Doyle en un panfleto titulado *Curso de los eventos profetizados*. La excusa de Pheneas a tan malos resultados fue que los preparativos se estaban alargando más de lo esperado y que el enemigo se resistía con diabólica bravura. Los espiritistas británicos, que se habían tomado en serio los delirios de la mujer de Conan Doyle, seguían convencidos, aprestándose para la inminente catástrofe. Incluso tenían diseñado un plan para distribuir sus publicaciones cuando desaparecieran las líneas férreas.

Pero los años pasaron y Doyle siguió sin ver indicios del final prometido. Pheneas le había informado de que su destino sería como el de Moisés: presenciaría el desastre y, al finalizar, moriría con toda su familia. Ni siquiera eso le fue concedido. El 7 de julio de 1930 moría sin ver cumplida ni una sola de las profecías. Poco antes había escrito a un amigo preguntándose lacónicamente si él y Jean no habrían sido víctimas de una cruel broma desde el otro lado. Nunca lo supo.

La doctrina secreta

Si ustedes son aficionados al mundo del ocultismo, el nombre de Blavatsky no les sonará extraño. A quien no tenga estas aficiones se la presento: es la médium que más ha influido en el desarrollo del esoterismo moderno. Taimada y vieja ocultista, fundó el movimiento orientalista conocido como "teosofía" en las difíciles épocas del independentismo hindú, y se convirtió en la gurú mas controvertida de todos los tiempos. Su legado escrito, gruesos e infumables volúmenes como *La Doctrina Secreta*, su gran obra, han sido y son fuente de inspiración para muchos pseudoideólogos y ocultistas de diverso pelaje.

La Doctrina Secreta es, supuestamente, un extenso comentario –seis volúmenes en su edición española– al *Libro de Dzyan* o *Las Estancias de Dzyan*, escrito en un idioma oculto, el *senzar*, y guardado en la biblioteca de una misteriosa Hermandad del Tíbet que solo Blavatsky conocía. Los Maestros de esta Hermandad le permitieron leerlo, aunque, eso sí, telepáticamente. El libro abarca la creación del universo y del hombre, y afirma que la humanidad procede de la Luna.

Por lo demás, el planteamiento es claro. Los Hermanos son infalibles porque son mucho más inteligentes que nosotros y con su inmensa bondad nos han cedido parte de sus conocimientos. Pero a ellos no puede tener acceso cualquier ser humano, pues podría utilizarlo mal, ya que son saberes que otorgan un gran poder a quien los conoce. Quizá por eso se los revelaron a una vulgar, megalómana y fraudulenta médium rusa.

¿Cuál es ese arcano conocimiento oculto? De las pocas gotas de omnisciencia que Blavatsky pudo revelar se desprende la profunda sabiduría que sobre el funcionamiento del universo esos patéticos seres tienen. Para los Maestros, los electrones –responsables de la electricidad– no son materia, y la gravedad –que, entre otras cosas, nos mantiene sobre la Tierra– no existe. Dicen así [5]:

¿Cómo puede la Ciencia sostener sus hipótesis contra las de los ocultistas, que solo ven en la gravedad simpatía y antipatía, o atracción y repulsión,

causadas por la polaridad física en nuestro plano terrestre, y por causas espirituales fuera de su influencia?

El historiador César Vidal señala acertadamente que la teosofía no dejaría de ser pintoresca si no fuera por [6]

su referencia clarísima a la existencia de razas inferiores y superiores. Entre estas, la aria está destinada a dominar el mundo y a poner fin a esta funesta época presente marcada negativamente por la presencia de cristianos y judíos.

Por eso, Jesús, un miembro de la Gran Hermandad, no podía ser judío: «Jesús –escribió la Blavatsky– no era de pura sangre judía y, por tanto, no reconocía a Jehová». ¿Es extraño que la lectura de estos libros influyera en un joven austríaco llamado Adolf Hitler? Y entonces, ¿qué opinión pueden merecernos los escritores de la llamada Nueva Era, que tienen precisamente en la astuta rusa a una de sus principales ideólogas?

El tercer ojo

Todo el romanticismo y la leyenda del Tíbet, cuyos monjes son capaces de las más increíbles hazañas psíquicas, tiene en los escritos de Lobsang Rampa, un lama tibetano, su máximo y más conocido divulgador. Rampa saltó a la fama en Occidente en 1956, cuando apareció su famoso libro *El Tercer Ojo*, una especie de relato autobiográfico. En él contaba las hazañas sobrenaturales de los monjes de ese lejano país. Rampa nos abrió las puertas a las pruebas secretas que pasan los iniciados, sobre todo a aquella que confiere al monje postulante el llamado "tercer ojo", el ojo que es capaz de leer en el interior de los seres y de las cosas, que lee en el espacio y en el tiempo, el ojo que, en definitiva, convierte al monje en un visionario.

El libro de Rampa rebosa de levitación, telepatía, precognición..., todo un conjunto de dones prodigiosos que han espoleado la imaginación de los lectores de medio mundo. En sus libros posteriores el lama continuó describiendo este fantástico mundo en el cual su familia ocupaba una importante posición social: su padre pertenecía a la aristocracia tibetana y había formado parte del gobierno del Dalai Lama.

El Tercer Ojo se convirtió en un *best seller* y aún hoy se sigue reeditando. Lo que quizá no sea tan conocido es que dos años más tarde de su primera aparición en las librerías, en 1958, unos periodistas de *The Times* encontraron al autor, cuya identidad y localización habían sido cuidadosamente ocultadas al mundo. La sorpresa de los periodistas fue mayúscula porque, en lugar de tropezar con un venerable monje, encontraron a un oficinista inglés, hijo de un fontanero, llamado Cyril Henry Hoskins, nacido en el poco tibetano condado inglés de Devonshire.

La imagen misteriosa y legendaria que tenemos del Tíbet se la debemos a un inglés que jamás salió de su Inglaterra natal.

Biorritmos

Una de las historias más absurdas de la larga historia de los números es la protagonizada por un cirujano berlinés de nombre Wilhelm Fliess, un hombre obsesionado con dos números. Fliess estaba convencido de que detrás de todo proceso biológico, y quizá incluso en el mundo inorgánico, había dos ciclos fundamentales: uno masculino con una duración de 23 días, y otro femenino de 28. Hoy no sabríamos nada de él y de sus locuras numerológicas si no hubiera sido el mejor amigo y confidente de Sigmund Freud justamente en su época de máxima creatividad, desde 1890 hasta 1900, período que culminaría con el famoso libro *La interpretación de los sueños*. La relación entre ambos fue muy extraña, puede decirse que neurótica, y no desprovista de fuertes corrientes homosexuales soterradas.

Fliess creía que cualquier persona era en esencia bisexual. La componente masculina se encontraría sintonizada al ciclo de 23 días, y la femenina, al de 28 (¡ojo con confundirlo con el ciclo menstrual!). En los machos, el ciclo femenino está reprimido, y en las hembras, evidentemente, lo está el masculino. Por otro lado, estos ciclos se encuentran íntimamente relacionados con la mucosa de la nariz. Fliess creyó haber encontrado una relación entre las irritaciones de la nariz y toda clase de síntomas neuróticos e irregularidades sexuales. Como médico que era, diagnosticaba estas enfermedades inspeccionando la nariz.

Freud se creyó los desvaríos de su amigo y llegó a estar convencido de que moriría a los 51 años –la suma de 23 y 28– porque Fliess le dijo que esta sería su edad más crítica. Años más tarde, por culpa de rencillas y envidias, la amistad entre ambos se rompió.

Fliess escribió muchos libros sobre su idea de los ciclos. De su obra más importante, *El decurso de la vida*, un volumen de 584 páginas, se ha dicho que es una obra maestra de excentricidad germánica. Al final del libro aparecen multitud de tablas donde Fliess pretende demostrar que con sus dos números mágicos se pueden obtener todos los ciclos de la naturaleza. Lo que este médico ignoraba, pues de matemáticas únicamente conocía la aritmética más simple, es que si en lugar de utilizar 23 y 28, se usan cualesquiera otros dos números, con la única condición de que sean primos entre sí, también es posible obtener mediante operaciones aritméticas sencillas cualquier número entero positivo. La popularidad de los ciclos de Fliess creció, y los discípulos añadieron un tercero de 33 días, el ciclo intelectual. Con él se completa lo que hoy se conoce como biorritmos, la mayor tontería numerológica del siglo XX.

Sueños proféticos

El contenido de los sueños siempre nos ha fascinado, y siempre hemos querido ver en ellos resonancias de lo que ha ocurrido o presagios de lo que va a pasar. No es difícil encontrar a amigos o conocidos que nos cuentan que soñaron una situación y que, al poco tiempo, esta se verificó.

Aceptar este tipo de sueños como verdaderamente premonitorios parte de una base que habitualmente aceptamos sin rechistar: es imposible soñar algo y que después suceda. Dicho de otro modo, con los sueños no existe la casualidad. Esto no es cierto. Las casualidades, el azar o la pura chiripa existen y es innegable. Tanto para lo bueno como para lo malo. Que soñemos algo y que eso mismo, o algo parecido, suceda por casualidad es improbable, pero no imposible. Ahora bien, ¿podemos calcular esa improbabilidad?

Para hacerlo, lo primero que debemos definir es cuándo consideramos que un sueño es profético. Pongamos el caso que sea cuando unos cuantos detalles del sueño coincidan con lo que a los pocos días sucede. Supongamos que, por casualidad, 1 de cada 10 000 sueños lo podemos considerar premonitorio –una probabilidad realmente baja–. Usando las sencillas reglas del cálculo de probabilidades podemos calcular la probabilidad para que se den coincidencias entre los sucesos de la vida real y los detalles de un sueño *para el conjunto de la población y a lo largo de un año*. El número que sale es $(9\,999/10\,000)^{365}$[365], que, con ayuda de una calculadora, da aproximadamente 0,964. Esto quiere decir que en un período de un año el 96,4 % de la gente que sueña todas las noches tendrá sueños fallidos. O al revés. Aproximadamente el 3,6 % de la gente que sueña todas las noches tendrá por lo menos un sueño profético durante ese período.

Con una población de 40 millones de personas, eso significa 1 400 000 sueños proféticos al año.

Hay un murciélago en la Luna

En la década de 1830, bastantes científicos creían que había vida en la Luna. Incluso algunos afirmaban haber visto carreteras y otras construcciones artificiales en su superficie.

Todo fue una gran burla que comenzó el 25 de agosto de 1835, cuando el *New York Sun* comenzó a divulgar una serie de artículos supuestamente basados en el *Edinburgh Courant* y el *Edinburgh Journal of Science*. Según estas fuentes, continuaba el *Sun*, el astrónomo descubridor de Urano, sir John Herschel, había construido un telescopio con una lente de siete toneladas. Gracias a una ingeniosa distribución de lentes y espejos, Herschel era capaz de aumentar una imagen 42 000 veces sin que esta perdiera luminosidad.

En seis ingeniosos artículos, el *Sun* iba desgranando los descubrimientos de Herschel: volcanes, playas de arenas blanquísimas, árboles, flores de color rojo oscuro y obeliscos de amatista. Los animales y los pájaros eran reminiscencias de animales reales y míticos, pero con diferencias apreciables y, en general, de apariencia grandiosa. Entre los animales más misteriosos estaban unos del tamaño de una cabra, con un único cuerno al estilo del unicornio, y unos anfibios de forma esférica capaces de moverse a altas velocidades. Pero el gran protagonista de esta historia era el *Vespertilio homo* u hombre murciélago.

No, el *Sun* no se refería al personaje del cómic Batman, sino a unas criaturas de un metro veinte capaces de volar como murciélagos y de andar como humanos. El *Sun* los describía como comunicativos, expresivos e inteligentes, capaces de desarrollar arte y literatura. Las versiones más grandes de estos seres se concentraban alrededor de un hermoso templo de piedra azul y techos dorados. Eran, en pocas palabras, criaturas celestiales, que comían, bebían, se bañaban y volaban mientras que el resto de los animales se movían entre ellos sin temor.

El público estaba fascinado. Tal fue el éxito de los artículos que el propio autor de la broma, el escritor Richard Adams Locke, se sorprendió al comprobar que había personas que confirmaban con sus observaciones de la Luna lo que había surgido únicamente de su imaginación.

Aquí no acabó todo. La semilla estaba sembrada. El mito moderno por antonomasia, los ovnis, recogió la antorcha de la patochada más grande y sonora y, en 1953, H. Percy Wilkins, un cartógrafo lunar retirado, lanzó a la opinión pública el resultado de su estudio de las fotografías lunares tomadas por los grandes telescopios. En su análisis había descubierto puentes en la Luna construidos para salvar las gargantas y cañones allí existentes. A los ufólogos les faltó tiempo para aferrarse a tan peregrina idea. Donald Keyhoe, coronel de la USAF y ufólogo, publicó en 1955 el libro *The Flying Saucer Conspiracy*, donde anunciaba que análisis espectroscópicos habían identificado el metal con el que habían sido construidos. Cuando el astrónomo Donald H. Menzel (muy conocido por sus críticas a los ovnis) dijo que él no era capaz de ver ningún puente, Keyhoe arremetió contra él, acusándolo de colaboracionista del ejército y miembro de una conspiración gubernamental para ocultar al mundo la verdad sobre los ovnis.

Como dice el personaje de *Mafalda* Felipe, lo malo de andar siempre con las orejas puestas es que uno se expone a oír cosas como esta.

Cuando ruge la marabunta

¿Saben lo que es la ufología? Dudo que no lo sepan, pero, por si acaso, ahí va mi propia definición: aquello que estudia las visitas a nuestro planeta de naves espaciales de origen extraterrestre. ¿Y cómo sabemos que son naves extraterrestres? Vaya pregunta más tonta. Que levante el dedo quien no sepa identificar naves extraterrestres con la misma agilidad con que identifica bicicletas.

Quienes se dedican profesionalmente a esto se llaman ufólogos, que en la cultura popular es sinónimo de especialistas en extraterrestres. Ahora bien, ¿qué es un especialista en extraterrestres? Puedo entender que haya especialistas en televisores, en análisis de ADN o incluso en cangrejos colorados de Malasia, pero en extraterrestres...

Pues bien, en este curioso mundo de marcianos con nariz de trompetilla –es un decir–, la estrella es el llamado *incidente Roswell*: en 1947, una nave procedente de otro planeta se estrelló en el desierto de Nuevo México, cerca del pueblo de Roswell, y, por supuesto, el gobierno americano se la agenció sin pedir permiso a nadie.

El Incidente Roswell es uno de los temas preferidos de aquellos que defienden la supuesta visita de seres de otros planetas a nuestra querida Tierra. Los ovnis –entendidos como naves extraterrestres– son uno de los mitos modernos que deberían ser estudiados por antropólogos y sociólogos. Su estudio arrojaría luz sobre la aparición del pensamiento mitológico, incluso sobre el origen de las religiones. Ante el investigador se encuentran todas las claves, toda la información, toda la documentación necesaria para analizar la creación y desarrollo de un mito.

Desde su consolidación, el mito ovni ha ido impregnándose de tintes religiosos y pseudorreligiosos. Al principio fueron solo luces en el cielo, pero al poco tiempo aparecieron los primeros contactos, las primeras comunicaciones entre seres invariablemente más evolucionados y algunos humanos. Los mensajes son siempre de tipo apocalíptico, acompañados por deseos de paz y de amor. Los "contactados", cuya vida cambia radicalmente, se convierten de esta forma en los "elegidos" por los extraterrestres para difundir su mensaje. Se forman grupos de culto a los ovnis, las iglesias de la nueva religión. Tienen sus libros sagrados, sus propios sacerdotes. Y no se admite la crítica. «No hay que ver para creer, hay que creer para ver», me dijo una vez un apasionado creyente.

Los profetas de este movimiento religioso son los ufólogos:

> Los extraterrestres tienen un control exhaustivo sobre todo lo que se mueve, incluidos los investigadores... Cada día estoy más convencido de que incluso el nacimiento y la aparición de los que hoy están investigando ovnis no ha sido casual. Todo parece muy bien organizado.

Esto es lo que afirma el escritor y ufólogo Juan José Benítez. ¿Qué más se puede pedir?

1995 pasará a la historia reciente del mito ovni como el año del desmelene, disparate, desatino y delirio ufológico. Un año antes, el senador por el Estado de Nuevo México Steven Schiff pedía una investigación oficial sobre el Incidente Roswell. Quien se encargó de la investigación fue el Tribunal General de Cuentas o GAO, el brazo investigador del Congreso estadounidense, que tiene la capacidad de acceder a cualquier documento oficial sea cual sea su grado de clasificación. A mediados de 1995, el GAO informó de no haber encontrado ningún archivo o documento que hiciera referencia a ninguna nave recuperada en Roswell. No existen tales archivos. Por tanto, jamás se ha recuperado una nave extraterrestre. Caso resuelto. ¿De verdad? ¡Qué va! El mundillo ufológico rugió. ¡Claro que no encontraron nada! Los archivos relevantes habían sido destruidos.

Sin querer preguntarnos qué extraños poderes son esos que les permiten saber el contenido de unos informes que no han leído y ni siquiera saben si existen porque nunca los han visto, los ufólogos se aferraron a una frase del informe del GAO que decía [7]:

> *Muchos archivos organizativos de la Fuerza Aérea que cubrían ese período han sido destruidos, sin señalar ninguna autoridad que así lo dispusiera.*

Lo que pasa es que los archivos a que aquí se alude contenían solamente información sobre financiaciones, abastecimientos, edificios y otras materias administrativas de un período que abarca de marzo de 1945 a diciembre de 1949. ¿Qué pintarían informes científicos en un archivo de abastecimientos? Y es más: si todo termina en diciembre de 1949, ¿quiere eso decir que desde entonces se dejó de producir cualquier tipo de informe acerca de la supuesta nave extraterrestre?

El transistor de ET

Suelo decir con frecuencia que, por desgracia o por fortuna, el sentido común y el espíritu crítico no se enseñan en ninguna escuela. Es más, nadie está libre de decir tonterías, ni tan siquiera un servidor. Una de las más divertidas de los últimos tiempos la ha dicho Stanton Friedman, un físico que se dedica a perseguir ovnis.

El señor Friedman está obsesionado con el supuesto ovni estrellado en Nuevo México que, según los ufólogos, el gobierno norteamericano tiene guardado bajo llave para estudiar su avanzada tecnología. El ufólogo norteamericano se atreve incluso a apuntar que la invención del transistor, ese pequeño componente electrónico que tenemos en nuestras radios y televisores, fue posible gracias al estudio del platillo volante estrellado. La *prueba* que Friedman esgrime con valentía es de las que te hacen caer de espaldas. El autodenominado "físico de los ovnis" lo infiere del hecho de que el nacimiento oficial del transistor se produjo el 23 de diciembre de 1947, justo seis meses después de que el platillo se estrellara. Tamaña memez de Friedman, para quien en medio año hay tiempo suficiente para entender la tecnología alienígena, adaptarla a las necesidades terrestres y probarla satisfactoriamente, no hace sospechar a los ufólogos, sino todo lo contrario. ¿Qué más da que se llevase investigando en ese campo de la física toda la década de los cuarenta? *

Por otro lado, si lo que dice fuera cierto, querría decir que, además, los extraterrestres utilizan para viajar por el espacio la misma tecnología que nosotros usamos en nuestros microondas. Un dato a todas luces esclarecedor. Pero no se lo pierdan, que lo bueno viene ahora.

Inmersos en este delirio aparece, de pronto, la famosa película de la autopsia a un ET. Tomada en serio por unos pocos, entre los que cabe destacar a los inmarcesibles ufólogos conspiranoicos, es la vuelta de tuerca que faltaba. Las declaraciones del supuesto cámara que la filmó, un tal Jack Barnett, son impresionantes. Cuando los militares llegaron al lugar del accidente [8],

> *los monstruos estaban llorando, y cuando nos aproximamos gritaban aún más. Se protegían con sus cajas, pero conseguimos una asestando un duro golpe a la cabeza de uno con la culata de un rifle. Tres de las criaturas fueron arrastradas fuera de la nave y atadas con cuerdas y cinta adhesiva. La última ya estaba muerta.*

Después de leer esto, no me extraña que los ET se dediquen a secuestrarnos, como en *Expediente X*. Y si no han enviado ya una operación de castigo y nos han borrado del mapa es porque son tontos de puro buenecitos.

La Verdad

Hace algo más de 30 años nacía Joe Firmage en Salt Lake City. Con 18 años fundó su primera empresa informática, Serius, que en 1993 vendía al gigante Novell por la bonita suma de 24 millones de dólares. Durante dos años fue uno de los vicepresidentes de Novell, hasta que se marchó para fundar USWeb a finales de 1995. Dos años después se fusionaba con otra gran empresa, CKS, lo que convirtió

---

* Ver en el capítulo 11 *Un regalo de Navidad* para conocer cómo se inventó el transistor.

a la compañía en un gigante de 2000 empleados con un valor en Bolsa de 2100 millones de dólares. Pero al poco tiempo saltó la bomba. Firmage fue obligado a dimitir como presidente y a ocupar un puesto de segundo plano. ¿Por qué? Porque corrían rumores de que estaba fundando una secta.

Todo comenzó en 1997 cuando, según sus palabras, un ser, vestido de una brillante luz blanca, apareció encima de su cama en su habitación. Parecía algo molesto y le preguntó a Firmage:

–¿Por qué me has traído aquí?

Tras una pausa, Firmage contestó:

–Quiero viajar al espacio.

El 25 de noviembre de 1998 publicaba un panfleto de 600 páginas titulado *La Verdad*, donde afirma que gran parte de los avances tecnológicos de nuestro tiempo proceden de la ingeniería inversa aplicada a los restos de los platillos volantes que, según cuenta la leyenda, se estrellaron en el desierto de Nuevo México en 1947. Así, no solo el transistor semiconductor, sino también el láser o la fibra óptica son producto de la tecnología extraterrestre.

¿Podemos creer las palabras de este hombre, que otrora fuera un brillante ejecutivo? ¿Realmente toda nuestra tecnología proviene de una nave extraterrestre? Pero la pregunta del millón es: ¿se cree Firmage lo que dice o se trata de un nuevo negocio?

De este caso podemos sacar varias moralejas. La más devastadora es lo extendida que está la incultura científica, con la que se borra de un plumazo la intensa labor de varias generaciones de científicos. Narinder Kapatre, que desarrolló la fibra óptica, hizo el siguiente comentario: «Es una broma; si no, tengo que ser un extraterrestre». Otro ejemplo de ignorancia científica lo tenemos en que algunos autores defienden que los egipcios iluminaban el interior de las pirámides y otros monumentos con ayuda de bombillas. ¿La prueba? Unos relieves donde se ven unos objetos que se parecen a nuestras bombillas. Es increíble semejante afirmación, y hace que me pregunte si realmente quienes dicen esas cosas conocen toda la ciencia que hay detrás de una simple bombilla. Diseñar, construir y utilizar industrialmente una bombilla exige conocer, primero, lo que es la electricidad: algo nada trivial. También se debe conocer química, y la existencia de los elementos químicos, no solo por el tipo de hilo incandescente a utilizar, sino también por el gas que contiene el bulbo de cristal. Eso nos lleva a postular una industria metalúrgica y del vidrio avanzada, una industria del vacío, una civilización capaz de generar energía eléctrica... ¿Alguien se puede creer que los egipcios tenían tal cúmulo de conocimientos científicos y que solo lo utilizaban para construir bombillas? ¿Y que esas bombillas únicamente las utilizaban para iluminar el interior de las pirámides y no para tener luz en sus casas y palacios? Pero lo más increíble es que no haya quedado ni un papiro técnico ni ninguna basura de esa brillante tecnología. Por cierto, ¿dónde están las fábricas que las construyeron? A lo mejor las hicieron de chocolate y se las comieron, como en el cuento...

Los códigos de la Biblia

Hace unos cinco años se publicó en todo el mundo un libro sobre un código oculto en la Biblia, más concretamente en el Antiguo Testamento. La historia, breve, es la siguiente: una revista científica, *Statistical Science*, publicaba en 1994 * un artículo en el que un físico, un experto en informática y un matemático experto en teoría de grupos empleaban un método estadístico riguroso para investigar los llamados "códigos de salto" en el libro del Génesis. En esencia, el método consiste en tomar una letra del texto y definir un salto de un determinado número de letras; por ejemplo, cinco. Entonces se obtiene una secuencia de letras al tomar una de cada cinco. Los autores del artículo, tres matemáticos israelíes, tomaron los nombres de 34 figuras históricas del judaísmo y sus fechas de nacimiento y muerte, y buscaron en una versión hebrea del Génesis cuán cerca se encontraban unos de otras. Descubrieron que, según su análisis, esa proximidad era lo suficientemente significativa para que no se tratara de una mera casualidad.

Entonces entró en acción un antiguo periodista del *Wall Street Journal*, Michael Drosnin, que utilizando esa técnica publicó un libro con sus propias investigaciones y afirmó, sin ningún tipo de ambages, que en nuestro Antiguo Testamento hay oculto un código que predice el futuro. Un ejemplo, según Drosnin: en la Biblia aparecía una predicción sobre el asesinato del político israelí Isaac Rabin. Claro que también predecía un holocausto nuclear en Israel para 1996 y no pasó nada. Ante tal error, Drosnin revisó sus claves y descubrió

---

* "Equidistant Lettrer Sequences in the Book of Genesis", *Statistical Science*, vol. 9, pp. 429-438.

la palabra *retrasado* cerca de la de la *hecatombe*. El código se había salvado.

Semejante descubrimiento fue publicitado en España por todas esas revistas que se dedican a vender pseudomisterios con titulares como *¿Está escrito el futuro en la Biblia?* Hoy, media década después, podemos ver los resultados. No fue nada más que una variante de las conocidas serpientes informativas tan comunes en verano. De hecho, y si tienen la paciencia de ojear en la hemeroteca los números atrasados de esas publicaciones, descubrirán algo que no es tan pasmoso y sorprendente, sino mucho más prosaico: nada de lo que contienen ha sido relevante para la ciencia, para la tecnología ni para la sociedad. Sus "sorprendentes revelaciones", sus "increíbles descubrimientos" no han significado otra cosa que una forma de llenar páginas en una revista para alimentar el deseo de misterio de sus lectores. El famoso código de la Biblia y sus predicciones son un claro ejemplo de esto.

Pero ¿había algo de verdad en todo aquello? Pese a lo que puedan decir los vendedores de paradojas, profecías similares se han encontrado en textos tan poco sagrados como *Moby Dick*, la ley del mar de las Naciones Unidas, o el discurso de Lincoln en Gettysburg. Y dudo mucho de que Dios impulsara la mano de sus autores. Como ha dicho el excelente divulgador científico Martin Gardner [9]:

> Lo que no entiendo es por qué Jehová se tomó tantas molestias para esconder palabras en la Torá. Me parece blasfemo convertir a Dios en un caprichoso aficionado a los juegos de palabras más toscos.

Luna llena

Dado el efecto obvio de la Luna sobre las mareas, no es sorprendente que mucha gente crea que también puede afectar a la conducta de las personas. «¡Si la Luna puede provocar eso en los océanos, imagínate lo que nos puede hacer a nosotros!». De hecho, dicen los entendidos en estos temas, dado que el cuerpo humano está compuesto en un 80 % de agua, es razonable pensar que la gravedad lunar ejerce un efecto directo en la masa de agua del cuerpo, tal y como lo hace sobre la masa de agua de la Tierra.

El problema es que, entre otras cosas, la Luna causa las mareas solo en los sistemas de agua no limitados, como los océanos del mundo. Los sistemas de agua limitados, tales como lagos –a no ser que sean muy grandes–, sufren una influencia despreciable. Pero incluso si menospreciamos este inconveniente, la física acaba por destrozar la idea de las mareas biológicas. Como ejemplo, supongamos que deseamos comparar las fuerzas de marea de una madre, del doctor que la atiende y del hospital donde acaba de nacer una niña con la fuerza de la Luna. Por poner las cosas fáciles, supongamos que la Luna se encuentra sobre sus cabezas y que la distancia de la madre a la niña es de unos 15 centímetros. Pongamos también que la madre pesa 55 kilos. Entonces, una sencilla cuenta aritmética nos dice que nuestra querida mamá ejerce 12 millones de veces más fuerza de marea en su hija que la Luna. Algo parecido ocurre si calculamos el efecto del médico o del hospital. De hecho, se puede demostrar que cualquiera de nosotros, si hemos nacido en un céntrico hospital de una ciudad mediana, habremos sufrido mucha más fuerza de marea por parte de lo que nos rodea que del Sol o la Luna.

¿Está escrito en las estrellas?

La creencia de que los astros determinan nuestro futuro y nuestro carácter, la llamada astrología, es tan vieja como la civilización. Desde su nacimiento, filósofos y científicos han criticado esta suposición, intentando poner de manifiesto lo absurdo del planteamiento astrológico. Por ejemplo, si los planetas influyen sobre nosotros, ¿qué tipo de fuerza es la que ejercen? La única es la gravedad. Sin embargo, también aquí la atracción que ejerce la enfermera o el médico sobre el recién nacido es cientos de miles de veces mayor que la que puedan ejercer los planetas.

Entonces, debe tratarse de una fuerza desconocida ¿Qué tipo de fuerza es? ¿Por qué solo la percibe el cerebro humano y es inaccesible para cualquier aparato de medida? ¿Por qué en la astrología no se tiene en cuenta la existencia de otros planetas en otras estrellas o en otras galaxias? ¿Por qué solo influyen los nueve planetas, la Luna y el Sol? ¿Por qué no lo hacen los más de diez mil asteroides que pululan por el sistema solar? ¿Por qué la astrología no tiene en cuenta el efecto de otros objetos celestes que emiten muchísima más energía que cualquier planeta, como los púlsares, novas, supernovas, galaxias activas o cuásares?

Es más, ¿por qué es el momento del nacimiento y no el de la concepción clave para la astrología? Por la biología sabemos que las características del individuo quedan determinadas mucho tiempo antes de nacer, aunque para la astrología esto no tiene ninguna importancia. Para algunos astrólogos, los planetas no influyen antes del nacimiento porque el vientre de la madre apantalla el efecto de los planetas. Pero, entonces, ¿qué influencia es esa, capaz de viajar cientos de millones de kilómetros por el frío espacio y de pronto verse incapaz de atravesar unos insignificantes centímetros de carne? ¿Podremos vernos libres del influjo planetario si forramos nuestra habitación con filetes de ternera? Además, ¿cuándo empiezan a influir los planetas: cuando sale la cabeza o cuando salen los pies? ¿O cuando cortan el cordón umbilical? ¿Qué pasa con la fecundación *in vitro*? Aquí no hay cuerpo de la madre que apantalle a los planetas. ¿O el cristal del tubo de ensayo también es capaz de impedir la acción de los planetas?

Y cientos de preguntas más que no lograrán, nos tememos, terminar con el mito de la astrología, sea esta popular o "científica".

Epílogo

A buen fin no hay mal principio

> *El secreto de aburrir es contarlo todo.*
>
> Iris Origo, en *Imágenes y sombras*
>
> *La mayoría de las ideas fundamentales de la ciencia son esencialmente sencillas y, por regla general, pueden ser expresadas en un lenguaje comprensible para todos.*
>
> Albert Einstein

Uno de los rituales de la ciencia más desconocidos por el gran público pero que, a la vez, es el más divertido de todos, es el de la entrega de los *Ignominious Nobel*. Esta desvergonzada ceremonia se celebra en la Universidad de Harvard, que todos los años, tras dura competencia, premia a aquellos trabajos que, según dicen las bases, «no se pueden o no se deberían reproducir».

De entre ellos podemos destacar un Ig-Nobel de Literatura que se concedió a la australiana Jasmuheen (antes conocida como Ellen Greve), la gurú de un alucinante culto: el *Breatharianism*, cuya traducción al castellano podría ser el *respiracionismo*. Según su libro *Living on Light* –motivo del premio–, los seres humanos no necesitamos comer para vivir: nos basta con el aire. Bueno, no es que realmente vivamos del aire, sino de una fuerza universal que se encuentra en todos lados y que ella llama *prahna*. Es, si cabe, algo todavía más fantástico que los midiclorianos de *La guerra de las galaxias*, esos bichitos que hacen que seas un jedi estupendo. Según dice esta gurú de las antípodas, «es falso que si no comes, mueres»: respirando y con un poco de té y agua se vive perfectamente. Hasta llega a afirmar que ha conseguido modificar la estructura de su ADN para adaptarse al cambio. Claro que no deja que esto se compruebe mediante un simple análisis de su sangre.

Un Ig-Nobel de biología se adjudicó a Richard Wasserburg, de la Universidad de Dalhousie, por su «trabajo de primera mano *La palatabilidad comparada de algunos renacuajos de estación seca de Costa Rica*». Uno puede imaginarse a este biólogo agachado en una charca y dándoles lametazos a diferentes tipos de renacuajos.

La física también tiene sus *ignobels*. Uno fue a parar a dos investigadores, uno de la Universidad de Nimega y otro de la Universidad de Bristol, por utilizar imanes superconductores para hacer levitar ranas y luchadores de sumo. Otro de química fue concedido a los italianos Donatella Marazziti, Alexandra Rossi y Giovanni B. Cassano, de la Universidad de Pisa, y a Hagop S. Akisal, de la Universidad de California en San Diego, por haber descubierto que, bioquímicamente hablando, el amor romántico puede ser indistinguible de sufrir un desorden obsesivo-compulsivo severo.

Pero uno de los más divertidos lo encontramos en medicina, y fue concedido a un grupo de investigadores de la Universidad de Groningen. Su trabajo podría calificarse de voyeurismo si no fuera porque está amparado por la ciencia. El título del artículo, publicado en el *British Medical Journal*, lo dice todo: *Imágenes de resonancia magnética de los genitales masculinos y femeninos durante el coito y la excitación femenina*.

La ciencia nunca deja de sorprender. Espero poder seguir mostrándolo en un futuro.

Hilvanar un conjunto de pensamientos de forma lógica es una tarea ardua y difícil. Por eso el aprendizaje no es un paseo, ni tan siquiera una actividad divertida (aunque a veces lo sea). «No existe un camino regio para la geometría», le contestó el matemático griego Euclides a un príncipe que se quejaba de la dificultad que entrañaba seguir los razonamientos de su maestro.

Resulta desesperanzador descubrir que, según las últimas encuestas del Centro de Investigaciones Sociológicas, el 47 % de los españoles no han leído nunca o casi nunca un libro –excluyendo los de texto o profesionales–. Acudir a una biblioteca (12 %), a un museo (7 %), a una conferencia (5 %) o al teatro (3 %) son, prácticamente, aficiones de una minoría.

El futuro no es más halagüeño. Las cotas de fracaso escolar, sobre todo en las asignaturas de ciencias, anuncian un problema grave. Lo preocupante es que a veces tenemos el enemigo en casa. En cierta ocasión, una persona que ocupaba un cargo relevante en el Ministerio de Educación dijo a los representantes del Colegio Oficial de Físicos que para qué servía enseñar a los alumnos cómo funcionaba un semáforo. Dejando a un lado lo absurdo del planteamiento, si perdemos un par de minutos en reflexionar sobre ello descubriremos que explicar el funcionamiento de un semáforo nos lleva, primero, a la electricidad. Al parecer de tan preclaro dirigente educativo, entender el correteo de un puñado de electrones por un hilo conductor es irrelevante para alguien que enciende todos los días la luz y la Play Station. Pero no solo es esto. Un semáforo nos pregunta acerca de dónde sale la energía que lo hace funcionar; un semáforo nos habla de óptica –qué son los colores o por qué tiene esa forma el cristal que se pone delante–, de biofísica –cómo el ojo percibe los colores–, y de aquí a la genética –por qué hay gente que confunde el color rojo con el verde–. Un semáforo que se acaba de poner en rojo nos habla del tiempo de reacción ante un estímulo, que tan importante es en los accidentes de tráfico, y de la necesidad de llevar puesto el cinturón de seguridad, lo que nos remite directamente a la primera y segunda leyes de Newton... Y algo no menos importante: un semáforo nos habla de comportamiento cívico. La aparente trivialidad del funcionamiento de un semáforo nos lleva pues mucho más lejos de lo que la miopía de algunos les impide ver.

Es necesaria una correcta percepción social de la ciencia. En su informe sobre este tema, la Cámara de los Lores británica decía que una correcta percepción de la ciencia es fundamental para la buena salud de la democracia. Según el *Times*, la mitad de las actas del Congreso de los Estados Unidos se refieren a cuestiones de ciencia y tecnología. Saber de ciencia, de los métodos de la ciencia, no es una ocupación de diletantes: todo ciudadano responsable debe tener cuando menos una visión general de ella. Por supuesto, y en contra de la opinión general, la ciencia no es para locos o genios.

¿Por qué necesitamos conocer, saber cómo funciona el mundo? La respuesta es simple. Si elevamos nuestra cultura científica, aprenderemos a pensar por nosotros mismos. La ciencia nos abre la puerta al pensamiento crítico, y este nos da libertad, autonomía y control sobre el propio destino. La humanidad ha progresado haciendo preguntas y dudando. Gracias a ello hemos cambiado nuestra concepción del universo. Por desgracia, aún convivimos con una forma de ver el mundo antigua, primitiva y mágica, donde los deseos se confunden con la realidad y donde se trata de adaptar los hechos a las creencias, y no al revés.

Aprender los mecanismos de la ciencia conlleva una mejor comprensión del mundo en que vivimos y, por tanto, aumenta nuestra capacidad para tomar decisiones más acertadas. Un ejemplo: en el famoso juicio de O. J. Simpson, el abogado defensor proclamó que las estadísticas demostraban que solo uno de cada mil maridos maltratadores mataban a sus mujeres. Luego no podía utilizarse como argumento que su defendido era un potencial asesino de su mujer. El abogado hizo aquí –consciente o inconscientemente– un uso sesgado de la estadística, y los miembros del jurado no se dieron cuenta. La defensa "olvidó" que si se toma el dato a partir de la minoría de mujeres maltratadas y asesinadas por alguien, lo más probable es que ese alguien sea el marido.

Este tipo de situaciones es especialmente doloroso, porque se utiliza la ciencia para defender una postura y a renglón seguido se la denosta. La ciencia parece no ser parte de la cultura, algo que cualquiera puede comprobar echando un vistazo a los medios de comunicación. Así, los artículos de opinión rarísimas veces son firmados por personas con una carrera de ciencias. ¿Es que un científico no puede analizar la actualidad con igual perspicacia que un escritor o alguien de humanidades?

Esta división de las "dos culturas" es una de las plagas de nuestra época. El escritor y científico británico C. P. Snow decía que era tan importante conocer las obras de Shakespeare como la segunda ley de la termodinámica. Para él, desconocerla equivalía a no haber leído ninguna obra del dramaturgo. Resulta tristísimo escuchar a quien se vanagloria de no saber nada de ciencia; nunca comprenderé cómo alguien puede ufanarse de su propia incultura. ¿Estaríamos orgullosos de no saber quién fue Calderón de la Barca?

Hace unos años, Televisión Española emitía un programa sobre libros titulado *La Isla del Tesoro*. Su director y presentador era un físico doctorado en la Sorbona, Antonio López Campillo. En cierta ocasión tuve la oportunidad de entrevistarle para uno de los pocos suplementos de ciencia que existen en este país, *Tercer Milenio*, del periódico *Heraldo de Aragón*. Me comentó que una vez le preguntaron cómo podía ser que un físico hablase de libros. López Campillo, con su habitual socarronería, contestó: «Se lo voy a decir, pero es un secreto y no debe contárselo a nadie: los físicos sabemos leer».

No somos ni de letras ni de ciencias. Somos alfanuméricos.

BIBLIOGRAFÍA

Es frecuente que un par de meses en el laboratorio ahorre un par de horas en la biblioteca.

ANÓNIMO

ASIMOV, I.: *Introducción a la ciencia I. Ciencias físicas*, Plaza & Janés, 1973.

ATKINS, P. W.: *La segunda ley*, Prensa Científica, 1992.

BABOUR, J.: *The end of time*, Oxford University Press, 2000.

BARASH, D. P.: *El envejecimiento*, Salvat, 1986.

BARASH, D. P.: *La liebre y la tortuga*, Salvat, 1994.

BARNES-SVARNEY, P.: *Asteroid. Earth destroyer or new frontier?*, Plenum Press, 1993.

BARNETT, S. A.: *The science of life*, Allen & Unwill, 1998.

BARTUSIAK, M.: *Enigmas del universo*, Espasa Calpe, 1989.

BERNAL, J. D.: *Historia social de la ciencia, volúmenes I y II*, Ediciones Península, 1976.

BLACKMORE, S.: *Dying to live*, Grafton, 1993.

BODANIS, D.: *Los secretos de una casa*, Salvat, 1987.

BOHM, D., e Hiley, B. J.: *The undivided universe*, Routledge, 1993.

BOORSTIN, D. J.: *Los descubridores*, Crítica, 1986.

Booth, B., y Tifch, F.: *La inestable Tierra*, Salvat, 1994.

Brandon, R.: *The Spiritualists*, Weidenfeld and Nicolson, 1983.

Brandon, R.: *The life and many deaths of Harry Houdini*, Random House, 1993.

Buffetaut, É.: *Fósiles y hombres*, RBA, 1991.

Burke, J.: *The pinball effect*, Little, Brown and Co, 1996.

Butterfield, H.: *Los orígenes de la ciencia moderna*, Taurus, 1982.

Calder, N.: *¡Que viene el cometa!*, Salvat, 1985.

Calder, N.: *La mente del hombre*, Noguer, 1974.

Campbell, B. *Ecología humana*, Salvat, 1994.

Cardwell, D. S. L.: *From Watt to Clausius: the rise of the thermodynamics in the early industrial age*, University of Iowa Press, 1989.

Casti, J.: *Paradigms lost*, Scribners, 1989.

Casti, J.: *Searching for certainty*, Scribners, 1992.

Chaisson, E.: *El amanecer cósmico*, Salvat, 1989.

Close, F.: *Fin. La catástrofe cósmica y el destino del universo*, RBA, 1994.

Close, F.: *Lucifer's legacy. The meaning of asymmetry*, Oxford University Press, 2000.

Cole, K. C.: *The hole in the universe*, Harcourt, 2001.

Cox, D. W., y Chestek, J. H.: *El asteroide del fin del mundo*, Grupo Editorial Ceac, 1998.

Croswell, K.: *The alchemy of Heavens*, Doubleday, 1995.

Dampier, W. C.: *Historia de la ciencia*, Tecnos, 1972.

Davies, P. C. W., y Brown, J.: *Superstrings, a theory of everything?*, Cambridge University Press, 1988.

Davies, P. C. W.: *Dios y la nueva física*, Salvat, 1986.

Davies, P. C. W.: *Sobre el tiempo*, Crítica, 1996.

Davis, W.: *El enigma zombi*, Martínez Roca, 1987.

Deacon, T.: *The symbolic species*, W. W. Norton, 1997.

Degen, R.: *Falacias de la psicología*, Ediciones Robinbook, 2001.

Delsemme, A.: *Our cosmic origins*, Cambridge University Press, 1998.

DENNETT, D. C.: *Consciousness explained*, Penguin Books, 1993.

DENNETT, D. C.: *Darwin's dangerous idea*, Simon & Schuster, 1995.

DEUTSCH, D.: *The fabric of reality*, Penguin Press, 1997.

DIAMOND, J.: *Armas, gérmenes y acero*, Debate, 1998.

DIAMOND, J.: *El tercer chimpancé*, Espasa Calpe, 1993.

DICK, S. J.: *The biological universe*, Cambridge University Press, 1996.

DUNBAR, R.: *El miedo a la ciencia*, Alianza Editorial, 1999.

EDELMAN, V.: *Cerca del cero absoluto*, Mir, 1986.

EMSLEY, J.: *Molecules at an exhibition*, Oxford University Press, 1998.

ESLAVA GALÁN, J.: *El fraude de la Sábana Santa y las reliquias de Cristo*, Planeta, 1997.

FERGUSON, K.: *La medida del universo*, Robinbook, 2000.

FERRIS, T.: *La aventura del universo*, Crítica, 1990.

FERRIS, T.: *The whole shebang*, Simon & Schuster, 1997.

FEYNMAN, R. P.: *The character of physical law*, Penguin, 1992.

FLANNERY, T.: *The future eaters*, New Holland, 1997.

FREEDMAN, D. H.: *Brainmakers*, Simon & Schuster, 1994.

FRITZSCH, H.: *Los quarks, la materia prima de nuestro universo*, Alianza Editorial, 1984.

GARDNER, M.: *Fads and fallacies in the name of science*, Dover, 1957.

GARDNER, M.: *Izquierda y derecha en el cosmos*, Salvat, 1985.

GARDNER, M.: *La ciencia. Lo bueno, lo malo y lo falso*, Alianza Editorial, 1981.

GARDNER, M.: *¿Tenían ombligo Adán y Eva?*, Debate, 2001.

GARFIELD, S.: *Malva*, Ediciones Península-Atalaya, 2000.

GEORGE, L.: *Alternative realities*, Facts on File, 1995.

GOLDSMITH, D., y OWEN, T.: *The search for life in the universe*, Addison-Wesley, 1993.

GOLDSTEIN, M., y GOLDSTEIN, I. F.: *The refrigerator and the universe*, Harvard University Press, 1993.

GOTT, J. R.: *Time travel in Einstein's universe*, Houghton Mifflin Co, 2001.

GOUDSBLOM, J.: *Fire and civilization*, Penguin, 1992.

GRAS TYSON, N. de: *Universe down to Earth*, Columbia University Press, 1994.

GRAVES, R.: *The Greek Myths*, The Folio Society Ltd., 1996.

GREEN, B.: *The elegant universe*, Vintage, 2000.

GREENFIELD, S. A.: *Journey to the centers of the mind*, Freeman and Co., 1995.

GRIBBIN, J.: *En busca de la doble hélice*, Salvat, 1995.

GRIBBIN, J.: *En busca de la frontera del tiempo*, Celeste Ediciones, 1993.

GROSS, M.: *Life on the edge*, Perseus Books, 1996.

GUTH, A. H.: *The inflationary universe*, Addison-Wesley, 1997.

HALL, A. R.: *La revolución científica (1500-1750)*, Crítica, 1984.

HALPERN, P.: *Agujeros de gusano cósmicos*, Ediciones B, 1993.

HARMAN, P. M.: *Energy, force and matter: the conceptual development of nineteenth-century physics*, Cambridge University Press, 1982.

HARRIS, M.: *Bueno para comer*, Alianza Editorial, 1989.

HARRISON, A. A.: *After Contact*, Plenum Press, 1997.

HASS, H.: *Del pez al hombre*, Salvat, 1994.

HAWKING, S., e Israel, W. (eds.), *300 years of gravitation*, Cambridge University Press, 1990.

HORNECK, G., y Baumstark-Khan, C.: *Astrobiology. The quest for the conditions of life*, Springer, 2002.

HSU, K. J.: *The Mediterranean Was a Desert*, Princeton University Press, 1983.

HUMPHREY, N.: *Leaps of faith*, Copernicus, 1999.

HUXLEY, J., y KETTLEWEL, H. D. B.: *Darwin*, Salvat, 1994.

JAKOSKY, B.: *The search for life in other planets*, Cambridge University Press, 1998.

JASTROW, R.: *El telar mágico*, Salvat, 1988.

JONES, S.: *Almost like a whale. The Origin of Species updated*, Doubleday, 1999.

KAKU, M.: *Hyperspace*, Doubleday, 1994.

KAUFFMAN, S.: *At home in the universe*, Oxford University Press, 1995.

KIPPENHAHN, R.: *Cien mil millones de soles*, Salvat, 1986.

KIPPENHAHN, R.: *Code breaking*, Overlook Press, 1999.

KLASS, P.: *UFOs, the public deceived*, Prometheus Books, 1983.

KOESTLER, A.: *Los sonámbulos. El origen y el desarrollo de la cosmología*, Salvat, 1994.

KOHN, A.: *Falsos profetas. Fraudes y errores en la ciencia*, Pirámide, 1988.

KORFF, K. K.: *The Roswell ufo crash*, Prometheus Books, 1997.

LAYZER, D.: *Cosmogenesis*, Oxford University Press, 1990.

LEAVESLEY, J., y Biro, G.: *How Isaac Newton lost his marbles*, HarperCollins, 1998.

LEDERMAN, L., y Teresi, D.: *The god particle*, Houghton Mifflin, 1993.

LEITH, B.: *El legado de Darwin*, Salvat, 1995.

LINDLEY, D.: *The end of physics*, BasicBooks, 1993.

LIVIO, M.: *The accelerating universe*, John Wiley & Sons, 2000.

LLOSA, P. de la, *El espectro de Demócrito*, Ediciones del Serbal, 2000.

MARSCHALL, L. A.: *La historia de la supernova*, Gedisa, 1991.

MAYNARD SMITH, J., y SZATHMÁRY, E.: *The origins of life*, Oxford University Press, 2000.

MCCLUSKEY, S. C.: *Astronomies and cultures in early medieval Europe*, Cambridge University Press, 1998.

MILLE, R.: *La aventura de Castaneda. El poder y la alegoría*, Swan, 1981.

MORELL, V.: *Ancestral passions*, Simon & Schuster, 1995.

NESSE, R. M., y Williams, G. C.: *¿Por qué enfermamos?*, Grijalbo Mondadori, 2000.

NEWTON, R. G.: *What makes nature tick?*, Harvard University Press, 1993.

NICKELL, J.: *Inquest on the Shroud of Turin*, Prometheus Books, 1983.

OVERBYE, D.: *Corazones solitarios en el cosmos*, RBA, 1993.

PANNEKOEK, A.: *A history of astronomy*, Dover, 1989.

PEAT, F. D.: *Superstrings and the search for the theory of everything*, Abacus, 1993.

PEEBLES, C.: *Watch the skies!*, Berkley Books, 1995.

Pinker, S.: *Cómo funciona la mente*, Ediciones Destino, 2000.

Pullman, B.: *The atom in the history of human thought*, Oxford University Press, 1998.

Ring, K.: *Life at Death*, Coward, McCann & Geoghegan, 1980.

Roberts, R. M.: *Serendipia. Descubrimientos accidentales en la ciencia*, Alianza Editorial, 1989.

Rosnay, J. de:, *Qué es la vida*, Salvat, 1993.

Rossotti, H.: *Fire*, Oxford University Press, 1993.

Sabadell, M. A.: *Hablando con fantasmas*, Temas de Hoy, 1998.

Sagan, C.: *Los dragones del Edén*, RBA, 1993.

Sagan, C., y Shklovskii, I. S.: *Vida inteligente en el universo*, Reverté, 1981.

Schwartz, J. H.: *Sudden origins*, John Wiley and Sons, 1999.

Shapiro, R.: *Orígenes*, Salvat, 1989.

Shu, F.: *The Physical Universe, An Introduction to Astronomy*, University Science Books, 1982.

Silk, J.: *The Big Bang*, W. H. Freeman and Co., 1989.

Silver, B. L.: *The ascent of science*, Oxford University Press, 1998.

Singer, C.: *A history of scientific ideas*, Oxford University Press, 1959.

Spielberg, N., y Anderson, B. D.: *Siete ideas que modificaron el mundo*, Pirámide, 1990.

Spindler, K.: *The man in the ice*, Harmony Books, 1994.

Spiridónov, O.: *Constantes físicas universales*, Mir, 1986.

Sprague de Camp, L.: *The ancient engineers*, Barnes & Noble, 1993.

Sprague de Camp, L., y De Camp, C. C.: *Ancient ruins*, Barnes & Noble, 1992.

Tattersall, I.: *Becoming human*, Harcourt, Brace & Co., 1998.

Thorne, K. S.: *Black holes and time warps: Einstein's outrageous legacy*, Picador, 1994.

Thuillier, P.: *De Arquímedes a Einstein. Las caras ocultas de la investigación científica* I y II, Alianza Editorial, 1990.

Trefil, J. S.: *De los átomos a los quarks*, Salvat, 1985.

Trefil, J. S.: *El panorama inesperado*, Salvat, 1986.

Trocchio, F. di: *El genio incomprendido*, Alianza Editorial, 1999.

Trocchio, F. di: *Las mentiras de la ciencia*, Alianza Editorial, 1998.

Vitaliano, D.: *Leyendas de la Tierra*, Salvat, 1988.

Walter, M.: *The search for life on Mars*, Allen & Unwin, 1999.

Washington, P.: *El mandril de Madame Blavatsky*, Destino, 1995.

Watzlawick, P.: *¿Es real la realidad?*, Herder, 1992.

Weinberg, S.: *Los tres primeros minutos del universo*, Alianza Editorial, 1983.

Wills, C.: *The runaway brain*, Harper Collins, 1993.

Zimmer, D. E.: *Dormir y soñar*, Salvat, 1984.

Citas

Citadme diciendo que me han citado mal.

Groucho Marx (1890-1977)

Como el avispado lector puede suponer, los títulos de algunos capítulos se los debo a otras mentes, mucho más avezadas que la mía a la hora de lanzar al mundo frases lapidarias. He aquí mi reconocimiento:

- *Ese país desconocido* es mi pequeño homenaje a Gene Roddenberry, el creador de la serie de ciencia-ficción *Star Trek;* es el título de la sexta y última película de la serie con los personajes originales.
- *Un paseo por las nubes* es el título de la película homónima del director mexicano Alfonso Arau (*A Walk in the Clouds*, 1995).
- *Un planeta azul pálido* representa un tributo a Carl Sagan y su libro *Un punto azul pálido*.
- *El hombre que calumnió a los monos* viene de una frase, posiblemente apócrifa, de Salvador Dalí: «Darwin: el hombre que calumnió a los monos».
- *El mundo que hemos creado* es el título de una canción del grupo musical Queen.
- *Es difícil ser humano* se la debo a la novela de ciencia-ficción *Qué difícil es ser dios*, de Arcadi y Boris Strugatski.
- *99 % de transpiración* es patente de Thomas Alba Edison cuando, al hablar de la invención, dijo que era «un 1 % de inspiración y un 99 % de transpiración».

– *La naturaleza es sutil* es parte de la celebérrima frase de Albert Einstein –en su traducción menos teísta–, que termina «... pero no maliciosa».

– Finalmente, *A buen fin no hay mal principio* se la debo a una obra del gran William Shakespeare.

Lo mismo sucede con alguno de los títulos de las curiosidades de este libro. En este caso dejo al lector que sea él quien vaya a la caza y captura de las "fuentes".

CAPÍTULO 1

[1] Decreto de la Congregación Católica Romana del *Index* que condenó a *De Revolutionibus*, 5 de marzo de 1616.

[2] ARTHUR KOESTLER, *Los sonámbulos II. El origen y el desarrollo de la cosmología* (Barcelona, 1994), p. 304.

[3] ARTHUR KOESTLER, *Los sonámbulos II. El origen y el desarrollo de la cosmología* (Barcelona, 1994), p. 306.

CAPÍTULO 2

[1] DANIEL J. BOORSTIN, *Los descubridores* (Barcelona, 1986), p. 84.

[2] DANIEL J. BOORSTIN, *Los descubridores* (Barcelona, 1986), p. 85.

[3] NANCY HATHAWAY, *El universo para curiosos* (Barcelona, 1996), p. 100.

[4] MORTON GROSSER, *The Discovery of Neptune* (New York, 1979), pp. 107-108.

CAPÍTULO 3

[1] ROBERT OPPENHEIMER y HARTLAND SNYDER, "On continued gravitational collapse", Physical Review (1939) 56, p. 455.

[2] FRANK SHU, *The Physical Universe, An Introduction to Astronomy* (Mill Valley, California, 1982) p. 286.

CAPÍTULO 6

[1] ROBERT SHAPIRO, *Orígenes* (Barcelona, 1989), p. 138.

CAPÍTULO 7

[1] ANDRÉS BELLO, *del Edinburgh Review*, "Narrativas de los viajes de los buques de guerra S.N.B. *Adventure* y *Beagle*, por los capitanes King y Fitz-

Roy, de la marina naval británica, y por Charles Darwin, Escudero, naturalista de la *Beagle"*, 3 tomos, Londres, 1839, *El Araucano* (1840), 494.

² SAMUEL WILBERFORCE, *Essays Contributed to the Quarterly Review*, 2 vols., (Londres, 1874) I, p. 92.

³ Página web del 75.° aniversario del juicio (ya retirada).

⁴ STEPHEN JAY GOULD, *Wonderful Life: The Burgess Shale and the Nature of History*, (Nueva York, 1989), p. 44.

⁵ MARK TWAIN, "Was the World Made for Man?", en *Letters from Earth*, (Nueva York, 1938), p. 166.

⁶ ALEXANDER KOHN, *Falsos profetas* (Madrid, 1988), p. 61. Citando a R. A. S. Fisher (1936), *Has Mendel been rediscovered?*, Annals of Science, 1:115.

⁷ RICHARD DAWKINS, *El gen egoísta* (Barcelona, 1985), p. 15.

⁸ RICHARD DAWKINS, *El gen egoísta* (Barcelona, 1985), p. 16.

⁹ RICHARD DAWKINS, *El gen egoísta* (Barcelona, 1985), p. 14.

¹⁰ Entrevista personal, Zaragoza, 1990.

CAPÍTULO 8

¹ ROSSELL HOPE ROBBINS, *Enciclopedia de la Brujería y Demonología* (Madrid, 1988), p. 20.

² Ibídem.

³ DAVID KAHN, *The Codebrakers* (Londres, 1978), pp. 424-425.

⁴ HARRY HOUDINI, *Miracle Mongers and Their Methods* (Buffalo, 1993) p. 102.

CAPÍTULO 9

¹ ROLF DEGEN, *Las falacias de la psicología* (Barcelona, 2002).

² STEVEN PINKER, *Cómo funciona la mente* (Barcelona, 2000), p. 361.

³ Ibídem.

⁴ CARLOS M. DE HEREDIA, *Fraudes espiritistas y fenómenos metapsíquicos*, (Barcelona, 1993), p. 156.

⁵ J. W. EHRLICH, *The Lost Art of Cross-Examination* (Nueva York, 1993), p. 41.

Capítulo 10

[1] Ed Regis, *¿Quién ocupó el despacho de Einstein?* (Barcelona, 1992), p. 130.

[2] Julian Huxley y H. D. B. Kettlewel, *Darwin* (Barcelona, 1994), pp. 88-89.

[3] Martin Gardner, *¿Tenían ombligo Adán y Eva?* (Madrid, 2001), p. 320.

[4] VV. AA., *Louis Pasteur* (Madrid, 1977), p. 84.

[5] Royston M. Roberts, *Serendipia. Descubrimientos accidentales en la ciencia* (Madrid, 1992), p. 212.

Capítulo 12

[1] Richard P. Feynman, *The Feynman Lectures on Physics* (Estados Unidos, 1971), vol. 1, p. 4-1.

[2] Frank Tipler y John D. Barrow, *The Cosmological Anthropic Principle*, p. 349.

Capítulo 13

[1] Jeremy Berstein, *Perfiles cuánticos* (Madrid, 1991), p. 6.

[2] F. Danzig, *Subliminal advertising. Today it's just historic flashback for researcher Vicary*, Advertising Age, 17 de septiembre de 1962. Citado en Anthony R. Pratkanis, *The cargo-cult science of subliminal persuasion*, Skeptical Inquirer, primavera de 1992, p. 262.

[3] Martin Gardner, *¿Tenían ombligo Adán y Eva?* (Madrid, 2001), p. 203.

[4] Richard de Mille, *La aventura de Castaneda. El poder y la alegoría* (Madrid, 1981), p. 38.

[5] John Booth, *Psychic Paradoxes* (Buffalo, 1986), p. 8.

[6] Michael D. Mumford, Andrew M. Rose y David A. Goslin, *An evaluation of remote viewing: research an applications*, The American Institutes of Research, septiembre de 1995.

[7] Adolf Hitler, *Mi lucha*. Citado en Jonathan Vankin & John Whalen, *The 60 Best Conspiracy Theories* (Nueva York, 1996), p. 21.

[8] Ibídem.

Capítulo 14

[1] THOMAS HENRY HUXLEY, carta del 29 de enero de 1869 y reproducida en *Report on Spiritualism*, de la Dialectical Society.

[2] MILBOURNE CHRISTOPHER, *Mediums, Mystic and the Occult* (Nueva York, 1975), p. 8.

[3] Ibídem.

[4] JOHN BOOTH, *Psychic Paradoxes* (Buffalo, 1986), p. 8.

[5] HELENA P. BLAVATSKY, *La Doctrina Secreta* (Málaga, 1988), p. 370.

[6] CÉSAR VIDAL, *Historias curiosas del ocultismo* (Madrid, 1995), p. 83.

[7] GAO, *GAO report on the Roswell incident* (Internet, 1995), 30 de julio de 1995.

[8] JACK BARNETT, *¡Sí, estaban vivos!*, Año Cero (Madrid, 1995), p. 63.

[9] MARTIN GARDNER, *¿Tenían ombligo Adán y Eva?* (Madrid, 2001), p. 301.